D. Urban
Logit-Analyse

LOGIT-ANALYSE

Statistische Verfahren zur Analyse von Modellen
mit qualitativen Response-Variablen

Dieter Urban

18 Abbildungen
21 Tabellen

Gustav Fischer Verlag
Stuttgart · Jena · New York · 1993

Professor Dr. Dieter Urban
Universität Stuttgart
Institut für Sozialforschung
Abteilung für Soziologie und Sozialplanung
Keplerstr. 17, K II, D-70174 Stuttgart

Die Deutsche Bibliothek – CIP-Einheitsaufnahme

Urban, Dieter:
Logit-Analyse: statistische Verfahren zur Analyse von
Modellen mit qualitativen Response-Variablen / Dieter Urban. –
Stuttgart; Jena; New York: G. Fischer, 1993
 ISBN 3-437-40306-0

© Gustav Fischer Verlag · Stuttgart · Jena · New York · 1993
Wollgrasweg 49 · 70599 Stuttgart (Hohenheim)
Das Werk einschließlich aller seiner Teile ist urheberrechtlich geschützt.
Jede Verwertung außerhalb der engen Grenzen des Urheberrechtsgesetzes ist ohne Zustimmung unzulässig und strafbar. Das gilt insbesondere für Vervielfältigungen, Übersetzungen, Mikroverfilmungen und die Einspeicherung und Verarbeitung in elektronischen Systemen.
Satz und Druck: Gulde-Druck GmbH, Tübingen
Einband: F. W. Held, Rottenburg
Printed in Germany

Inhaltsverzeichnis

1 **Einführung** 1

   1.1 Benutzerhinweise 1
   1.2 Warum Logit-Analyse? 5
   1.3 Gibt es Alternativen zur Logit-Analyse? 15

2 **Binäre Logit-Analyse** 24

   2.1 Die Logik des binären Logit-Modells 24
      2.1.1 Interpretation der Modell-Schätzung 35

   2.2. Die Modellschätzung 52

   2.3 Die Bewertung der Modell-Schätzung 57
      2.3.1 Signifikanz der Modell-Effekte 58
      2.3.2 Signifikanz des Gesamt-Modells 61
      2.3.3 Anpassungsgüte der Modell-Schätzung 64

   2.4 Das binäre Logit-Modell mit Interaktionseffekten 72

3 **Polytome Logit-Analyse** 75

   3.1 Das multinomiale Logit-Modell 75
      3.1.1 Die IIA-Annahme im multinomialen Logit-Modell 86

   3.2 Das ordinale Logit-Modell 88

4 **Konzeptionelle Grundlagen der Logit-Analyse** 102

   4.1 Das verteilungstheoretisch begründete Logit-Modell 102
   4.2 Das wachstumstheoretisch begründete Logit-Modell 106
   4.3 Das entscheidungstheoretisch begründete Logit-Modell 108

5 **Konditionale Logit-Analyse** 120

   5.1 Das rein konditionale Logit-Modell 120
      5.1.1 Die IIA-Annahme im konditionalen Logit-Modell 131

   5.2 Das "nested" Logit-Modell 139
   5.3 Das gemischte Logit-Modell 147
   5.4 Das geordnete Logit-Modell 151

6 **Anhang** 155

   6.1 Beschreibung des Datensatzes und der Variablen 155
   6.2 Beschreibung der EDV-Steuerprogramme 159
   6.3 EDV-Programm-Pakete zur Logit-Analyse 173

I **Literatur** 174

II **Sach-Index** 181

1 Einführung

1.1 Benutzerhinweise

Das vorliegende Lehrbuch gibt eine systematische Darstellung der statistischen Datenanalyse unter Verwendung eines speziellen Statistik-Modells: des sogenannten Logit-Modells. Damit wendet es sich an Anwender, denen es gelungen ist, ein Kausalmodell mit mindestens zwei empirischen Variablen zu spezifizieren und zu jeder Variablen die Meßwerte von mehr als 100 Beobachtungsfällen zu erheben.

Unter diesen Voraussetzungen kann die Logit-Analyse ein Instrumentarium zur Diagnose derjenigen Effektstärken bereitstellen, die auf ein bestimmtes diskretes Ereignis bzw. eine bestimmte qualitative Entscheidung einwirken.

Diskrete Ereignisse sind z.B.:

- die Wahl einer bestimmten politischen Partei,
- die Rückfälligkeit von ehemals inhaftierten Straftätern,
- der Kauf eines bestimmten Markenprodukts,
- die Infektion mit einem bestimmten Krankheitserreger,
- die Entscheidung, mit dem eigenen PKW zur Arbeitsstelle zu fahren.

Zur Analyse all dieser diskreten Ereignisse/Entscheidungen wird im vorliegenden Buch das statistische Auswertungsverfahren der Logit-Analyse vorgestellt. Es richtet sich deshalb insbesondere an Praktiker, Wissenschaftler, Lehrende und Studierende in den empirischen Forschungsgebieten der

- Sozialwissenschaften (bes. der Soziologie und Politologie),
- Wirtschaftswissenschaften (bes. der ökonomischen Entscheidungsforschung),

aber auch an Vertreter der

- Bio- und Medizinstatistik (bes. der Sozialmedizin und Epidemiologie),
- Ingenieurwissenschaften (bes. der Verkehrsforschung),

die an der statistischen **Analyse von diskreten Ereignissen** interessiert sind.

Warum es sinnvoll ist, eine statistische Datenanalyse unter Verwendung von Logit-Modellen durchzuführen, wird im Anschluß an diese Benutzerhinweise erläutert. Vorab sei jedoch in aller Kürze darauf hingewiesen, was der Leser von diesem Buch erwarten darf, welche inhaltlichen Schwerpunkte im folgenden behandelt und welche Themen der Logit-Analyse unberücksichtigt bleiben.

Ziel der Darstellung in diesem Buch ist es, in die Logik und praktische Anwendung der wichtigsten Statistik-Modelle der Logit-Analyse einzuführen. Als wichtigste Modelle der Logit-Analyse werden behandelt:

- polytome Logit-Modelle (als binäre, multinomiale und ordinale Modelle),
- konditionale Logit-Modelle,
- Varianten von konditionalen Logit-Modellen ("nested", "ordered" und gemischt konditionale Logit-Modelle).

Unberücksichtigt bleiben in der vorliegenden Darstellung:

◊ Logit-Modelle zur Analyse von diskreten Zeitreihen (z.B. Panel-, Kohorten-Studien),[1]
◊ Logit-Modelle zur Analyse von kontinuierlichen Zeitreihen (z.B. Ereignisdaten-, Verweildauer-Studien),[2]
◊ Logitmodelle, die in einem schrittweisen Schätzverfahren entwickelt bzw. getestet werden.[3]

Für die Durchführung der Logit-Analyse wird in diesem Buch vorausgesetzt,

- daß die zu untersuchenden Daten als individuelle, voneinander unabhängige Beobachtungswerte vorliegen, die mittels einer Zufallsstichprobe oder einer Totalerhebung gewonnen wurden.[4]

Unberücksichtigt bleibt die Logit-Analyse für solche Stichproben,

◊ die exogen (d.h. nach Merkmalen der erklärenden Variablen) oder endogen (d.h. nach Merkmalen der resultierenden Ereignisse bzw. Handlungsalternativen) geschichtet wurden (sogenannte "retrospective", "response-based", "choice-based" oder "matched case-control" Stichproben).[5] Eine solche Stichproben-Schichtung wäre z.B. dann der Fall, wenn für eine Logit-Analyse des politischen Wahlverhaltens nur diejenigen Personen befragt würden, die eine von zwei bestimmten politischen Parteien gewählt haben (also unter Ausschluß von wählbaren dritten Parteien) oder die überhaupt zur Wahl gegangen sind (also unter Ausschluß der Nicht-Wähler).

---

1) Vgl. dazu Bye/Riley 1989, Heckman 1981, Hosmer/Lemeshow 1989.

2) Vgl. dazu Guilkey/Rindfuss 1987, Hosmer/Lemeshow 1989, Yamaguchi 1990.

3) Vgl. dazu Hosmer/Lemeshow 1989: 82-126.

4) Für eine Darstellung der Logit-Analyse mit gruppierten Daten vgl. Gottman/Roy 1990: 201-212, Hanushek/Jackson 1977: 190-200.

5) Vgl. dazu Breslow/Day 1980, Bye/Riley 1989, Manski/Lerman 1977, Manski/Xie 1989.

1.1 Benutzerhinweise

Die Darstellung aller Verfahren der Logit-Analyse erfolgt im vorliegenden Buch:

♦ grundlegend,   d.h. zum Text-Verständnis werden nur statistische Grundkenntnisse vorausgesetzt, auf formal-statistische Ableitungen oder Beweisführungen wird verzichtet (bzw. auf entsprechende Literatur verwiesen), und auch die formale Notation orientiert sich nicht primär an der Maxime mathematischer Exaktheit, sondern ist auf ein Optimum an Verständlichkeit für den nicht spezialisierten Leser ausgerichtet,

♦ beispielsbezogen,   d.h. jedes hier vorgestellte Logit-Modell wird an einem Beispielmodell unter Verwendung eines real-empirischen Datensatzes ausführlich verdeutlicht, wobei alle Beispiele aus einem durchgängig beibehaltenen Anwendungskontext (der Analyse politischer Wahl- und Entscheidungsprozesse) stammen (vgl. dazu die Beschreibung der benutzten Daten und Variablen im Anhang),

♦ anwendungsorientiert,   d.h. zu jedem der hier vorgestellten Logit-Modell werden Hinweise zu dessen computergestützten Berechnung unter Anwendung von standardisierten, allgemein verfügbaren Statistik-Software-Paketen gegeben (vor allem zu **SYSTAT** und **LIMDEP**, aber auch zu **SPSS/PC+**). Jedem Modellbeispiel werden Programmbeispiele zugeordnet, die nebst einer zeilenweisen Kommentierung in Kap. 6.2 abgedruckt werden.

<u>Achtung:</u>
(Lesehinweis)

Die Darstellung der verschiedenen Varianten des Logit-Modells erfolgt in diesem Buch derart, daß einmal beschriebene und nach wie vor gültige Modell-Kennzeichen in darauf folgenden Kapiteln nicht wiederholt sondern als bekannt und als nach wie vor gültig vorausgesetzt werden.

In diesem Sinne gibt es im vorliegenden Buch einige zentrale Kapitel, in denen grundlegende Arbeitsschritte der Logit-Analyse vorgestellt werden.

Grundlegende Ausführungen, auf die im Anschluß immer wieder Bezug genommen wird, erfolgen insbesondere in den Kapiteln 2.1 bis 2.4 (gültig für die Analyse von binären und multinomialen Logit-Modellen) sowie in den Kapiteln 5.1 und 5.1.1 (gültig für die Analyse von konditionalen Logit-Modellen).

Leider enthalten so gut wie alle der gebräuchlichen, sozialwissenschaftlichen Statistik-Lehrbücher keinerlei Informationen über die Arbeit mit Logit-Modellen. Auch solche Einführungstexte, die sich allein auf die Logit-Analyse konzentrieren, sind weder zahlreich noch leicht zu finden. Deshalb seien dem Leser als ergänzende bzw. weiterführende Lehrbücher zur Logik und Methodik von Logit-Analysen folgende Texte empfohlen:

Aldrich/Nelson (1984): Sehr knapp gehaltene (95 S.), vergleichende Einführung von drei verwandten Statistik-Modellen (lineares Wahrscheinlichkeitsmodell, binäres und multinomiales Logit-, Probit-Modell) mit sozialwissenschaftlichen Anwendungsbeispielen.

Ben-Akiva/Lerman (1985):
Train (1986): Zwei umfassende Lehrbücher mit Schwerpunkt auf methodologischen Aspekten von konditionalen Logit-Modellen zur Analyse von Theoremen der rationalen Wahlhandlung. Die Anwendungsbeispiele stammen aus dem Bereich des Transportwesens (Wahl zwischen verschiedenen Verkehrsmitteln).

Hosmer/Lemeshow (1989): Das Lehrbuch konzentriert sich in sehr allgemeinverständlicher Form auf die statistischen Modellaspekte der binären und multinomialen Logit-Analyse (mit ausführlichen bio- und medizinstatistischen Beispielen).

Maier/Weiss (1990): Das Lehrbuch ist sowohl hinsichtlich seiner methodologischen Darstellung von Entscheidungsmodellen als auch hinsichtlich seiner formal-technischen Darstellung von diversen Statistik-Modellen überblicksartig angelegt. Die Beispiele konzentrieren sich auf mikroökonomische Anwendungen.

Wrigley (1985): Didaktisch gut gelungenes Lehrbuch zu versch. Statistik-Modellen für die Analyse kategorialer Daten. Im Zentrum stehen Varianten des multinomialen und konditionalen Logit-Modells und des Modells der diskreten Wahl. Die Beispiele thematisieren sozialwissenschaftliche Anwendungen (oftmals mit stark räumlichen Aspekten).

Im vorliegenden Buch wird an verschiedenen Stellen zur Methodologie und Methodik der Logit-Analyse auf ergänzende Textpassagen in den benannten Lehrbüchern hingewiesen.

Alle oben aufgelisteten Lehrbücher gehen jedoch nicht auf die computergestützte Analyse von Logit-Modellen mit Hilfe von Standard-Software ein.

1.2 Warum Logit-Analyse?

Jeder empirisch verfahrende Sozialforscher kennt das Problem: ein theoretisches Modell soll statistisch überprüft werden, vielleicht wurden auch schon entsprechende Daten gesammelt und eigentlich muß nur noch entschieden werden, mit welchen statistischen Methoden die Datenanalyse durchzuführen wäre.

Natürlich sollten die Berechnungsverfahren schon "anspruchsvoll" sein, sollten auch der Kritik von Methodenspezialisten standhalten können. Deshalb sollte die benutzte Statistik auch über die Anwendung rein univariater Maßzahlen (wie z.B. Mittelwerte) sowie rein bivariater Maßzahlen (wie z.B. Korrelationswerte) hinausgehen. Denn schließlich wurden die komplexen Wirkungszusammenhänge eines Theoriemodells, das z.B. die Wahlentscheidung zugunsten einer bestimmten politischen Partei gehaltvoll erklären will, nicht deshalb in mühevoller Theoriearbeit spezifiziert, um sie in der späteren statistischen Analyse wieder in einfache, bivariate Zusammenhangsaussagen auflösen zu müssen.

Es sollten also schon multivariate Statistik-Modelle zur Anwendung kommen, so daß mehrere, simultan wirkende Einflußfaktoren derart geschätzt werden könnten, daß ihre spezifischen Relevanzen im gesamten Wirkungsspektrum deutlich erkennbar werden.

So oder ähnlich mag die Situation eines Sozialforschers aussehen, der trotz seines theoretischen oder praktischen Erkenntniszieles nicht auf eine empirische Beweisführung verzichten möchte. Wenn er sich dann auf dem Markt der statistischen Modelle umschaut, wird seine ehrgeizige Absicht möglicherweise in resignative Frustration umschlagen. Nicht selten wird er trotz intensiven Bemühens die eh schon rar gestreuten, nicht gerade benutzerfreundlich geschriebenen Einführungstexte in spezielle, hoch-komplexe Auswertungsmodelle ohne entscheidenden Erkenntnisgewinn beiseite legen.

Gibt er dann seine Absicht, multivariate Statistik-Modelle einsetzen zu wollen, nicht gänzlich auf, so wird er vielleicht seine alten, verstaubten Texte zur Berechnung multivariater Regressionsmodelle hervorholen und Parameter-Schätzungen nach dem Kleinst-Quadrate-Verfahren[6] durchführen (bzw. unter Verwendung von SPSS durchführen lassen).

Eine nähere Durchsicht der in der American Sociological Review (ASR) publizierten Aufsätze, einer für die moderne empirische Sozialforschung recht repräsentativen Zeitschrift, kann das auch bestätigen: von den dort in den Jahrgängen 1986 bis 1991 beschriebenen 317 multivariaten Statistik-Analysen sind 50% als Anwendungen der OLS-Regression im engeren Sinne zu klassifizieren (vgl. Tabelle 1.1).

Die breite und zur "normal science" der Sozialforschung gehörende Verwendung von OLS-Regressionsmodellen wäre nicht weiter diskussionsbedürftig, wenn die Anwendungsvoraussetzungen dieser Modelle leicht zu erfüllen wären. Das sind sie jedoch leider nicht. Und erst

---

5) Im folgenden "OLS-Schätzung" (OLS = Ordinary Least Square) oder noch einfacher: "OLS-Regression" genannt.

recht nicht in den Sozialwissenschaften und weiten Bereichen der in Kapitel 1.1 benannten Wissenschaftszweige. Denn die Modellogik der klassischen Regressionsverfahren setzt z.B. an zentraler Stelle voraus, daß die im theoretischen und/oder statistischen Kausalmodell zu erklärende Größe eine kontinuierliche Werteverteilung oder zumindest ein metrisches Meßniveau aufweise. Das kann u.U. für solche Variablen wie "Einkommen", "Schuljahre" oder "Fahrzeit" gelten. Was passiert jedoch, wenn dies (wie so häufig) nicht der Fall ist?

Falls die zu erklärende Größe ordinal skaliert ist (wie z.B. Schichtungsstufen oder Ausbildungsgrade), läßt sie sich u.U. zwar noch als metrisch definieren und auch ohne größeren Schaden in einem Regressionsmodell analysieren.[7] Jedoch sind die statistischen Möglichkeiten von OLS-Regressionsmodellen immer dann ausgereizt, wenn die zu erklärende Variable qualitativer Natur ist (wie z.B. die Variable "Wahl einer bestimmten, politischen Partei" oder "Existenz des Risikos, an Krebs zu erkranken").

Sicher, es gibt auch noch genügend Forscher, die qualitative Größen als zu erklärende Variablen in Regressionsmodelle einbeziehen. Die dabei erzielten Statistik-Resultate sind allerdings mehr als zweifelhaft (vgl. dazu Kap. 1.3). Deshalb sollte der Anwender schon allein aufgrund eines solchen Variablentyps ein alternatives Statistik-Modell bevorzugen.

Ein solches alternatives Statistik-Modell, das dieses und andere Probleme nicht kennt, ist das hier vorgestellte Logit-Modell in seinen vielfältigen Abwandlungen.

Leider wird die Logit-Analyse bislang in der deutschsprachigen Sozialwissenschaft relativ selten eingesetzt,[8] während das Verfahren in amerikanischen Veröffentlichungen zu den beliebtesten Statistik-Modellen überhaupt gehört. Dort haben die modelltechnischen Vorzüge von Logit-Modellen dafür gesorgt, daß Logit-Analysen in das Standard-Repertoire statistischer Datenanalyse aufgenommen wurden.

Dies wird z.B. deutlich, wenn man sich die Typen von Statistik-Modellen anschaut, die bei Veröffentlichungen in sozialwissenschaftlichen Zeitschriftenaufsätzen zum Einsatz kommen. Tabelle 1.1. zeigt die Verteilung der verschiedenen Typen multivariater Statistik-Modelle in den Veröffentlichungen einer der führenden, empirisch orientierten Zeitschriften in den Sozialwissenschaften, der "American Sociological Review" (ASR). In diesem Fachjournal sind in den Jahren von 1986 bis 1991 die Modelle der Logit-Analyse am zweithäufigsten von allen Statistik-Modelltypen vertreten.

---

7) Vgl. dazu Tufte 1970, Golden/Brockett 1987.

8) Zu den wenigen Anwendungen in den deutschsprachigen Sozialwissenschaften gehören u.a. die Arbeiten von Landua 1990a, Ludwig-Mayerhofer 1990, Jagodzinski/Kühnel 1989, Urban 1990b, 1991.

1.2 Warum Logit-Analyse?

Tabelle 1.1: Häufigkeit versch. multivariater Statistik-Modelle in den Aufsätzen der American Sociological Review (ASR)[9]

multivariates Statistik-Modell	1986	1987	1988	1989	1990	1991	1986-91
Regression (OLS)	45%	53%	57%	47%	53%	42%	50%
Regression (GLS, WLS, TSLS)	8%	3%	10%	7%	4%	4%	6%
Logit-Analyse	18%	23%	11%	20%	18%	17%	18%
Log.-lineare Analyse	6%	3%	5%	3%	4%	2%	4%
LISREL-Analyse	8%	--	2%	5%	2%	6%	4%
diverse Modelle	16%	17%	16%	18%	18%	29%	19%
	N=51	N=60	N=63	N=60	N=45	N=48	N=327

Welches sind nun die Vorteile von statistischen Auswertungen unter Verwendung des Logit-Modells (wobei ihre Nachteile auch nicht verschwiegen werden sollen)? Als vorläufige Antwort sollen an dieser Stelle die Kurz-Beschreibungen von einigen zentralen Eigenschaften der Logit-Analyse gegeben werden.[10]

Vorteile des Logit-Modells sind:

1. Analyse von Modellen mit qualitativen/diskreten abhängigen Variablen,
2. Analyse von Modellen mit ordinalen oder geordneten abhängigen Variablen,
3. Schätzung partieller Effektstärken,
4. Analyse von variierenden Effektstärken,
5. Analyse von Effekten, die von den Eigenschaften der abhängigen Variablen ausgehen,
6. Interpretationslogik des allgemeinen linearen Modells,
7. Berechenbarkeit mit gängiger, standardisierter Statistik-Software,
8. Systematische Beziehung zum allgemeinen Theoriemodell der rationalen Handlungswahl,
9. Integrations- und Ausbaufähigkeit des Modells.

---

[9] Es ist möglich, daß pro Aufsatz mehrere Typen von multivariaten Statistik-Modellen angewandt und dann auch erfaßt wurden. Berücksichtigt wurden aber nur Modelle, die zur empirischen Analyse eingesetzt waren, d.h. rein methodologisch diskutierte Modelle blieben unberücksichtigt.

[10] Ausführlichere Erläuterungen werden Sie dazu in den folgenden Kapiteln finden.

ad 1. In der Logit-Analyse können die Einflüsse verschiedenster Faktoren auf eine qualitative, abhängige Größe berechnet werden. Diese zu erklärende Größe kann als diskrete bzw. kategoriale Variable gemessen sein sowie zwei oder mehrere Ausprägungen besitzen. Eine solche Variable mißt z.B. die Stimmabgabe zugunsten einer politischen Parteien oder die Nutzung des Nahverkehrsmittels, mit dem eine bestimmte Person von ihrem jeweiligen Wohnort zum Arbeitsplatz gelangt.

ad 2. Die zu erklärende Größe eines Logit-Modell kann einen geordneten Wertebereich aufweisen. Eine derartige Ordnung findet man z.B. bei einer Entscheidung für eine bestimmte Schulausbildung zwischen den Schultypen "Hauptschule", "Realschule" und "Gymnasium" besteht.

Im Logit-Modell braucht eine zu erklärende, ordinale Variable nicht künstlich metrisiert zu werden. Sie kann unter Berücksichtigung ihres kompletten Informationsgehalts auf ordinalem Meßniveau analysiert werden.

ad 3. Ebenso wie auch andere multivariate Statistik-Modelle können Logit-Modelle die Effektstärken, mit denen verschiedenste Faktoren die zu erklärende Variable beeinflussen, simultan und damit auch kontrolliert schätzen.

Wenn z.B. die Parteipräferenz und das Alter eines Stimmbügers dessen politische Wahl bestimmen (in Abbildung 1.1 sind das die Effekte "a" und "c"), so sind diese beiden Faktoren sicherlich nicht voneinander unabhängig. Vielmehr wird das Alter nicht nur die Wahlhandlung (Effekt "c") sondern auch die Parteipräferenz bestimmen (Effekt "b"). Somit ginge in einen Schätzwert für die Einflußstärke der Parteipräferenz auf die Wahlentscheidung auch derjenige Teil des Einflusses von Alter auf die Wahlentscheidung ein, der in indirekter Weise (via seiner Wirkung auf die Parteipräferenz) die Wahlentscheidung beeinflußt (Effekt "b_1").

Logit-Modelle können die Abhängigkeiten zwischen den effektverursachenden Variablen bei der Schätzung der jeweiligen Einflußstärken berücksichtigen und Schätzwerte ausgeben, die allein für die im Modell bereinigten Effekte gelten (d.h. für die Effekte "a" und "c").

Abbildung 1.1: Direkter (c) und indirekter Effekt (b_1) von "Alter" auf "Wahlentscheidung"

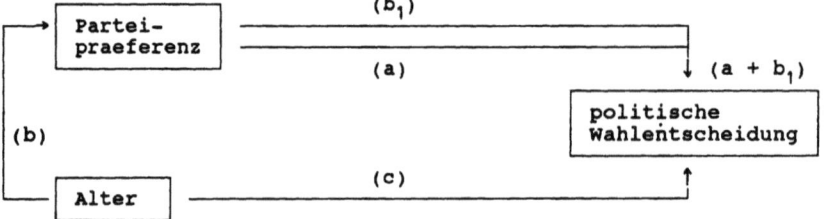

ad 4. In Logit-Modellen lassen sich auch solche Effekte analysieren, deren Stärke von bestimmten Ausgangsbedingungen abhängig sind, und die deshalb auch nicht stets die gleiche Einflußkraft besitzen müssen.

So kann vielleicht im obigen Beispiel die Variable "Alter" in der Altergruppe der 18 bis 30jährigen eine andere Bedeutung für die Wahl einer bestimmten Partei haben als in der Gruppe der 60 bis 70jährigen Stimmberechtigten.

Da Effekte mit veränderlichen Einflußstärken in vielen Bereichen der Forschung eher die Regel denn die Ausnahme darstellen dürften, ist gerade die Möglichkeit, nicht-lineare Zusammenhänge analysieren zu können, ein besonderer Vorteil von Logit-Modellen.

ad 5. Wenn die Kategorien der abhängigen Variablen als Handlungsalternativen verstanden werden, so können Logit-Modelle auch die Einflußstärke solcher Effekte schätzen, die von den Eigenschaften dieser Alternativen auf die Wahl einer bestimmten Handlungsalternative ausgeübt werden.

So kann z.B. bei der Wahl eines öffentlichen Transportmittels die Verkürzung der Fahrzeit mit einer zu schätzenden Einflußstärke auf die Entscheidung zugunsten einer von drei möglichen Alternativen (etwa Bus, Straßenbahn oder Taxi) einwirken.

ad 6. Trotz einiger gewichtiger Unterschiede zwischen den Logit-Modellen und einigen der gebräuchlichsten Linear-Modelle der statistischen Praxis (vgl. dazu Kap. 1.3), gehören auch die Logit-Modelle zur großen Gruppe der allgemeinen, linearen Statistik-Modelle. Deshalb kann der Anwender viele seiner im Umgang mit den klassischen Modellen von Regressions-, Varianz- oder Diskriminanzanalyse erworbenen und liebgewonnenen Denk- und Interpretationsmuster auch im Umgang mit der Logit-Analyse beibehalten.

Was sich somit für den statistischen Praktiker als Arbeitserleichterung darstellt, bedeutet für den Entwickler statistischer Analyseverfahren einen weiteren Schritt in die Richtung einer einheitlichen statistischen Modell-Methodologie, welche auch für die Untersuchung kategorialer und nicht-metrischer Daten offen bleibt.

ad 7. Logit-Analysen werden von einer Vielzahl standardisierter Statistik-Software-Pakete unterstützt und sind somit auch für den wenig spezialisierten Praktiker leicht einsetzbar.

Modelle, die mit einer binomialen, abhängigen Variablen operieren (sogenannte binäre Logit-Modelle) sind wohl mit jedem in der Wissenschaft gebäuchlichen Software-System zu berechnen (u.a. mit SPSS/PC). Auch für Modelle mit binären und/oder polytomen abhängigen Variablen stehen weit verbreitete Standard-Pakete zur Verfügung (u.a. SAS, BMDP, SYSTAT). Komplexere Versionen von Logit-Modellen benötigen oftmals ökonometrische Software-Pakete (z.B. LIMDEP), die aber auch allgemein zugänglich sind. Weitere Hinweise zum Gebrauch von Statistik-Software in der Logit-Analyse gibt das Kapitel 6.3. Wie bereits in Kap. 1.1 erwähnt, werden für alle im folgenden vorgestellten Logit-Modelle auch die entsprechenden Hinweise zu ihrer computergestützten Berechnung gegeben (mit SYSTAT, LIMDEP oder SPSS/PC+).

ad 8. Logit-Modelle gehören zu den wenigen Statistik-Modellen, die in direktem Bezug zu einem theoretischen Modell der allgemeinen Sozialwissenschaften zu entwickeln sind. Als Modelle der diskreten Wahl (engl.: "discrete choice models" oder "qualitative response models") können sie methodologisch direkt aus der Konstruktionslogik rationaler Handlungsmodelle abgeleitet werden.

Unter diesem Gesichtspunkt wurden sie vor allem in ökonomiebezogenen Anwendungen als eine der wichtigsten Entwicklungen in der statistischer Modelltechnik der 70er Jahre gefeiert.[11]

Die damit angesprochene Affinität zwischen Theorie-Modell und Statistik-Modell kommt u.a. dadurch zustande, daß jede zu erklärende, diskrete Variable als Messung eines Ereignisses verstanden werden kann, dessen Eintreten möglich aber nicht sicher ist.

Die zu analysierenden Ereignisse können z.B. das Ergebnis einer Wahlentscheidung sein, bei der die Entscheidung zugunsten oder zuungunsten einer politischen Partei fallen kann (also zwei alternative Ereignisse möglich sind) oder bei der die Wahlentscheidung zwischen vier verschiedenen Parteien möglich ist (mit dann also vier alternativen Ereignissen).

Das entsprechende Entscheidungsproblem ist in diesen Fällen aufgrund der Wahlmöglichkeit zwischen verschiedenen politischen Parteien entstanden. Dabei liegt die Entscheidungssituation außerhalb des Forschungsprozesses, d.h. sie ist im sozialen Feld entstanden und den beteiligten Entscheidungakteuren in aller Regel auch selbst bewußt. Aus diesen Gründen erfüllt diese Entscheidungssituation auch die Anwendungsvoraussetzungen einer theoretischen Konzeptualisierung mittels rationaler Handlungsmodelle und kann anschließend unter Verwendung von Logit-Modellen statistisch analysiert werden.

Ausführlichere Erläuterungen zu dieser systematischen Beziehung zwischen theoretischer und statistischer Modellierung werden wir in Kapitel 4 geben.

Bereits an dieser Stelle soll jedoch darauf verwiesen werden, daß für die Durchführung von Logit-Analysen eine theoretische Fundierung im Rahmen rationaler Handlungstheorien zwar die Konsistenz der empirischen Argumentation maximiert aber dennoch keineswegs notwendig ist. Für die hier vorzustellenden Analyseverfahren kann das Entscheidungsproblem auch allein vom Forscher konstruiert und den beobachteten Akteuren überhaupt nicht als solches bewußt sein. Das gilt z.B. für ein Modell mit der zu erklärenden Variablen "Risiko, an Krebs zu erkranken".

---

[11] Vgl. z.B. Amemiya 1981: 1843 und Gensch/Recker 1979.

1.2 Warum Logit-Analyse?

ad 9. Nutzen und Relevanz eines Statistik-Modells lassen sich nicht nur an dessen gegenwärtiger Verbreitung und Einsatzmöglichkeit erkennen. Erfolgreiche statistische Modelle sollten genauso wie erfolgreiche theoretische Modelle die Kraft eines problemerzeugenden und problemlösenden Forschungsprogramms entwickeln können.

In einem statistischen Forschungsprogramm sollten deshalb auch Entwicklungspotentiale zu erkennen sein, die neue Anwendungsmöglichkeiten entstehen lassen sowie Lösungsvorschläge für bislang ungelöste Anwendungsprobleme unterbreiten können.

Logit-Modelle weisen diesbezüglich eine überraschend hohe Entwicklungsdynamik auf. Stellvertretend für viele neue Anwendungen sollen an dieser Stelle nur einige Beispiele genannt werden. So wurden u.a. dynamische Logit-Modelle in der Chaosforschung eingesetzt, um zu zeigen, daß verschiedene Formen von chaotischem Verhalten in Abhängigkeit von einer individuellen Nutzenfunktion entstehen können (Nijkamp/Reggiani 1990). Es werden aber auch Logit-Modelle und komplexe Kausalanalysen mit latenten Variablen zusammengebracht (Stage 1988). Und besonders in jüngster Zeit werden Logit-Analysen zur Berechnung stochastischer Modelle diskreter Wahl eingesetzt.[12]

Logit-Modelle haben vor allem in den letzten zwanzig Jahren in vielen Bereichen der sozial-, wirtschafts- und biowissenschaftlichen Forschung eine breite Anwendung gefunden. Für Leser, die an einer beispielhaften Logit-Analyse in ihrem Forschungsgebiet interessiert sind, listet Tabelle 1.2 eine Auswahl von Studien zu einigen dieser Anwendungsgebiete auf und benennt deren modellrelevante Fragestellung. Weitere Literatur zur angewandten Logit-Analyse in 13 verschiedenen Anwendungsfeldern (u.a. in den Bereichen von Gesetzgebungsverfahren sowie generativem und kriminellem Verhalten) benennt Amemiya (1981).

---

12) Vgl. zum Thema "stochastic choice models" insbesondere die drei Sonderhefte der Zeitschrift "Mathematical Social Sciences" 1992, (23), No. 1-3.

Tabelle 1.2: Auswahl angewandter Logit-Analysen in diversen Forschungsgebieten

Forschungsgebiet	modellrelevante Fragestellung	Publikation
Arbeitsmarkt- u. Berufsforschung	Wahl der Suchstrategie bei der Arbeitsplatzsuche. Determinanten der Ausübung eines bestimmten Berufstypus. Gründe des Ausbildungsabbruchs von Studenten.	Kahn/Low 1984. Schmidt/Strauss 1975. Stage 1988.
Bildungsforschung	Auswahl des zukünftigen College. Determinanten der Leistung von Studenten. Wahl von Bildungsalternativen nach dem High-School-Abschluß.	Elliott/Hollenhorst 1981. Park/Kerr 1990. Weiler 1987.
Einstellungsforschung	Enstehung von best. Partei-Präferenzen. Existenz best. politischer Wahrnehmungsmuster.	Landua 1990b. Schuman/Scot 1989.
Gesundheitsforschung, sozialmedizinische u. epidemiologische Forschung	Prognose des medizinischen Behandlungsausgangs. Zugehörigkeit zu einer von mehreren Klassen des Alkoholismus. Risiko an Krebs zu erkranken.	Anderson/Philips 1981. Ashby et al. 1986. Breslow/Day 1980.
Marketing-Forschung	Kaufentscheidung bei Elektro-Autos. Auswahl zwischen versch. Kaffeesorten.	Beggs et al. 1981. Buckley 1988.
Migrationsforschung	Wahl des Wohnquartiers. Entscheidung zur Migration.	Gabriel/Rosenthal 1989. Silver 1988.
Erforschung politischer Entscheidungsprozesse	Mitgliedschaft in der NSDAP. Entscheidung zur Teilnahme an politischen Wahlen in den USA. Politisches Wahlverhalten in Dänemark. Externer Einfluß auf parlamentarisches Abstimmungsverhalten.	Jarausch/Arminger 1989. Nownes 1992. Thomsen 1987. Wilhite/Theilmann 1987.
Sozialpolitik-Forschung	Wahl von Techniken der Empfängnisverhütung. Entscheidung über Familiengründung. Rückfälligkeit nach Gefängnishaft.	Akin/Schwarz 1988. Kemper 1985. Witte/Schmidt 1979.
Verkehrsforschung	Auswahl bevorzugter Einkaufszentren. Wahl von Handlungsalternativen an Fußgänger-Überwegen. Unfall- u. Todesrisiko von PKW-Fahrern.	Dunn/Wrigley 1985. Himanen/Kulmata 1988. Lui et al. 1988.
diverse Forschungsgebiete	Gewinn-Prognose im Pferde-Rennsport.	Bolton/Chapman 1986.

1.2 Warum Logit-Analyse?

Natürlich enthalten Logit-Analysen wie alle anderen Statistik-Modelle auch ihre spezifischen Probleme und Schwierigkeiten. Diese sollen hier nicht verschwiegen werden, denn oftmals entscheiden gerade die Nachteile eines Modells darüber, ob das entsprechende Analyseverfahren für einen statistischen Modelltest sinnvoll eingesetzt werden kann oder nicht.

Im folgenden werden primär solche Probleme bzw. Nachteile genannt, die auf die spezifische Logik des Logit-Modells zurückzuführen sind. Probleme, die auch bei anderen linearen Modellen auftreten können (wie z.B. Verzerrungen im Falle serieller Korrelation oder hoher Multikollinearität) werden hier nicht eigens erwähnt.

Folgende Modell-Restriktionen sind vor Einsatz einer Logit-Analyse zu berücksichtigen:

1. Die Schätzung der Effektstärken im Logit-Modell beruht auf dem sog. Maximum-Likelihood-Schätzverfahren (vgl. dazu Kap. 2.2). Die Güte der Resultate dieser Schätzmethode hängt von der Anzahl der zu analysierenden Beobachtungen ab. Ist die Anzahl sehr groß, ist die Zuverlässigkeit des Verfahrens theoretisch und praktisch unumstritten. Probleme tauchen bei eher kleinen Stichproben auf. So sollte bei sehr kleinen Stichproben von N < 50 auf die Logit-Analyse verzichtet werden. Und erst ab Stichproben von N > 100 erweisen sich die Schätzergebnisse einer Logit-Analyse denjenigen anderer Verfahren überlegen (vgl. Malhotra 1983, McFadden 1974: 123, Stone/Rasp 1991).

2. Logit-Modelle ermöglichen zwar eine adäquate Berücksichtigung von ordinalen, zu erklärenden Variablen, aber nicht von Effekt-Variablen (d.h. von unabhängigen Modell-Variablen) mit ordinaler Skalenqualität. Diese müssen entweder als metrische definiert oder in Dummy/Design-Variablen aufgelöst werden.

3. Aufgrund der später noch darzustellenden Logik von Logit-Modellen können bei der Interpretation der Logit-Resultate einige Schwierigkeiten auftreten. Denn Logit-Modelle bedienen sich mehrerer, gewöhnungsbedürftiger Transformationsschritte, um zu berücksichtigen, daß die empirischen Effektstärken nicht nur von einem konstanten Effektparameter bestimmt werden, sondern parallel zu den jeweiligen empirischen Ausgangsbedingungen in den Effektvariablen variieren können. Dadurch entstehen Analyseergebnisse, die bei der Interpretation auf unterschiedliche empirische Sachverhalte bezogen werden müssen (dazu ausf. Kap. 2.1.1).

4. Die Logit-Analyse eignet sich nicht für die Spezifikation von komplexen Kausalmodellen mit intervenierenden Effekten. In solchen Modellen müßte die gleiche intervenierende Variable einmal in ihrer Logit-Form (als abh. Variable) und zum anderen in ihrer ursprünglichen Skalierung (als unabh. Variable) benutzt werden. Da dies nicht möglich ist, könnte dann auch keine Korrelationszerlegung im pfadanalytischen Sinne durchgeführt werden (vgl. dazu Swafford 1980).

5. In Logit-Modellen können keine alternativen-spezifischen Dummy-Effekte geschätzt

werden (vgl. Caudill 1988). Diese liegen vor, wenn in der Empirie eine effektausübende Variable immer nur in Verbindung mit einer bestimmten Alternative bzw. einem bestimmten Ereignis einen ganz bestimmten Wert annimmt. Das wäre z.B. dann der Fall, wenn in einem Modell zur Erklärung politischen Wahlverhaltens eine Effektvariable die Zugehörigkeit zu einer Gewerkschaft mißt und alle Gewerkschaftsmitglieder die gleiche politische Partei wählten.

6. Die Logit-Modellierung operiert aussschließlich auf der Ebene beobachteter bzw. gemessener Indikator-Variablen. Eine Modell-Spezifikation, die auch latente Konstrukt-Variablen enthält, ist nicht möglich. Deshalb muß entweder eine fehlerfrei Messung der theoretischen Konstrukte unterstellt werden, oder es müssen entsprechende Einschränkungen bei der theoretischen Verallgemeinerung der Schätzresultate vorgenommen werden.

   Besser wäre es jedoch, wenn in einer zweistufigen statistischen Analyse zunächst ein Meßmodell für die einzelnen Logit-Variablen geschätzt und dann die Logit-Analyse mit den zuvor geschätzten Konstrukt-Variablen durchgeführt wird.[13]

7. Die multinomiale Logit-Analyse (das ist eine Analyse mit mehr als nur zwei zu erklärenden Ereignissen/Alternativen) bringt zusätzliche Interpretationsprobleme (vgl. Pkt. 3). Sie erzeugt mehrere binomiale Logit-Schätzungen, in denen sich die Resultate stets auf eine ausgewählte Referenz-Alternative beziehen. Das ist bei der Interpretation ihrer Ergebnisse zu berücksichtigen, da ansonsten Anomalien zwischen den Schätzwerten, die auf verschieden empirischen Bezugsebenen beruhen, entstehen können (vgl. dazu Kap. 3.1).

8. In Logit-Modellen, die mit mehr als zwei zu erklärenden Ereignissen operieren (sog. multinomiale Modelle), werden die Ergebnisse verfälscht, wenn es systematische Beziehungen zwischen mindestens zweien dieser Alternativen/Ereignisse gibt, die zwischen den übrigen Alternativen nicht bestehen. Z.B. können bei einer politischen Partei zwei politische Parteien in den Augen der Wähler kaum zu unterscheiden sein, während sich eine dritte Partei von der ersten und der zweiten Partei deutlich unterscheidet. Probleme, die aus solch einer Konstellation entstehen, sind oftmals allein durch die Auswahl der zu analysierenden Alternativen bestimmt.

   Um sicherzustellen, daß die Schätzergebnisse nicht durch die manchmal recht willkürlich entschiedene Berücksichtigung bzw. Nicht-Berücksichtigung bestimmter Alternativen beinflußt wird, muß in diesen Fällen die Analyse in einem recht aufwendigen Verfahren mehrstufig durchgeführt werden (vgl. dazu Kap. 5.2).

---

13) Als Beispiel für eine zweistufige statistische Analyse vgl. Stage (1988), der seine Meßmodelle zunächst mit LISREL schätzt bevor er die daraus abgeleiteten Index-Variablen einer Logit-Analyse unterzieht.

1.3 Gibt es Alternativen zur Logit-Analyse?

Als mögliche Alternativen zur Logit-Analyse kommen vor allem solche Statistik-Modelle in Betracht, die ebenfalls die Abhängigkeitsstruktur qualitativer Variablen untersuchen. Zwar haben wir im vorangegangenen Kapitel auch noch andere Vorteile des Logit-Modells genannt, doch in der statistischen Alltagspraxis interessiert oftmals allein die Tatsache, ob ein bestimmtes Auswertungsmodell in der Lage ist, abhängige Modellgrößen vom Typ bi- und multinomialer Variablen zu analysieren. Wir wollen deshalb im folgenden allein unter diesem Gesichtspunkt einige der möglichen Alternativen zur Logit-Analyse kurz vorstellen und dabei zwei sehr häufig gebrauchte Alternativ-Modell etwas ausführlicher beschreiben. Im einzelnen werden wir auf folgende statistischen Analyseverfahren eingehen:

- Tabellenanalyse,
- log.-lineare Analyse,
- Diskriminanzanalyse,
- binäre Regressionsanalyse,
- Analyse linearer Wahrscheinlichkeitsmodelle.

In der **Tabellenanalyse** werden die Zusammenhänge zwischen zwei oder mehreren Variablen in Form von zweidimensionalen Kontingenz-Tabellen dargestellt und zur visuellen Inspektion sowie zur Berechnung darauf beruhender Korrelationsmaße (z.B. als chi-quadrat-basierte Maße) benutzt. Allerdings ist gerade dann, wenn die abhängige Variable allein binomial skaliert ist, deren Variation eher gering und in ihrer Abhängigkeit dementsprechend schwer zu erkennen.

Dies kann sich ändern, wenn mehr als nur eine unabhängige Variable in die Darstellung einbezogen werden. Jedoch bleibt auch dann die Darstellung und damit auch die Auswertung auf zweidimensionale Kontingenztabellen beschränkt. Für multivariate Analysen sind diese Tabellen visuell nur sehr schwierig zugänglich und erlauben es in aller Regel auch nicht, die häufig für eine theoretische Argumentation so wichtigen Interaktionseffekte zu erkennen.

Natürlich erfolgt in der multivariaten Tabellenanalyse auch keine simultane Schätzung von einzelnen, kontrolliert gehaltenen Effektstärken, so daß die parallele Berechnung einzelner Einflußstärken oftmals zu Unter- oder Überschätzungen der entsprechenden Abhängigkeiten führen muß.

Eine Weiterentwicklung der multivariaten Tabellenanalyse ist die **log.-lineare Analyse**. Darin können einige der oben genannten Probleme bei der Auswertung von zweidimensionalen Tabellen weitgehend vermieden werden. So werden z.B. die Folgen des Einflusses mehrerer Effektvariablen auf die tabellierten Häufigkeitsverteilungen simultan geschätzt und auch die Berücksichtigung von Interaktionseffekten hat in log.-linearen Modellen eine große Bedeutung.

Die Ergebnisse der log.-linearen Analyse sind mit denjenigen der binären Logit-Analyse (vgl.

dazu im folgenden Kap. 2.1) vergleichbar, obwohl die in beiden Modellen benutzten Notationen unterschiedlich sind und auch die Schätzverfahren unterschiedlich eingesetzt werden.[14] Allerdings muß dazu die eigentlich auf symmetrische Zusammenhänge ausgerichtete Konstruktionslogik der log.-linearen Modelle modifiziert und eine zu erklärende Variable bestimmt werden. Das ist in diesen Modellen aber ausschließlich für dichotom gemessene Variablen möglich. Auch müssen alle erklärenden Variablen kategorial sein. Es können deshalb keine unabhängigen Variablen, wie z.B. die Größe "Netto-Einkommen in DM-Beträgen", als beeinflussende Effekte im Modell berücksichtigt werden (zumindest ist dies nur unter größeren Schwierigkeiten möglich).

Auch in der **Diskriminanzanalyse** muß die abhängige Variable dichotom gemessen sein, darf also nur jeweils eines von insgesamt zwei möglichen Merkmalen aufweisen (z.B. "Wahl der CDU" versus "Wahl irgendeiner anderen Partei"). Um dann alle empirischen Beobachtungen einer der beiden möglichen Teilgruppen optimal zuordnen zu können, müssen Diskriminanz-Modelle die gemeinsame Verteilung einer jeden unabhängigen Variablen mit jeder Ausprägung der zu erklärenden Variablen in einer solchen Weise spezifizieren, daß sich alle Effekt-Variablen für jeden Wert der Kriteriumsvariablen als normalverteilt in der Grundgesamtheit darstellen. Denn die Güte der Modell-Schätzung hängt in der Diskriminanzanalyse von der wahren Normalverteilung der bedingten Effektvariablen ab. Ansonsten sind die ermittelten Schätzwerte nicht unverzerrt und den Ergebnissen anderer Modelle mit robusteren Schätzwerten (wie z.B. denjenigen von Logit-Modellen) unterlegen.[15]

Aus der Normalverteilungsannahme folgt natürlich auch, daß die erklärenden Variablen der Diskriminanzanalyse keine multinomialen Klassifikationen sein dürfen und sich im Idealfalle kontinuierliche Variablen sein sollten.

Ein noch immer recht häufig benutztes Statistik-Modell zur Analyse der Abhängigkeitsstruktur qualitativer Variablen ist das **binäre Regressionsmodell** (auch "Dummy-Regression" genannt). In ihm werden die Veränderungen einer dichotom gemessenen, abhängigen Variablen mittels OLS-Schätzverfahren auf Einflüsse einer oder mehrerer Prädiktor-Variablen zurückgeführt. Wir wollen an dieser Stelle auf dieses Statistik-Modell und auf das daraus abgeleitete "lineare Wahrscheinlichkeitsmodell" ein wenig ausführlicher eingehen.

---

14) Vgl. dazu Freeman 1987: 258-261, Hanushek/Jackson 1977: 190-203, Wrigley 1979. Swafford (ders. 1980: 688) zeigt, in welcher Weise Logit-Koeffizienten durch einfache Transformation aus log.-linearen Modellschätzungen abgeleitet werden können.

15) Vgl. dazu Aldrich/Cnudde 1975, Press/Wilson 1978. Allerdings scheint die Diskriminanzanalyse gegen Verstöße der Normalverteilungsannahme resistenter zu sein als modelltheoretisch zu erwarten wäre. So berichtet Amemiya (1981: 1510) die Ergebnisse von fünf Studien, die die Güte der Schätzergebnisse von Diskriminanzanalyse und Logit-Analyse vergleichen. Danach könnte es bei Verstößen gegen die Normalverteilungsannahme vom Typ der Nicht-Normalität abhängen, wie stark die Resultate von binärem Logit-Modell und Diskriminanz-Modell voneinander abweichen. Vgl. dazu auch Press/Wilson 1978. Starke Abweichungen sind auf jeden Fall immer dann zu erwarten, wenn überdurchschnittlich viele Beobachtungswerte von X-Variablen an den extremen Enden der linearen Wahrscheinlichkeitsskala liegen, auf der die Zugehörigkeit zu einer der beiden abhängigen Teilgruppen bestimmt wird.

1.3 Gibt es Alternativen zur Logit-Analyse?

Um die Überlegenheit eines bestimmten Statistik-Modells über konkurrierende Verfahren zu ermitteln, können u.a. die folgenden drei Bewertungskriterien benutzt werden:[16]

➡ Ein Statistik-Modell sollte unverzerrte Schätzwerte liefern können, d.h. aufgrund der verwendeten Methodik sollte es bei sehr häufig wiederholten Schätzungen weder zu systematisch erhöhten noch zu systematisch erniedrigten Schätzergebnissen kommen können.

➡ Eine Modell-Schätzung sollte effizient sein, d.h. bei wiederholten Schätzungen sollte die Verteilung aller ihrer geschätzten Werte eine vergleichsweise geringstmögliche Streuung aufweisen.

➡ Eine Modell-Schätzung sollte konsistent sein, d.h. größere Stichprobenumfänge sollten evtl. auftretende Verzerrungen und unzulässig große Streuungen der Schätzwerte verringern können.

Beschränkt man die möglichen Schätzverfahren auf die Klasse der linear zu spezifizierenden Statistik-Modelle, so läßt sich tatsächlich zeigen, daß die OLS-Regression die bestmöglichen aller denkbaren Ergebnisse liefern kann. Allerdings wird dieser Qualitätsstandard nur unter ganz bestimmten Voraussetzungen erreicht. Und von diesen Voraussetzungen können leider nicht alle erfüllt werden, wenn die abh. Variable qualitativ bzw. nominal skaliert ist.

Wir wollen das an einem empirischen Beispiel aufzeigen, zu dem wir die in Kap. 6.1 beschriebenen Daten benutzen.

Nehmen wir an, wir seien am Zustandekommen der Parteipräferenz für eine bundesrepublikanische Partei namens CDU interessiert. Grundlage unseres zu schätzenden Statistik-Modells sei die Hypothese unseres Theorie-Modells $H_{Th}(I)$ sowie die beiden im Meßmodell festgelegten Operationalisierungen dieser Hypothese $H_M(I.1)$ und $H_M(I.2)$:

$H_{Th}(I)$: Die Teilnehmer an einer politischen Parteienwahl haben eine hohe Präferenz für diejenige politische Partei, die sie aufgrund ihrer eigenen politischen Grundorientierung bevorzugen.

$H_M(I.1)$: Die individuelle Parteipräferenz für eine bestimmte politische Partei kann durch die Simulation einer Bundestagswahl im Rahmen einer mündlichen Befragung ermittelt werden.

$H_M(I.2)$: Die politische Grundorientierung einer befragten Person kann über deren Selbsteinstufung auf einer Links-Rechts-Skala (Variable "LR") gemessen werden (zu den benutzten Fragen vgl. Kap. 6.1).

---

16) Dazu und zu den weiteren Inhalten dieses Kapitels vgl. die ausführlicheren Darlegungen in Urban 1982: 99-105.

In allgemeiner Schreibweise lautet die mit $H_M(I.1)$ und $H_M(I.2)$ vorgenommene Operationalisierung von $H_{Th}(I)$:

(1.1) $$WAHL(CDU)_i = f(LR_i)$$

oder: Die beabsichtigte Wahl der CDU durch eine bestimmte i-te Person ist eine Funktion von deren Selbsteinstufung auf der Links/Rechts-Skala.

Geben wir der in Gl.(1.1) ausgedrückten Funktionsbestimmung eine in der OLS-Regressionslogik übliche, lineare Form, so gilt:

(1.2) $$WAHL(CDU)_i = \alpha + \beta*(LR_i) + \epsilon_i$$

Gl.(1.2) will sagen: Der Wert von WAHL in Abhängigkeit von LR wird für die i-te Person bestimmt duch einen konstanten Wert "α" plus dem Produkt aus "β" und dem LR-Wert dieser i-ten Person plus einem konstanten Faktor "ϵ", der alle anderen Einflüsse umfaßt, die ebenfalls auf WAHL einwirken. Dabei bezeichnet der Parameter "β" die Effektstärke, mit der LR auf WAHL einwirkt.

Alle aufgeführten Parameter gelten, so lautet eine zentrale Modellannahme, für die gesamte Population. Sie sind deshalb aufgrund von Stichprobeninformationen nicht direkt zu ermitteln, sondern nur über ein bestimmtes Verfahren zu schätzen.

Wendet man als Verfahren eine OLS-Regression an und benutzt die in Kap. 6.1 beschriebenen Daten, ergibt sich ein geschätztes Regressionsmodell von der Form:

(1.3) $$^eWAHL(CDU)_i = -0.32 + 0.12*(LR_i)$$

Gl.(1.3) beschreibt das geschätzte Resultat eines rein binären Regressionsmodells, denn die abh. Variable WAHL kennt nur zwei Ausprägungen (WAHL=CDU oder WAHL= nicht CDU). Danach hat LR einen positiven Effekt von der Größenordnung 0.12 auf die Variable WAHL und ist in der Lage, mit einem Determinationskoeffizienten von $R^2 = 0.31$ etwa ein Drittel der beobachteten Varianz von WAHL auszuschöpfen. Abbildung 1.2 verdeutlicht dieses Ergebnis.

1.3 Gibt es Alternativen zur Logit-Analyse?

Abbildung 1.2.: Ergebnisse eines geschätzten binären Regressionsmodells nach Gl. (1.2)

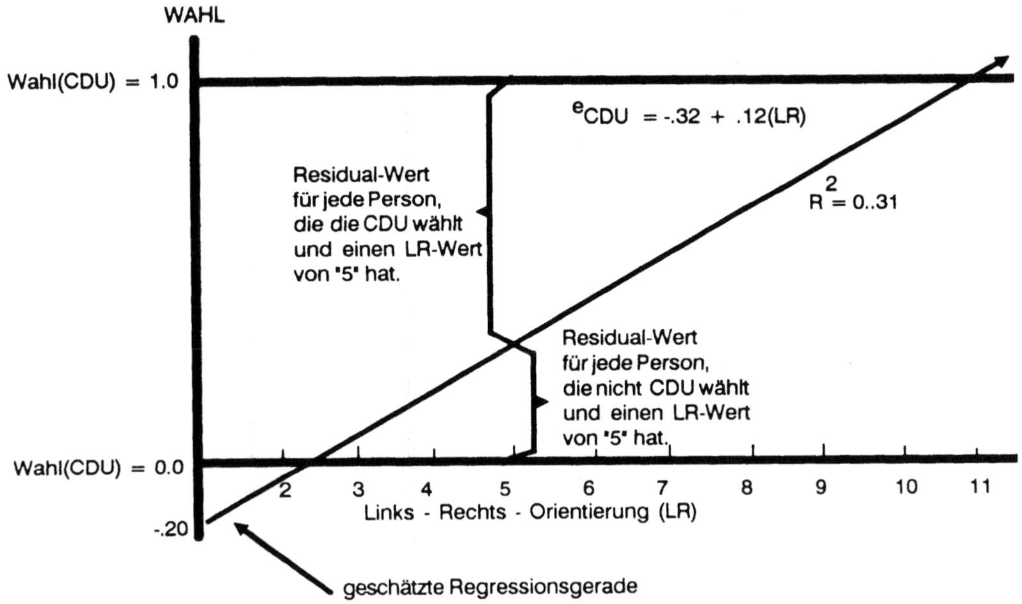

$$e_{CDU} = -.32 + .12(LR)$$

$$R^2 = 0..31$$

Residual-Wert für jede Person, die die CDU wählt und einen LR-Wert von "5" hat.

Residual-Wert für jede Person, die nicht CDU wählt und einen LR-Wert von "5" hat.

Wahl(CDU) = 1.0
Wahl(CDU) = 0.0
-.20

Links - Rechts - Orientierung (LR)

geschätzte Regressionsgerade

Obwohl binäre Regressionsmodelle vom Typ des in Abb. 1.2 dargestellten Beispiels viele Anwender gefunden haben, sind sie doch unter den oben benannten Gütekriterien für Statistik-Modelle nicht zu rechtfertigen. Dies gilt insbesondere dann, wenn ihre Ergebnisse mehr als nur stichprobenbeschreibenden Status haben. Denn diese Modelle verstoßen gegen wichtige Anwendungsvoraussetzungen der OLS-Regression:[17]

1. Im Regressionsmodell dürfen die Residuen (das sind die Differenzen zwischen den geschätzten und beobachteten Werten der abh. Variablen) nicht mit den Werten der unabh. Variablen kovariieren. Ebensowenig dürfen die Residuen untereinander kovariieren. Bestehen dennoch Kovarianzen (in diesem Falle spricht man auch von "Heteroskedastizität"), so existiert im Modell noch ein zusätzliches systematisches Abhängigkeitsmuster zwischen den Variablen, das durch die Regressionsschätzung nicht ausgeschöpft werden konnte. Folglich können die Schätzergebnisse dann auch nicht die kleinstmöglichen Varianzen aufweisen. Sie sind relativ unzuverlässig, so daß u.U. kleinste Veränderungen in der Stichprobe gänzlich unterschiedliche Schätzergebnisse verursachen.[18]

Nun kann aus prinzipiellen Gründen die Parameter-Schätzung im binären Regressionsmodell nicht frei von Heteroskedastizität sein. Abb. 1.2 zeigt die Lage einer geschätzten Regressionsgeraden nach dem Modell von Gl.(1.3). Da die beobachteten Werte entweder

---

[17] Vgl. dazu ausf. in Urban 1982: 106-116.

[18] Dies kann bei Hanushek/Jackson in mehreren Graphiken sehr deutlich nachvollzogen werden (dies. 1977: 185f). Dort finden sich ebenfalls Ergebnisse einer Monte Carlo Simulation, die die Stichprobenabhängigkeit und Extremwert-Verzerrung von OLS-Schätzergebnissen im Falle von dichotomen abh. Variablen aufzeigen können (dies. 1977: 207-210).

auf der Geraden von WAHL(CDU)=1 oder WAHL(CDU)=0 liegen müssen, kann es auch für jeden LR-Wert nur zwei Residuen-Werte geben. In Abb. 1.2 entsprechen diese der vertikalen Differenz zwischen einem Punkt auf der Regressionsgeraden und einem Punkt auf der oberen (fettgedruckten) Horizontal-Linie. So ist bei Kenntnis eines bestimmten Residualwertes die Größe des angrenzenden Residuums mit sehr großer Wahrscheinlichkeit vorhersagbar. Wir können deshalb auch sagen: die Kovarianz zwischen den Residuen ist sehr hoch.

Ebenfalls verändern sich die Residuen-Werte mit ansteigenden LR-Werten: die Abstände zwischen der Regressionsgeraden und der oberen Grenzlinie werden systematisch kürzer, die unteren Abstände systematisch weiter. Somit ist auch hier eine sehr deutliche Kovarianz zwischen den Residuen und der unabh. Variablen zu erkennen.

Beide Kovarianzen sind im binären Regressionsmodell unvermeidbar und bedeuten in der Konsequenz, daß die Schätzergebnisse nicht mehr effizient sind und deshalb hochgradig unzuverlässig sein werden. Im Extremfall stimmt bei ihnen allein das Vorzeichen.[19]

2. Unzuverlässige Varianz-Schätzungen führen zusätzlich zu verzerrten Signifikanz-Tests, da in diesem Falle auch die zu Testzwecken gebrauchten Standardfehler nicht mehr von kleinstmöglichem Ausmaße sind.

Im Regressionsmodell mit einer abh. dichotomen Variablen sollten allerdings auch schon deshalb keine Signifikanz-Tests durchgeführt werden, weil diese in der OLS-Schätzung normalverteilte Residuen mit einem Erwartungswert von 0 und mit konstanten Varianzen bei jedem einzelnen Wert der abh. Variablen voraussetzen.[20] Residuen können aber nicht normalverteilt sein, wenn sie bei jedem Wert der abh. Variablen nur zwei Ausprägungen annehmen dürfen.

Auch können Residuen in der binären Regression keinen Erwartungswert von 0 annehmen, da sie dann Werte von größer 1.00 oder kleiner 0.00 aufweisen müßten (was aber bei einer abh. Variablen, die allein die beiden Werte 0 und 1 aufweisen darf, unsinnig wäre).[21]

3.) Eine beliebte Größe zur Bewertung des Erfolgs einer Regressionsschätzung ist der Determinationskoeffizient (R^2). Er kann als Anteil der im Modell ausgeschöpften Varianz von WAHL, d.i. die abh. Variable, verstanden werden. In unserem Beispiel beträgt er 0.31 (vgl. Abb. 1.2). Allerdings setzt eine inhaltlich zu rechtfertigende Interpretation des Determinationskoeffizienten voraus, daß die Linearitätsannahme zu Recht besteht und das Modell deshalb auch als ein lineares geschätzt werden kann.

Wie wir im folgenden sehen werden, können Modelle mit dichotomen abh. Variablen nicht als Linear-Modelle spezifiziert werden. Folglich ist ist es auch für solche Modelle sinnlos, ein R^2 berechnen und interpretieren zu wollen. In ihnen kann es den perfekten Variablen-Zusammenhang, dem R^2 auf die Spur gehen will, überhaupt nicht geben, so daß darin R^2 auch niemals einen Wert von 1 annehmen kann.

Dies läßt sich schnell anhand von Abbildung 1.2 erkennen. Darin könnten alle beobachteten WAHL-Werte allein dann auf der Regressionsgeraden liegen (was einen Wert von $R^2=1$ ergäbe), wenn die Variable WAHL ausschließlich Werte von 0 und 1 annähme. Dies wäre allerdings nur in dem extrem seltenen Falle möglich, in dem in einer Stichprobe alle beobachteten Personen nur einen von zwei LR-Werten aufwiesen, z.B. LR-Werte von 1 oder 10, und gleichzeitig alle Personen mit LR=10 die CDU und alle Personen mit LR=1 eine andere Partei wählten.

---

[19] Trotzdem sind die Schätzungen von binären Regressionsmodellen jedoch nach wie vor unverzerrt und konsistent.

[20] Vgl. dazu Urban 1982: 129.

[21] Eine ausführliche Argumentation dazu gibt Theil 1971: 628f.

1.3 Gibt es Alternativen zur Logit-Analyse?

Einen nur scheinbaren Ausweg aus den Problemen der binären Regression im Umgang mit dichotomen abhängigen Variablen bietet das **lineare Wahrscheinlichkeitsmodell**. Dieses versucht, die oben aufgeführten Verstöße gegen die Modellogik von Regressionsmodellen abzumildern oder gar zu beseitigen, indem es die dichotome abh. Variable in eine metrische Variable überführt.

Dabei geht das Modell rein sinngemäß davon aus, daß statt der Aussage: "45 von 100 Befragten mit einem LR-Wert von 4 haben die CDU gewählt" auch gesagt werden kann: "Jeder Befragte mit einem LR-Wert von 4 hat die CDU mit einer Wahrscheinlichkeit von 45% gewählt" oder: "P(CDU) = 0.45".

Für unsere Funktionsbestimmung von "WAHL(CDU) = f(LR)" ergibt sich deshalb auch noch eine andere, als die oben gezeigte Möglichkeit.[22] Nehmen wir dazu an, daß die wahre aber unbekannte Wahrscheinlichkeit, mit der die Mitglieder einer bestimmten k-ten Merkmalsgruppe die CDU wählten, vom Ausmaß "$PROB_k$" wäre. Die unbekannte Wahrscheinlichkeit $PROB_k$ läßt sich dann durch die beobachtete Wahrscheinlichkeit P_k für jedes i-te Mitglied dieser Merkmalsgruppe und einer unbekannten Restgröße "ϵ" bestimmen:

(1.4) $$PROB_{ki} = P_{ki} + \epsilon_{ki}$$

Die beobachtete Wahrscheinlichkeit "P" kann nun über alle Merkmalsgruppen hinweg in ihrer linearen Abhängigkeitsstruktur analysiert werden. Dazu wird angenommen, sie werde durch Einflüsse von LR verursacht:

(1.5) $$P_i(WAHL=CDU) = \alpha + \beta*(LR_i)$$

Mit Gl.(1.5) wird behauptet, daß die Werte der abh. Modell-Variablen auch als Prozentwerte zu interpretieren und zu verstehen sind. So wird aus einer empirischen Variablen mit ursprünglich nur zwei Ausprägungen eine metrisch skalierte, abh. Variable mit Werten zwischen "0.00" und "1.00" (= 100 Prozent). Deshalb wird dieses Modell auch als lineares Wahrscheinlichkeitsmodell (oder: Linear Probability Model = LPM) bezeichnet.

In Abbildung 1.3 haben wir die Darstellung aus Abb. 1.2 insofern modifiziert, als darin nunmehr ein lineares Wahrscheinlichkeitsmodell veranschaulicht wird. So weist z.B. die Y-Ache nicht mehr nur zwei empirische Werte auf, sondern wird in mehrere Prozentschritte unterteilt.

---

[22] Verschiedentlich wird die Logik von linearen Wahrscheinlichkeitsmodellen auch derart beschrieben, daß sie sich nicht wesentlich von derjenigen der binären Regressionsmodelle unterscheidet. Auch und in der konkreten Berechnung mit EDV-Programmen kann dann überhaupt kein Unterschied zur Anwendung der Regressionsroutine auf eine 0/1-kodierte, abhängige Variable bestehen. Allein die Bedeutung der geschätzten Regressionskoeffizienten und damit auch deren Interpretation muß in diesem Falle neu definiert werden (vgl. z.B. Fox 1984: 303-305). Allerdings sind derartig bestimmte LP-Modelle entsprechend unserer Darstellungslogik als binäre Regressionsmodelle zu kritisieren.

Da die Residuen im LP-Modell nicht mehr allein als Differenzen zwischen dem Wert "1" bzw. "0" und dem Schätzwert auf der Regressionsgeraden verstanden werden müssen, sondern auch als Abstände zwischen der Regressionsgeraden und den beobachteten Prozentwerten von "WAHL=CDU" (für jede Befragtengruppe mit gleich definierten Eigenschaften, d.h. im vorliegenden Beispiel: mit einem bestimmten LR-Wert) definiert werden können, müßte es auch keine zwangsläufige Heteroskedastizität mehr in diesem Modell geben.[23] Voraussetzung dafür wäre allerdings die Gültigkeit der Linearitätsannahme. Diese ist jedoch, wie wir weiter unten sehen werden, mehr als zweifelhaft.

Abbildung 1.3: Ergebnisse eines geschätzten linearen Wahrscheinlichkeitsmodells nach Gl.(1.5)

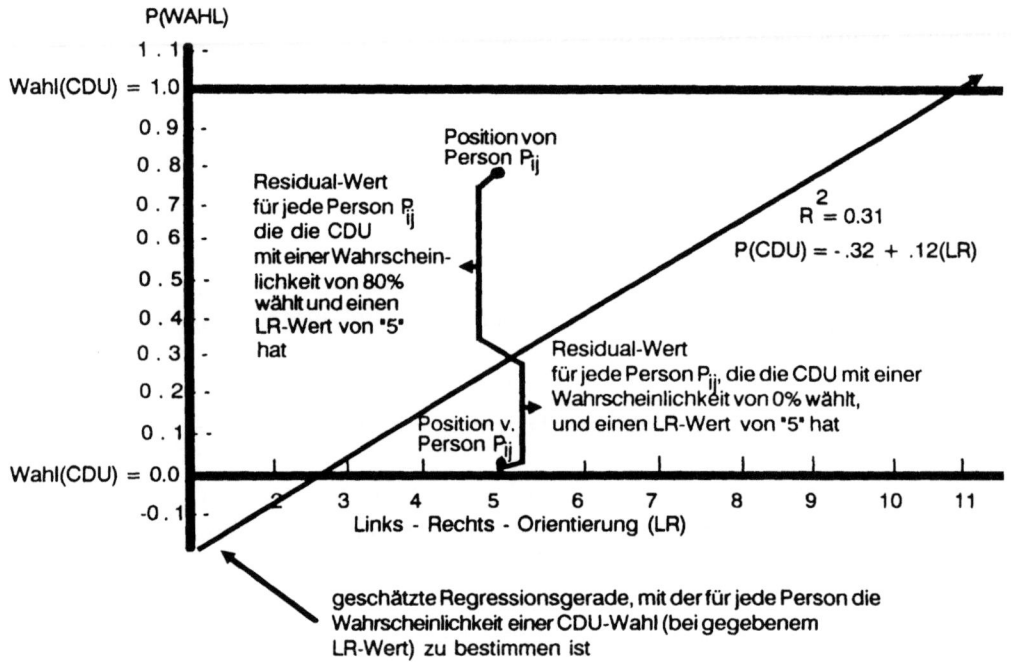

Leider kann ein derart spezifiziertes Wahrscheinlichkeitsmodell nur berechnet werden, wenn genügend Messungen für jede beobachtete Merkmalsgruppe zur Verfügung stehen. Da diese Merkmalsgruppen jedoch für die Werte-Kombinationen aller unabhängigen Variablen gebildet werden müssen, ist leicht einzusehen, daß dies vor allem im Falle metrischer Variablen kaum zu erreichen ist.

---

23) Vgl. dazu Judge et al. 1980.

1.3 Gibt es Alternativen zur Logit-Analyse?

Unabhängig davon, ob die zu bildenden Merkmalsgruppen genügend groß sind, weisen lineare Wahrscheinlichkeitsmodelle noch weitere spezifische Verstöße[24] gegen die notwendig einzuhaltenden Voraussetzungen der OLS-Schätzung auf.[25]

4. Die Linearitäts-Annahme der OLS-Schätzung impliziert einen unbeschränkten Wertebereich der abh. Variablen. Im LP-Modell ist dieser Bereich aber durch die Grenzen von 0 (= 0%) und 1 (=100%) beschränkt. Als Konsequenz können Schätzergebnisse außerhalb des zulässigen Wertebereichs auftreten, die dann auch keine empirisch sinnvolle Interpretation mehr möglich machen.

   In unserem Beispiel ergibt sich für Personen mit äußerst linker Selbsteinschätzung (LR=1) ein prognostizierter CDU-Wähleranteil von "-20%" (vgl. Abb. 1.3). In inhaltlich sinnvoller Weise wäre allerdings nur ein minimalster CDU-Anteil von 0% zu interpretieren.

   Folglich ist auch die Bedeutung des geschätzten Regressionskoeffizienten im LP-Modell mehr als unklar. Normalerweise wird er als eine Größe interpretiert, die die prozentuale Veränderung der Wahlchancen für die CDU in Abhängigkeit von Veränderungen auf der LR-Skala vorhersagt. Das ist aber im LP-Modell nur so lange von inhaltlicher Bedeutung, wie die prognostizierten Wahrscheinlichkeitswerte zwischen 0% und 100% liegen. Wie wir sehen, sind jedoch jederzeit Werte außerhalb dieser Grenzen möglich.

5. Da die OLS-Schätzmethode nur innerhalb der Klasse der linearen Schätzverfahren bestmögliche Ergebnisse liefert, bedeutet ein Verstoß gegen die Voraussetzungen der Linearitätsannahme auch den Verlust dieses Qualitätsstandards. Wie anhand von Pkt. 4 zu erkennen ist, verstößt das LP-Modell gegen die Linearitätsannahme. Seine Berechnung nach der OLS-Schätzmethode kann also nach den oben benannten Gütekriterien keine Ergebnisse liefern, die das Wahrscheinlichkeitsmodell gegenüber anderen Methoden als überlegen herausstellten. Dies gilt auch unabhängig von den einzelnen, oben beschriebenen Modellimitationen.

---

24) Diese Verstöße gelten aber auch in gleicher Weise für das binäre Regressionsmodell.

25) Sie sind deshalb auch trotz aller ihrer Vorzüge gegenüber den binären Regressionsmodellen keine Alternative zu den im folgenden näher beschriebenen Logit-Modellen. Sie sollten abgelehnt werden, auch wenn bei Prozentwerten der abh. Variablen um 50% herum die Ergebnisse von Logit- und LP-Modellen in (annäherungsweiser) linearer Beziehung zueinander stehen (vgl. Dhrymes 1978: 332, Egle 1975: 89, Knoke 1975: 421, Walsh 1987: 179).

2 Binäre Logit-Analyse

Logit-Analysen können die Abhängigkeitsstruktur einer qualitativen Variablen mit zwei oder mehr Meßwerten untersuchen. Interessiert die Abhängigkeitsstruktur einer abhängigen Variablen mit nur zwei Handlungsalternativen bzw. Zuständen (z.B. "Wahl der CDU" versus "Wahl einer sonstigen Partei"), so ist eine **binäre Logit-Analyse** durchzuführen. Mißt die abhängige Variable hingegen mehr als zwei Alternativen/Zustände (z.B. "Wahl der CDU", "Wahl der SPD", "Wahl einer dritten Partei"), so muß eine **polytome Logit-Analyse** berechnet werden.

Wir beginnen unsere Darstellung der Logit-Analyse mit einer Einführung in die interne Logik des binären Logit-Modells. Eine Einführung in die polytome Logit-Analyse folgt in Kapitel 3. Das Kapitel 4 enthält eine weniger praktisch und stärker theoretisch begründete Darstellung des Logit-Modells.

Zuvor aber noch ein wichtiger Hinweis: In allen folgenden Kapiteln werden für die beiden oben genannten Variablen-Typen auch noch andere Bezeichnungen benutzt, mit denen diese Variablen unter ganz speziellen Gesichtspunkten thematisiert werden können. Diese Bezeichnungen sind:

abhängige Variable:
Y-Variable,
zu erklärende Variable,
Kriteriumsvariable,
Responsevariable.

unabhängige Variablen:
X-Variablen,
erklärende Variablen,
Prädiktor-Variablen,
Effekt-Variablen,
Kovariaten.

2.1 Die Logik des binären Logit-Modells

Wie wir in Kap. 1.3 gesehen haben, weisen lineare Wahrscheinlichkeitsmodelle (LP-Modelle) trotz ihrer Vorteile gegenüber anderen Statistik-Modellen noch immer einige gravierende Mängel in der Analyse der Abhängigkeitsstrukturen qualitativer Variablen auf. Diese entstehen im wesentlichen aufgrund des problematischen Umgangs der LP-Modelle mit der Skalierung der abhängigen Modell-Variablen. Denn wie oben gezeigt, kann eine qualitative Variable mit zwei Ausprägungen zwar in eine kontinuierliche Form gebracht werden, aber immer nur in den Grenzen von 0 und 100 (Prozent). Erst wenn diese Beschränkungen wegfielen, wäre die ehemals rein qualitativ gemessene Variable als echte kontinuierliche Größe in einem Statistik-Modell zu behandeln und könnte darin auch ohne weitere Probleme analysiert werden. Genau dies leistet die Logit-Analyse.

Die Vorteile von Logit-Modellen beruhen im Grunde genommen auf zwei einfachen Tricks,

2.1 Die Logik des binären Logit-Modells

durch welche die obere und untere Begrenzung der Prozentskala für die abhängige Modell-Variable praktisch aufgehoben wird. Dadurch können sich deren Werte beliebig weit nach oben und unten vergrößern bzw. verkleinern, ohne dabei jemals die Grenzen von 0 oder 100 unter- bzw. überschreiten zu müssen. Dies wird durch zwei kleine Transformationen erreicht:

Die obere Begrenzung der Prozentskala wird für die abh. Variable bedeutungslos, wenn deren jeweiliger Prozentwert, der die Wahrscheinlichkeit für das Eintreten eines Ereignisses bei einem bestimmten Beobachtungsfall angibt, durch die Wahrscheinlichkeit für das Nicht-Eintreten dieses Ereignisses dividiert wird:

(2.1) $$P'_i = P_i / (1-P_i)$$

In Gl.(2.1) ist P'_i immer größer als 0 und geht gegen $+\infty$, wenn P_i gegen 1 anwächst. Man erhält also auf diese Weise eine Verhältniszahl, die die Wahrscheinlichkeit für ein Ereignis (z.B. für das Ereignis "CDU-Wahl") im Verhältnis zu der Wahrscheinlichkeit des alternativen Ereignisses (hier: "Wahl einer anderen Partei") ausdrückt. Diese Verhältniszahl wird auch als "Gewinnchancen" (engl.: odds) bezeichnet. Wir werden im nächsten Kapitel auf sie zurückkommen.

Nachdem durch die Transformation von Gl.(2.1) die obere Grenze von P_i aufgehoben wurde, muß auch noch die untere Grenze von 0 beseitigt werden. Dies geschieht durch Logarithmierung[1] von P'_i:

(2.2) $$P''_i = \ln [P_i / (1-P_i)]$$

Damit wird die Skala der möglichen Variablenwerte für P auch nach unten hin geöffnet. Es gilt also fortan:

(2.3) $$-\infty < P''_i < +\infty$$

Für das Ergebnis dieser doppelten Transformation (also für: P''_i) wurde die Bezeichnung "Logit" gewählt. Als Logit wird mithin der natürliche Logarithmus der Gewinnchancen (bzw. der odds) bezeichnet. Wir benutzen deshalb im folgenden die neue Bezeichnung "L_i", wenn wir auf die endgültige Transformation nach Gl.(2.2) verweisen wollen:

(2.4) $$L_i := P''_i$$

Mit der Definition aus Gl.(2.4) ist auch gleichzeitig die Namensherkunft der hier behandelten Statistik-Modelle geklärt: Logit-Modelle analysieren die Abhängigkeitsstruktur einer in ihre

---

[1] Zur Erinnerung an die Schulmathematik: Der natürliche Logarithmus einer beliebigen Zahl "x" ist gleich dem Exponenten "n", mit dem die konstante Basiszahl "e" (=2.718) zu potenzieren ist, um die gewählte Zahl "x" wieder zurückzubekommen. Verständlicher wird das im Beispiel:
Man nehme eine beliebige Zahl z.B. die Zahl "100". Ihr natürlicher Logarithmus ist 4.605 oder: ln 100 = 4.605, da folgendes gilt: $2.718^{4.605} = 100$ oder: $e^n = x$.

Logit-Form gebrachten, qualitativen Variablen.

Tabelle 2.1 verdeutlicht die Transformationen von P(a) über P'(a) nach L(a) für drei verschiedene Wahrscheinlichkeitskonstellationen der beiden Ereignisse bzw. Handlungsalternativen: "a" (Wahl der CDU) und "b" (Wahl einer anderen Partei).

Tabelle 2.1: Beziehungen zwischen Ereignis-Wahrscheinlichkeit, Ereignis-Gewinnchancen und Ereignis-Logit

	P(a) z.B.: P(CDU)	P(b) z.B.: P(nCDU)	Gewinnchancen z.B. für P(CDU)	L(a) z.B. für P(CDU)
P(a) = P(b)	0.5	0.5	0.5 : 0.5 = 1 : 1 = 1	0.00
P(a) > P(b)	0.8	0.2	0.8 : 0.2 = 4 : 1 = 4	1.39
P(a) < P(b)	0.2	0.8	0.2 : 0.8 = 1 : 4 = 0.25	-1.39

Nachdem wir nunmehr die Wahrscheinlichkeitsvariable "P" in die Logit-Variable "L" transformiert haben, können wir auch das lineare Wahrscheinlichkeitsmodell aus Gl.(1.5) als Logit-Modell in Gl.(2.5) umformulieren:

(1.5) $\qquad$ LP-Modell: $P_i(\text{CDU-Wahl}) = \alpha + \beta * (LR_i)$

(2.5) $\qquad$ L-Modell: $\ln [P_i/(1-P_i)] = \alpha + \beta * (LR_i)$

In Gl.(2.5) fällt auf, daß in der Grundgleichung des Logit-Modells im Unterschied zum klassischen Regressionsmodell (vgl. Gl. 1.2) keine Fehlergröße "ϵ" enthalten ist. Das Logit-Modell, wie auch jedes andere Wahrscheinlichkeitsmodell, benötigt diese Fehlergröße nicht zwangsläufig. Denn aufgrund der Spezifikation der abhängigen Modell-Variablen als Wahrscheinlichkeitsgröße wird diese automatisch als Zufallsvariable definiert. Und auch das in der Logit-Analyse eingesetzte Schätzverfahren zur Ermittlung der Schätzwerte für "α" und "β" (vgl. Kap. 2.2) benötigt die Fehlergrößen nicht, da es die Randverteilung der abhängigen Variablen unabhängig von

2.1 Die Logik des binären Logit-Modells

der Verteilung von "ε" herauszufinden versucht.[2]

Das Logit-Modell in Gl.(2.5) gilt für eine einzige Prädiktor-Variable, nämlich für die X-Variable "LR". Es läßt sich aber auch genauso wie die traditionellen Regressionsmodelle auf mehrere unabh. Variablen erweitern. Dazu werden der rechten Gleichungsseite zusätzliche Einflußparameter und Variablen additiv hinzugefügt:

Für das folgende Logit-Modell wird das in Kap. 1.3 referierte Meßmodell zur empirischen Überprüfung eines theoretischen Parteipräferenz-Modells um zwei zusätzliche Hypothesen erweitert:

$H_M(I.3)$: Die politische Grundorientierung einer befragten Person kann über deren relative Wichtigkeitseinstufung des Items "Ich möchte in einer Gesellschaft leben, in der Recht und Gesetz geachtet werden" (Variable "RG") gemessen werden (vgl. dazu auch Kap. 6.1).

$H_M(I.4)$: Die politische Grundorientierung einer befragten Person bestimmt u.a., ob sie Mitglied in einer Gewerkschaft ist oder nicht. Ist eine Person nicht selbst aber mindestens ein anderes Familienmitglied auch Gewerkschaftsmitglied, beeinflußt dies auch die politische Grundorientierung dieser Person. Die Gewerkschaftsmitgliedschaft einer bestimmten Person und/oder die eines Familienmitglieds (Variable "GEW_F") ist deshalb eine Meßgröße für deren politische Grundorientierung (vgl. dazu auch Kap. 6.1).

Das nunmehr aus einer abhängigen und drei unabhängigen Variablen bestehende, multivariate Logit-Modell entspricht der Gleichung:

(2.6) $\quad \ln [P_i/(1-P_i)] = \alpha + \beta_1 *(LR_i) + \beta_2 *(RG_i) + \beta_3 *(GEW\_F_i)$

Wenn das Logit-Modell aus Gl.(2.6) zu einem allgemeinen, multivariaten Logit-Modell verallgemeinert wird, entsteht Gl.(2.7):

(2.7) $\quad \ln [P_i/(1-P_i)] = \alpha + \Sigma \beta_k *(X_{ki})$

oder:

$$L_i(Y=1) = \alpha + \Sigma \beta_k *(X_{ki})$$

---

[2] Wer dennoch auf die Spezifikation von Fehler-Einflüssen in Logit-Modellen nicht verzichten will, sei auf eine Arbeit von Allison (1987) verwiesen. Darin stellt der Autor zwei Typen von Logit-Modellen vor: einmal werden die Fehlerterme in die logistische Funktionsbestimmung einbezogen (das sog. "interne Modell"), zum anderen werden sie additiv mit der logistisch bestimmten Einflußfunktion der X-Variablen verknüpft (das sog. "externe Modell"). Allison kann zeigen, daß im Ergebnis die Verteilung der Y-Variablen im externen Modell nicht von der Verteilung der Fehlergrößen abhängt und unabhängig davon ist, ob ein Störeinfluß definiert wurde oder nicht. Im internen Modell verändern die Residualeinflüsse zwar die Abhängigkeitsstruktur der Y-Variablen, jedoch scheint dies empirisch ohne Bedeutung zu sein: "... there seems to be little basis for choosing between these alternative approaches ... While the external logit model is, in principle, distinguishable from the internal logit model, the functional forms are so similar that it would take extremely large samples to discriminate between them ... " (Allison 1987: 360)

In Gl.(2.7) gibt der Parameter "β" die Einflußstärke und Einflußrichtung für eine jede k-te X-Variable an, wobei dieser Einfluß stets als kontrollierter Effekt zu verstehen ist, d.h. er gilt nur für den Fall, daß alle anderen spezifizierten X-Variablen zu einem fiktiv angenommenen Meßzeitpunkt keinen Einfluß ausüben. Wüßte man also die Werte der β-Parameter, könnten mit Hilfe von Gl.(2.7) die bereinigten bzw. kontrollierten Einflußparameter ungestört von anderen möglichen Effekten untereinander verglichen werden.[3]

Etwas kompliziert wird nur die Interpretation dieser Einflußstärken, da diejenige Variable, auf die sie ihren Einfluß ausüben, nicht mehr die ursprünglichen, beobachteten Meßwerte, sondern die Meßwerte in deren Logit-Form enthält.

Dieser Logit-Form eine empirische Bedeutung zu geben, fällt leider ausgesprochen schwer, so daß man auf die Idee kommen könnte, die Gl.(2.7) dermaßen umzustellen, daß auf ihrer linken Seite wiederum nur der leicht verständliche, prozentuale Wahrscheinlichkeitswert für das Ereignis "Y" (in unserem Beispiel die CDU-Wahl) erscheint.

Dies erfolgt in den folgenden Gleichungen, wobei aus Vereinfachungsgründen[4] die gesamte rechte Seite von Gl.(2.7) als "V_i" definiert wird:[5]

(2.7) $$\ln [P_i/(1-P_i)] = \alpha + \Sigma \beta_k *(X_{ki})$$

$$= V_i$$

(2.8.1) $$P_i = e^{V_i} / (1 + e^{V_i})$$

(2.8.2) $$P_i = \exp(V_i) / (1 + \exp(V_i))$$

Statt der Gleichungen (2.8.1) und (2.8.2) wird in einigen Büchern zur Logit-Analyse auch die folgende Gleichung benutzt:

(2.9) $$P_i = 1 / (1 + e^{-V_i})$$

Die Gl.(2.9) ist identisch mit den Gleichungen (2.8.1) und (2.8.2):[6]

---

3) Vgl. dazu Abbildung 1.1 und die dazugehörige Erläuterung (Pkt. 2) in Kap. 1.2.

4) In Kap. 4 wird dafür auch noch eine theoretische Begründung nachgeliefert.

5) Da wir für die Auflösung nach "P" auch den Logarithmus aufzulösen haben, taucht in Gl.(2.8.1) und Gl.(2.8.2) die Basiszahl "e" oder "exp" auf, die immer einen Wert von "2.718" hat.
Die Gleichungen (2.8.1) und (2.8.2) unterscheiden sich allein durch die Schreibweise.

6) Dies deshalb, da gilt:
$$e^{-V} = 1 / e^V$$
und sich Gl.(2.9) somit umschreiben läßt in:

(Fortsetzung...)

2.1 Die Logik des binären Logit-Modells

Mit Gl.(2.8) haben wir nicht nur die Möglichkeit geschaffen, die Bedeutung der noch zu schätzenden Einflußparameter von LR und RG für die Wahrscheinlichkeit einer CDU-Wahl zu bestimmen. Wir haben damit auch die Linearitätsannahme in eine andere Form von funktionaler Beziehung zwischen den Variablen umgewandelt. Gl.(2.8) beschreibt nämlich einen logistischen, d.h. S-förmigen, Verlauf der Einflußbeziehungen aller Prädiktoren auf die abh. Variable, die in unserem Beispiel "P(CDU-Wahl)" heißt. In Abbildung 2.1 wird eine solche logistische Funktionskurve dargestellt.

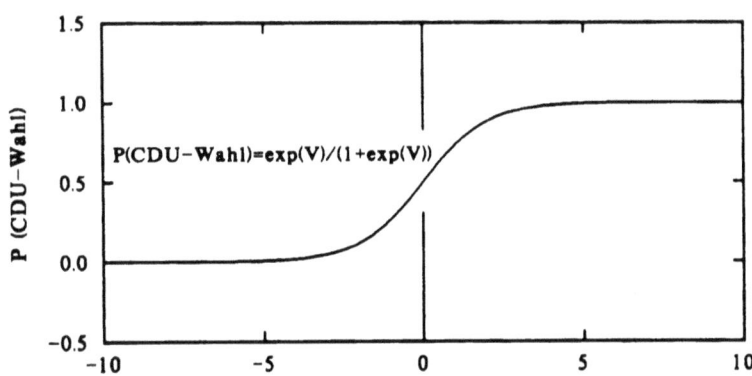

Abbildung 2.1: Allgemeine logistische Funktionskurve

Wie anhand von Abbildung 2.1 gut zu erkennen ist, weist der kurvilineare, logistische Einflußverlauf im Unterschied zu einer linearen Einflußbeziehung keine konstanten Veränderungsraten der abh. Variablen mehr auf. Wenn der Wert von V gering ist, z.B. bei der X-Variablen "LR=1", d.h. bei einer extrem linken politischen Grundorientierung, hätten geringfügige Einstellungsverschiebungen nach "rechts" kaum Einfluß auf das dazugehörige Wahlverhalten.

---

6) (...Fortsetzung)

$$P = 1 / (1 + (1/e^V))$$

Multipliziert man nun Zähler und Nenner der rechten Seite mit e^V, so ergibt sich Gl.(2.9).

Auch kann Gl.(2.9) direkt aus Gl.(2.7) abgeleitet werden:

$$\ln [P/(1-P)] = V$$
$$P/(1-P) = e^V$$
$$(1-P)/P = 1/e^V$$
$$1/P - 1 = e^{-V}$$
$$1/P = e^{-V} + 1$$
$$P = 1 / (e^{-V} + 1)$$

Die dementsprechende Wahrscheinlichkeit einer CDU-Wahl wüchse zwar an, aber zunächst doch nur in recht unbedeutendem Maße. Gleiches gilt für sehr hohe V-Werte: eine Verschiebung auf der extremen rechten Seite der Links-Rechts-Skala, etwa von 10 auf 11, brächte der CDU zwar zusätzliche Stimmen, der Zuwachs wäre jedoch sehr gering, wenn man ihn mit den Zuwächsen vergliche, die eine Verschiebung um eine Einheit im mittleren Bereich der V-Achse ausmachten.

Generell gilt für die logistische Einflußbeziehung: Veränderungen in den extremen Wahrscheinlichkeitswerten (nahe 0% und nahe 100%) sind sehr viel schwerer zu erreichen als Veränderungen im mittleren Wahrscheinlichkeitsbereich. Im mittleren Bereich impliziert nur eine kleine Veränderung in den unabh. Variablen weitreichende Veränderungen in den Wahrscheinlichkeitswerten für die abh. Variable, während gleichgroße Verscheibungen immer dort relativ konsequenzenlos bleiben, wo sie von extremen Startwerten aus erfolgen.

Eine solche logistische Bestimmung des Verlaufs von Einflußbeziehungen ist sicherlich in vielen Forschungsbereichen wesentlich realistischer als eine lineare Bestimmung, die von der absoluten Konstanz der Veränderungsraten ausgeht, und für die es unerheblich ist, mit welchen Ausgangsbedingungen es die Veränderungen gerade zu tun haben.

Wir wollen uns deshalb die Eigenschaften einer logistischen Funktionsbestimmung noch etwas näher ansehen. Dabei helfen uns die drei Darstellungen in Abbildung 2.2.

2.1 Die Logik des binären Logit-Modells

Abbildung 2.2: Vergleich verschiedener logistischer Funktionskurven

Abbildung 2.2a

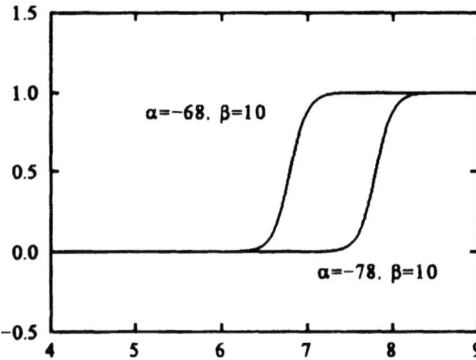

Abbildung 2.2b

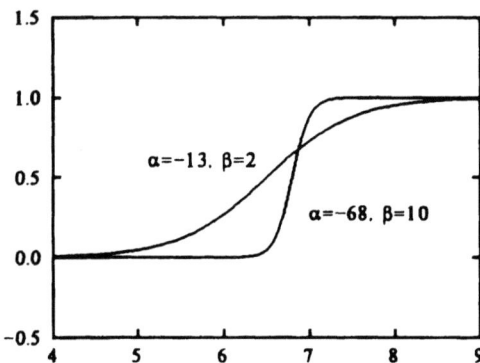

Abbildung 2.2c

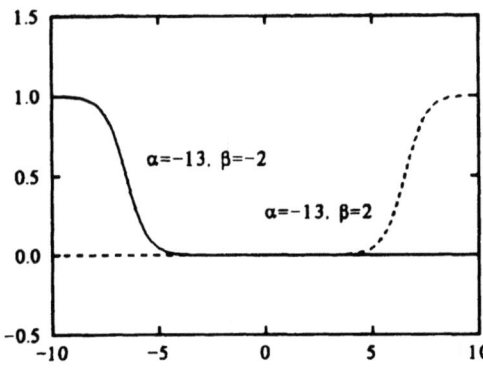

Einige wichtige Eigenschaften der logistischen Funktionsbestimmung zwischen einer oder mehreren unabh. X-Variablen und der abh. Y-Variablen sind:

➡ Wie gering auch immer die Veränderungen in den Prädiktoren ausfallen mögen, sie haben stets Veränderungen in der Kriteriumsvariablen zur Folge. Im extremen Bereich mögen diese so minimal sein, daß sie in der Interpretation der Ergebnisse zu vernachlässigen sind, aber vor allem im mittleren Veränderungsbereich ist es nicht möglich, einen zeitweiligen Effektstillstand anzunehmen. Mithin verändern sich die Werte von P(Y) in monotoner Weise, wenn sich auch V (bzw. X_k, vgl. Gl. 2.7) verändert:

$$\text{wenn } V \to +\infty, \text{ dann } P(Y) \to 1.0$$
$$\text{wenn } V = 0.0, \text{ dann } P(Y) = 0.5$$
$$\text{wenn } V \to -\infty, \text{ dann } P(Y) \to 0.0$$

➡ Die logistische Funktionskurve verläuft symmetrisch, wobei die Symmetrie auf den jeweiligen Wendepunkt der Kurve bezogen ist. Dieser Wendepunkt liegt immer bei P(Y)=0.5 (vgl. die Abbildungen 2.2a bis 2.2c), so daß, wenn man die Veränderungsraten betrachtet (nicht die absoluten Veränderungen!), es jenseits des Wendepunktes genau so schnell bergab (oder bergauf) geht, wie es vorher bergauf (oder bergab) gegangen ist.[7]

Der Wendepunkt einer logistischen Einflußbeziehung mag u.U. ihre theoretisch interessanteste Stelle markieren und kann auch als solcher in der Logit-Analyse identifiziert und interptetiert werden.

➡ Der konstante Parameter "α" (in der Linearkombination von V) verschiebt die logistische Kurve in der Horizontalen, ohne ihre Steigung zu verändern (vgl. Abb. 2.2a).

➡ Höhere Werte des/der Parameter "β_k" (in der Linearkombination von V) vergrößern die Veränderungsrate von P(Y), d.h. mit deren Anwachsen wird der Funktionsverlauf steiler ausfallen (vgl. Abb. 2.2b). Die größte Steigung erreicht die Funktion bei ihrem Wendepunkt von P=0.5.

➡ Ein negatives Vorzeichen des/der Parameter "β_k" ändert den Ursprung des logistischen Funktionsverlaufs, der dann bei der höchsten Wahrscheinlichkeit von P(Y) beginnt und sich mit Anwachsen von V in Richtung P(Y)=0 verändert (vgl. Abb. 2.2c).

Dies könnte in unserem Beispiel dann der Fall sein, wenn als abh. Variable nicht die CDU-Wahl, sondern die SPD-Wahl in Abhängigkeit von Veränderungen auf der LR-Skala analysiert würde. Ein niedriger LR-Wert könnte dann eine hohe Wahl-Wahrscheinlichkeit für die SPD zur Folge haben, was sich wiederum in einem negativen Schätzwert für den β-Parameter ausdrücken müßte.

---

[7] Man erhält das identische Abbild einer logistischen Funktionsdarstellung, wenn man ihre Zeichnung auf den Kopf stellt und die Skalierung der Achsen dreht.

2.1 Die Logik des binären Logit-Modells

Betrachten wir die Entwicklung des Logit-Modells noch einmal im Gesamtzusammenhang. Die Modellogik beruht im wesentlichen darauf, daß die abh. Variable nacheinander dreimal neu definiert und auf jeder dieser drei Stufen in spezifischer Weise mit den Prädiktoren verknüpft wird:

- Zunächst wird aus jedem Wert von $Y=1$ oder $Y=0$ (die im benutzten Beispiel für eine beabsichtigte CDU-Wahl bzw. beabsichtigte Wahl einer anderen Partei stehen) die neue Variable "$P(Y=1)$" gebildet. Diese kann u.U. in einem linearen Wahrscheinlichkeitsmodell als abh. Variable analysiert werden (was jedoch, wie in Kap. 1.3 gezeigt wurde, nicht zu empfehlen ist).

- Auf der zweiten Transformationsstufe wird aus jeder Wahrscheinlichkeitsvariablen $P(Y=1)$ eine Logit-Variable (vgl. Gl. 2.1 bis Gl. 2.4). Deren Abhängigkeitsstruktur kann als lineares Modell spezifiziert und statistisch geschätzt werden.

- Da die empirische Interpretation der Logit-Variablen schwierig ist, kann das Logit-Modell wieder nach $P(Y=1)$ aufgelöst werden (vgl. Gl. 2.8b und 2.9). In diesem Falle lassen sich die P-Werte nicht mehr aufgrund einer linearen Funktion aus den X-Werten vorhersagen. Vielmehr sind abh. und unabh. Variablen auf logistische Weise miteinander verknüpft (weshalb man auch von einer logistischen "**Link-Funktion**" spricht). Steigt die Linearkombination aller unabh. Variablen "V" um einen konstanten Betrag an, so sind die Steigungen in den P-Werten unterschiedlich groß, denn das Ausmaß der Steigung hängt davon ab, von welchem Startwert aus der V-Wert anwächst.

In der statistischen Alltagspraxis muß eine logistische Link-Funktion nicht immer zu einer Modell-Schätzung führen, die sich von einer Modell-Schätzung mit linearer Link-Funktion gravierend unterscheidet. Denn gerade in ihrem mittleren Bereich verläuft auch die logistische Funktionskurve annäherungsweise linear (vgl. z.B. Abb. 2.3a). Je stärker jedoch die X-Variablen zu einer alternativenspezifischen Verteilung tendieren, umso vorteilhafter erweist sich eine logistische Link-Funktion. Abbildung 2.3 zeigt drei unterschiedliche Verteilungen von jeweils 10 Beobachtungswerten und die Ergebnisse von linearer und logistischer Regressionsschätzung bei einer einzigen X-Variablen.

Abbildung 2.3: Vergleich von linearer und logistischer Modell-Schätzung
für 10 Beobachtungsfälle und einer X-Variablen

Abbildung 2.3a

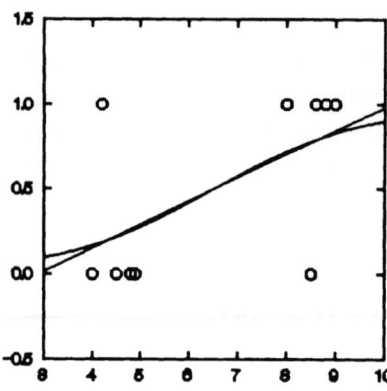

Abbildung 2.3b

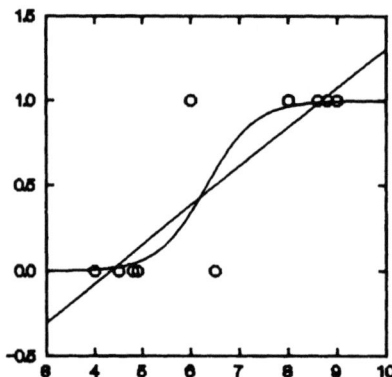

Abbildung 2.3c

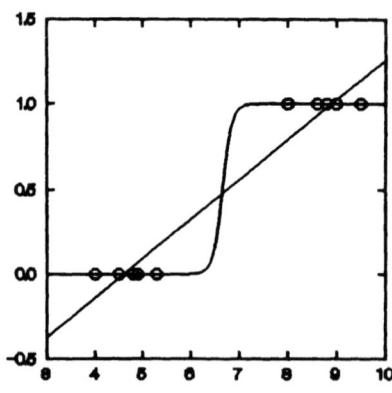

2.1.1 Interpretation der Modellschätzung

Die in Kap. 2.1 erläuterte Modellogik der Logit-Analyse soll nun anhand einer ersten (und somit auch noch vorläufigen) Interpretation der Schätzung des oben beschriebenen Wahl-Modells verdeutlicht werden. Dabei wollen wir an dieser Stelle noch nicht auf das Verfahren der Schätzung selbst eingehen (vgl. dazu Kap. 2.2), sondern uns allein mit den geschätzten Logit-Koeffizienten und weiteren, daraus abzuleitenden Einflußmaßen beschäftigen. Im einzelnen werden die folgenden Einflußmaße vorgestellt:

1. Logit-Koeffizienten,
2. t-Statistiken,
3. Effekt-Koeffizienten,
4. standardisierte Effekt-Koeffizienten,
5. mittlere prozentuale Veränderungsraten,
6. Elastizitäten,
7. Pseudo-R^2-Zuwachs.[8]

1. Logit-Koeffizienten

Logit-Koeffizienten sind statistische Schätzungen der in einem Logit-Modell spezifizierten Modell-Parameter "α" und "β_k". In dem Logit-Modell unseres Wahl-Beispiels sind dementsprechend vier Modell-Parameter zu schätzen:

(2.6) $\quad \ln [P_i(CDU)/(1-P_i(CDU))] = \alpha + \beta_1*(LR_i) + \beta_2*(RG_i) + \beta_3*(GEW\_F_i)$

oder (gleichbedeutend):

$\quad L(CDU)_i = \alpha + \beta_1*(LR_i) + \beta_2*(RG_i) + \beta_3*(GEW\_F_i)$

Nach Ausführung von SYSTAT-Programm 2.1 oder SPSS-Programm 2.1 (vgl. Kap. 6.2) erhalten wir die Ergebnisse einer binären Logit-Analyse, zu denen auch die Koeffizientenschätzungen gehören. SYSTAT-Ausgabe 2.1a zeigt den diesbezüglichen Teil der Programm-Ausgabe. Daraus können wir leicht die gesuchten Schätzwerte entnehmen und in Gl.(2.6) einsetzen. Das statistisch geschätzte Wahl-Modell hat dann den Inhalt:

(2.10) $\quad L(CDU)_i = -4.67 + 0.66*(LR_i) + 0.27*(RG_i) - 0.50*(GEW\_F_i)$

Gl.(2.10) zeigt das Ergebnis eines Logit-Modells, das aufgrund der Meßwerte von 2019 befragten

---

[8] Unter rein systematischen Gesichtspunkten sei hier auch auf die Maßzahl "Pseudo-R^2-Zuwachs" verwiesen, die aber aus darstellungslogischen Gründen erst in Kap. 2.3.2 vorgestellt werden kann.

Personen ermittelt wurde. Für die Modell-Parameter α, β_1, β_2 und β_3 wurden darin die Werte a$=-4.67$, $b_1=0.66$, $b_2=0.27$ und $b_3=-0.50$ geschätzt.

Die Logit-Koeffizienten b_1, b_2 und b_3 geben die Einflußstärken der dazugehörigen, unabhängigen Variablen auf die abhängige Variable (in Logitform!) wieder:

Wenn der Links-Rechts-Wert einer i-ten Person um eine empirische Einheit anwächst (d.h. sich in Richtung "rechts" verschiebt), so steigt der Logitwert der CDU-Wahl um einen Betrag von 0.66 an. In ähnlicher Weise sind b_2 und b_3 zu interpretieren:[9]

Da Personen, die das Recht-und-Gesetz-Item auf den obersten beiden Rangplätzen ansiedeln, mit 1 kodiert wurden, und Personen mit anderen Wertpräferenzen einen RG-Wert von 0 erhielten, steigt der CDU-Logitwert um einen Betrag von 0.27, wenn Personen das RG-Item hoch bewerten. Demgegenüber fällt jedoch der CDU-Wert um einen Betrag von 0.50, wenn es innerhalb der Kernfamilie des Befragten mindestens ein Gewerkschaftsmitglied gibt.

Neben den als Schätzwerte für den X-Einfluß zu interpretierenden Koeffizienten "b_k" besteht das Logit-Modell auch aus einem konstanten Logit-Koeffizienten "a" (hier: a$=-4.672$). Dieser indiziert Einflüsse auf die abh. Variable P(Y), die von anderen als den im Modell enthaltenen X-Variablen ausgehen, und kann deshalb auf vorhandene Spezifikationsfehler verweisen. Des weiteren kann im Falle von Modellen mit ausschließlich kategorial gemessenen X-Variablen die a-Konstante eine empirisch sinnvolle Referenz-Kategorie beschreiben. Wir werden darauf zurückkommen.

SYSTAT-Ausgabe 2.1a (Ausschnitt)

PARAMETER	ESTIMATE	S.E.	T-RATIO	P-VALUE
1 CONSTANT	-4.672	0.224	-20.817	0.000
2 LR	0.659	0.032	20.549	0.000
3 RG	0.272	0.111	2.443	0.015
4 GEW_F	-0.502	0.134	-3.733	0.000

PARAMETER	ODDS RATIO	95.0% BOUNDS UPPER	LOWER
2 LR	1.933	2.059	1.815
3 RG	1.313	1.633	1.055
4 GEW_F	0.605	0.788	0.465

Da alle Logit-Koeffizienten simultan geschätzt wurden, berichten sie die kontrollierten, um Auswirkungen der jeweils anderen X-Variablen bereinigten Einflußstärken.[10] Das bedeutet z.B.,

---

[9] Trotz der in formaler Hinsicht gleichartigen Interpretation der Regressionskoeffizienten in der OLS-Schätzung und der hier behandelten Logit-Koeffizienten lassen sich beide Koeffizienten-Schätzwerte nicht direkt vergleichen, da Regressions- und Logit-Modelle mit unterschiedlichen Link-Funktionen spezifiziert werden.

[10] Auf die Folgeprobleme hoher Multikollinearitäten zwischen den unabhängigen Variablen wollen wir hier nicht eingehen. Vgl. dazu Urban 1982: 182-192.

2.1.1 Interpretation der Modell-Schätzung

daß kleinere Anteile der jeweiligen Einflüsse, die dadurch ausgelöst werden, daß der LR-Wert einer Person auch ihre Einschätzung des RG-Items beeinflußt und so auf den zu schätzenden Einfluß der RG-Variablen durchschlagen könnte, in diesem Modell rechnerisch eleminiert werden können.

Im Unterschied zu einer simultanen Schätzung zeigen die Gleichungen (2.11.1) bis (2.11.3) die Schätzergebnisse für drei Logit-Modelle, bei denen jeweils eine eigene, separat-bivariate Schätzung durchgeführt wurde:

(2.11.1) $\qquad L(CDU)_i = -4.76 + 0.68*(LR_i)$

(2.11.2) $\qquad L(CDU)_i = -0.66 + 0.57*(RG_i)$

(2.11.3) $\qquad L(CDU)_i = -0.21 - 0.75*(GEW\_F_i)$

Im Vergleich der drei bivariaten Modelle (Gl. 2.11.1 bis 2.11.3) mit dem multivariaten Modell (Gl. 2.10) ist die Differenz zwischen den geschätzten Logit-Koeffizienten für die Variable "RG" (0.27 versus 0.57) und für die Variable "GEW_F" (-0.50 versus -0.75) deutlich zu erkennen. Die Effektstärken von RG und GEW_F sind im bivariaten Modell in etwa um den Faktor 2.0 bzw. 1.5 höher als im multivariaten Modell. Sie sind deshalb so hoch, weil im bivariaten Modell wesentliche Anteile ihres jeweiligen Einflusses allein dadurch zustandekommen, daß dort in ihnen zusätzlich noch diejenigen Anteile von LR enthalten sind, die im Schätzverfahren nicht kontrolliert wurden, und dadurch die Stärke ihres Einflusses "künstlich" hochtreiben.

Logit-Koeffizienten liegen also in den Grenzen zwischen $-\infty$ und $+\infty$. Sie haben einen Wert von 0.00, wenn die betreffende X-Variable keinen Einfluß auf P(Y) ausübt. Logit-Koeffizienten eignen sich demnach dazu, die geschätzten Einflußstärken einer bestimmten X-Variablen zwischen verschiedenen Logit-Modellen zu vergleichen. Interessante Fragestellungen für die Analyse von Logit-Koeffizienten sind:

➡ Haben die Logit-Koeffizienten die erwarteten Vorzeichen?
➡ Haben die Logit-Koeffizienten die erwarteten Größen (Beträge)?
➡ Verändern die Logit-Koeffizienten ihre Größe und/oder ihr Vorzeichen in unterschiedlich spezifizierten Modellen, d.h. sind die Schätzungen stabil oder werden sie durch die Anwesenheit/Abwesenheit weiterer X-Variablen beeinflußt?

Ein Vergleich der Logit-Koeffizienten innerhalb eines bestimmten Modell ist nicht sinnvoll, da sie von den Skalierungen der X-Variablen abhängen und diese in der Regel unterschiedlich sind. Zum internen Einfluß-Vergleich verschiedener X-Variablen eignen sich andere Maßzahlen, die noch im folgenden vorgestellt werden.

2. t-Statistiken

Wie bereits oben erwähnt, eignen sich die Logit-Koeffizienten vor allem zum Vergleich der geschätzten Einflußstärken einzelner Variablen in verschiedenen Logit-Modellen. Sollen die Einflußstärken innerhalb ein und desselben Logit-Modells verglichen werden, so spiegeln die Logit-Koeffizienten zwar stets den Effekt bei Veränderung einer jeden X-Variablen um +1 empirische Einheiten wider, allerdings ist die Veränderlichkeit einer Variablen und damit auch die empirische Bedeutung einzelner Veränderungen sehr stark von der Konstruktion der jeweiligen Meßskala abhängig. Das folgende Beispiel verdeutlicht das Gemeinte:

In einem Logit-Modell soll der Gebrauch oder Nicht-Gebrauch des privaten PKWs für die Fahrt zur Arbeitsstätte (Variable "pkw" =1/0) in Abhängigkeit von der Entfernung zwischen Wohnort und Arbeitsplatz erklärt werden. Dabei wird die Entfernung einmal in Kilometern (Variable "km") und einmal in Metern (Variable "m") gemessen. Tabelle 2.2 zeigt die entsprechenden, rein fiktiv angenommenen Meßdaten. Die Variablen "km" und "m" haben gleiche, aber unterschiedlich skalierte Meßwerte für jeden Beobachtungsfall.

Tabelle 2.2: Fiktive Daten zur Berechnung von zwei Logit-Modellen
(vgl. Tabelle 2.3)

Fall-No.	"pkw"	"km"	"m"
1	0	0.5	500
2	0	1.2	1200
3	1	1.1	1100
4	0	1.6	1600
5	0	2.1	2100
6	1	2.0	2000
7	1	2.7	2700
8	1	3.5	3500
9	1	4.5	4500
10	1	2	2000

Die Logit-Schätzwerte für die zwei Modelle mit der abhängigen Variablen "km" bzw. "m" zeigt die folgende Tabelle 2.3.

2.1.1 Interpretation der Modell-Schätzung

Tabelle 2.3: Schätzwerte für zwei Logit-Modelle mit gleicher, aber unterschiedlich skalierter X-Variablen

PARAMETER	ESTIMATE	S.E.	T-RATIO
1 CONSTANT	-3.083	2.408	-1.280
2 KM	1.868	1.317	1.418
1 CONSTANT	-3.083	2.408	-1.280
2 M	0.002	0.001	1.418

Wie Tabelle 2.3 aufweist, wurden die Logit-Koeffizienten in beiden Modellen sehr unterschiedlich geschätzt (1.868 bzw. 0.002), obwohl die X-Variable in beiden Modellen die gleichen Entfernungen (jedoch mit unterschiedlichen Meßskalen) mißt. Diese Skalenverzerrung läßt sich beseitigen, wenn statt der reinen Logit-Schätzungen die daraus abgeleiteten t-Statistiken verglichen werden. Die t-Statistik berechnet sich nach der Definition:

(2.12) $\quad\quad\quad\quad\quad\quad$ t-Statistik $= b_k / s_k$

Der Zähler des Quotienten (2.12) ist der Logit-Koeffizient. Dadurch steigt die t-Statistik, wenn b_k anwächst. Nenner der t-Statistik ist der Standardfehler des Logit-Koeffizienten, der abfällt, wenn die Daten der X-Variablen große Varianzen aufweisen, und dadurch die t-Statistik anhebt.[11] Da in unserem Beispiel der Standardfehler von b_{km} wesentlich größer als derjenige von b_m ist (1.317 vs. 0.001), gleicht die Division nach Gl.(2.12) die unterschiedlichen Beträge der Logit-Koeffizienten wieder aus und erbringt für beide Modelle eine konstante t-Statistik von 1.418. Damit erweist sich, daß beide Einflußstärken trotz unterschiedlich geschätzter Logit-Koeffizienten von gleicher Bedeutung für L(PKW) sind.

Mit Hilfe der t-Statistik können wir nun auch die Logit-Koeffizienten in SYSTAT-Ausgabe 2.1a vergleichen. Demnach ist der LR-Effekt mit einer t-Statistik von 20.549 ca. achtmal so einflußstark wie der RG-Effekt (t-Statistik: 2.443) und ca. sechsmal so einflußstark wie der GEW_F-Effekt (t-Statistik: -3.733). Dies hätte man aus einem bloßen Vergleich der Logit-Koeffizienten nicht ersehen können, da die LR-Variable mit 11 Ausprägungen gänzlich anders skaliert ist als die RG- und GEW_F-Variable (beide mit jeweils nur 2 Ausprägungen).

---

11) Vgl. dazu die ausführlichere Beschreibung der t-Statistik in Kap. 2.3.1.

3. Effekt-Koeffizienten

Da die Logitwerte einer zu erklärenden Variablen in ihrer empirischen Bedeutung äußerst schwierig zu interpretieren sind, bleibt auch die empirische Bedeutung der geschätzten Logit-Koeffizienten eher im unklaren. Sie geben zwar die Richtung des entsprechenden Variablen-Einflusses exakt wieder, stehen aber zum Ausmaß der ausgelösten Veränderungen in einer schwer zu begreifenden, logistischen Beziehung.

Die damit angesprochenen Interpretationsprobleme können gemildert werden, wenn die geschätzte Logit-Gleichung (Gl. 2.7) entlogarithmiert wird:

(2.7) $$\ln[P_i/(1-P_i)] = \alpha + \Sigma \beta_k (X_{ki})$$

(2.13) $$P_i/(1-P_i) = \exp(\alpha) * \Pi[\exp(\beta_k)(X_{ki})]$$

$$= \exp(\alpha) * \exp(\beta_1)(X_{1i}) * \exp(\beta_2)(X_{2i}) * \ldots$$

In Gl.(2.13) dient nunmehr die Gewinnchance für P(CDU-Wahl) bzw. das Wahrscheinlichkeitsverhältnis zwischen P(CDU-Wahl) und P(nicht CDU-Wahl) als abhängige, zu erklärende Variable. Diese Verhältniszahl hat eine wesentlich eingängigere empirische Bedeutung als die Logitwerte der CDU-Wahl: der Wertebereich der Gewinnchance liegt zwischen 0.00 und $+\infty$ mit einem Wert von 1, wenn die Wahrscheinlichkeiten für beide Handlungsalternativen gleich groß sind. Liegt der Wert der Gewinnchance über 1.00, ist die Wahrscheinlichkeit für eine CDU-Wahl größer als für eine andere Partei, liegt er unter 1.00, stehen die Wahlchancen für die CDU schlechter als für eine andere Partei (einige Beispiele werden in Tabelle 2.1 gegeben).

Die ursprüngliche Gewinnchance für eine CDU-Wahl im von uns benutzten Datensatz läßt sich leicht anhand eines Ausschnitts aus SYSTAT-Ausgabe 2.1 (vgl. dazu auch Kap. 6.2) berechnen:

SYSTAT-Ausgabe 2.1b (Ausschnitt)

	SAMPLE SPLIT
CATEGORY	CHOICES
RESP	817
REF	1202
	2019

Nach SYSTAT-Ausgabe 2.1b haben von 2019 befragten Personen 817 die CDU und 1202 eine andere Partei gewählt. Das ergibt ein Wahrscheinlichkeitsverhältnis zwischen "P(CDU-Wahl)" und "P(nicht CDU-Wahl)" von:

$$(817 / 2019) : (1202 / 2019) = 0{,}40 : 0{,}60 = 0.67$$

2.1.1 Interpretation der Modell-Schätzung

Eine Veränderung der Gewinnchance von 0.67 in Richtung von 1.00 ließe die Wahrscheinlichkeit einer CDU-Wahl mit derjenigen anderer Parteien gleichziehen. Werte über 1.00 würden die CDU sogar in Vorteil bringen, während Werte unter 0.67 die CDU-Wahl noch unwahrscheinlicher (in Relation zu den Wahlchancen anderer Parteien) erscheinen ließe.

Welchen Einfluß die Veränderungen einer jeden X-Variablen auf die Gewinnchancen der CDU-Wahl haben, ergibt sich aus Gleichung 2.13. Danach erhält man durch Entlogarithmierung der Logit-Koeffizienten ein neues Maß, das in Form eines Multiplikationsfaktors die Veränderungen im Wahrscheinlichkeitsverhältnis der beiden Handlungsalternativen angeben kann. Z.B. entsteht durch Entlogarithmierung von $b_1 = 0.66$ ein Wert von $\exp(b_1) = 1.94$. Die Größe "exp(b)" ist der Multiplikationsfaktor für die Berechnung des neuen Wahrscheinlichkeitsverhältnisses, das durch Veränderung der dazugehörigen X-Variablen um eine empirische Einheit ausgelöst wird. In der Logit-Analyse wird dieser Faktor als "Effekt-Koeffizient" bezeichnet. Z.B. bedeutet der Effekt-Koeffizient "$\exp(b_1) = 1.94$", daß bei Verschiebungen auf der Links-Rechts-Skala um +1 das alte Wahrscheinlichkeitsverhältnis von 0.67, das zuungunsten einer CDU-Wahl spricht, sich auf "0.67 * 1.94 = 1.30" erhöht und nunmehr eine entscheidende Veränderung zugunsten einer CDU-Wahl aufweist.

Allein Effekt-Koeffizienten von 1.00 indizieren, daß eine X-Variable keinen Einfluß auf das Wahrscheinlichkeitsverhältnis zweier Handlungsalternativen ausübt.

Aus der Tabelle in SYSTAT-Ausgabe 2.1a können die Effekt-Koeffizienten direkt entnommen werden. Sie betragen für die einzelnen Kovariaten:

für	LR:	$\exp(b_1) =$	1.933
für	RG:	$\exp(b_2) =$	1.313
für	GEW_F:	$\exp(b_3) =$	0.605 bzw. 1/0.605 = 1.653(−)

Nach dieser Aufstellung verändert sich die Gewinnchance zugunsten einer CDU-Wahl um das 1.9fache, wenn der LR-Wert um eine empirische Einheit zunimmt, und um das 1.3fache, wenn Personen das Recht-und-Gesetz-Item hoch bewerten (RG=1) statt es niedrig oder gering einzustufen (RG=0). Demgegenüber verändert sich die Gewinnchance für die CDU um das 0.6fache, das heißt das Wahrscheinlichkeitsverhältnis zwischen P(CDU) und P(nCDU) verschiebt sich zuungunsten einer CDU-Wahl, wenn in einer befragten Familie mindestens ein Gewerkschaftsmitglied anzutreffen ist (GEW_F=1).

Für alle Effekt-Koeffizienten kleiner als 1.00, also auch für den obigen Koeffizienten von 0.605, empfiehlt es sich bei vergleichender Betrachtung mehrerer Effekt-Koeffizienten, deren Kehrwert in den Vergleich einzubeziehen. Dieser wurde oben für den Effekt-Koeffizienten von GEW_F mit 1.653 ausgewiesen (und zur Kenntlichmachung der Kehrwertbildung ein Minus-Zeichen in Klammern angehängt).

Diese Transformation erfolgt deshalb, weil jeder Effekt-Koeffizient zwei ungleich skalierte

Wertebereiche um seinen neutralen Punkt von 1.00 aufweist: während der untere Bereich (welcher Wahrscheinlichkeitsverhältnisse zugunsten von Y=0 signalisiert) in den Grenzen von 0 bis 1 liegt, reicht der obere Bereich (welcher Wahrscheinlichkeitsverhältnisse zugunsten von Y=1 ausdrückt) von 1 bis $+\infty$. Erst durch die Kehrwertbildung bei Koeffizienten kleiner als 1.00 wird auch die Begrenzung des unteren Bereichs aufgehoben. Selbstverständlich darf jedoch bei Gebrauch des Effekt-Koeffizienten als Multiplikationsfaktor (wie oben beschrieben) nicht dessen Kehrwert benutzt werden. Abbildung 2.4 verdeutlicht die asymmetrische Skalierung des nicht modifizierten Effekt-Koeffizienten.

Abbildung 2.4: Skalierung des Effekt-Koeffizienten

```
         0.00          1.00
          |             |
          v             v                    v
Gewinnchance für    beide Alternativen    Gewinnchance für
Y=0 ist größer     haben die             Y=1 ist größer
als für Y=1        gleiche               als für Y=0
                   Wahrscheinlichkeit
```

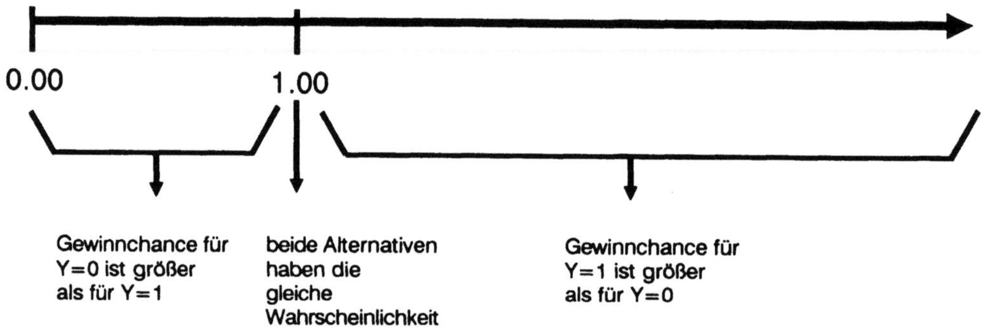

In welcher Weise die Effekt-Koeffizienten die geschätzten Einflußstärken in unserem Wahl-Beispiel ausdrücken können, wollen wir im folgenden für die unabhängige Variable "LR" aufzeigen. Dazu nehmen wir vereinfachend an, daß von den drei in Gl.(2.10) geschätzten Effekten nur der LR-Effekt wirke, da die Variablen "RG" und "GEW_F" empirische Werte von 0 aufwiesen.

SYSTAT-Ausgabe 2.2 zeigt die für die verschiedenen LR-Werte geschätzten Wahrscheinlichkeitsverhältnisse in ursprünglicher (Spalte 4) und in modifizierter Form (Spalte 5). Sie wurden nach Gl.(2.12) berechnet. Die Veränderung des modifizierten Wahrscheinlichkeitsverhältnisses bei gleichzeitiger Veränderung der LR-Variablen wird auch noch einmal in Abbildung 2.5 graphisch veranschaulicht. Darin ist deutlich zu erkennen, wie schlecht die Gewinnchancen der CDU im linken Bereich der LR-Skala zunächst sind, sich jedoch mit Rechtsverschiebungen auf der LR-Skala zunehmend verbessern und oberhalb des Wertes von LR=7 in einen CDU-Vorteil umschlagen.

Abbildung 2.5 zeigt auch, daß diese Entwicklung nicht linear verläuft, sondern daß die Veränderungsraten zwischen den einzelnen LR-Stufen bei kleinen LR-Werten sehr groß sind, im mittleren LR-Bereich eher gering ausfallen und erst ab einem LR-Wert von 9 wieder deutlich anziehen.

Umso überraschender wird es vielleicht sein, daß all diese ungleichen Veränderungsraten des

2.1.1 Interpretation der Modell-Schätzung

geschätzten Wahrscheinlichkeitsverhältnisses durch einen konstanten Multiplikationsfaktor von 1.933, eben durch den Effekt-Koeffizienten, beschrieben werden können (Spalte 6 in SYSTAT-Ausgabe 2.2). Jede Gewinnchance (Spalte 4) läßt sich aus der Gewinnchance auf der davorliegenden LR-Stufe ableiten, indem die vorangehende Gewinnchance mit dem Effekt-Koeffizienten (Spalte 6) multipliziert wird.[12] Auf diese Weise lassen sich die Auswirkungen eines Effektes schrittweise von Stufe zu Stufe verfolgen (z.B. allein innerhalb von Spalte 5).

Will man jedoch als Ausgangswert für die Veränderungen im Wahrscheinlichkeitsverhältnis nur eine einzige, empirisch sinnvolle Verhältniszahl auswählen, so kann man auf das oben berechnete Verhältnis von $P(Y=1):P(Y=0)$ in der beobachteten Stichprobe zurückgreifen (in unserem Beispiel betrug es "0.67").

SYSTAT-Ausgabe 2.2 (modifiziert)

LR-Wert (1)	P(CDU) (2)	P(nCDU) (3)	P(CDU):P(nCDU) (4)	P(CDU):P(nCDU) modifiziert (5)	Effekt-Koef. (6)
1	0.018	0.982	0.018	-55.313 (bzw. 1 : 55.3)	1.933
2	0.034	0.966	0.035	-28.617 (bzw. 1 : 28.6)	1.933
3	0.063	0.937	0.068	-14.806 (bzw. 1 : 14.8)	1.933
4	0.115	0.885	0.131	-7.660 (bzw. 1 : 7.7)	1.933
5	0.201	0.799	0.252	-3.963 (bzw. 1 : 3.9)	1.933
6	0.328	0.672	0.488	-2.050 (bzw. 1 : 2.1)	1.933
7	0.485	0.515	0.943	-1.061 (bzw. 1 : 1.1)	1.933
8	0.646	0.354	1.822	1.822 (bzw. 1.8 : 1)	1.933
9	0.779	0.221	3.522	3.522 (bzw. 3.5 : 1)	1.933
10	0.872	0.128	6.807	6.807 (bzw. 6.8 : 1)	1.933
11	0.929	0.071	13.158	13.158 (bzw. 13.2 : 1)	

---

[12] Da die Effekt-Koeffizienten multiplikativ wirken, müssen bei Veränderungen über mehrere LR-Stufen auch dementsprechend viele Multiplikationen (und nicht etwa Additionen wie bei Regressions- und Logit-Koeffizienten) ausgeführt werden, um das Wahrscheinlichkeitsverhältnis auf der anvisierten LR-Zielstufe zu berechnen.

Wie auch am vorstehenden Beispiel gut zu erkennen ist, weisen Effekt-Koeffizienten die bemerkenswerte Eigenschaft auf, für die Einflußstärke einer bestimmten unabhängigen Variablen stets den gleichen Wert anzuzeigen. Dieser Wert ist unabhängig davon, in welcher Relation die Wahrscheinlichkeiten für oder gegen ein bestimmtes Ereignis gerade stehen. Da aufgrund der logistischen Funktionsbestimmung das Ausmaß der Relation "P(Y=1):P(Y=0)" alles andere als konstant bleibt (vgl. Abb. 2.5) und auch die Veränderungsraten der einfachen Wahrscheinlichkeit "P(Y=1)" mit der Höhe der abhängigen Variablen variieren (vgl. Abb. 2.1), eignet sich der Effekt-Koeffizient immer dann besonders gut als Interpretationsmaß der Logit-Analyse, wenn die Stärke eines Variableneffektes unabhängig von seinen jeweiligen Ausgangsbedingungen beschrieben werden soll.

Abbildung 2.5: Veränderungen des modifizierten Verhältnisses von "P(CDU):P(nCDU)" bei Veränderungen auf der LR-Skala

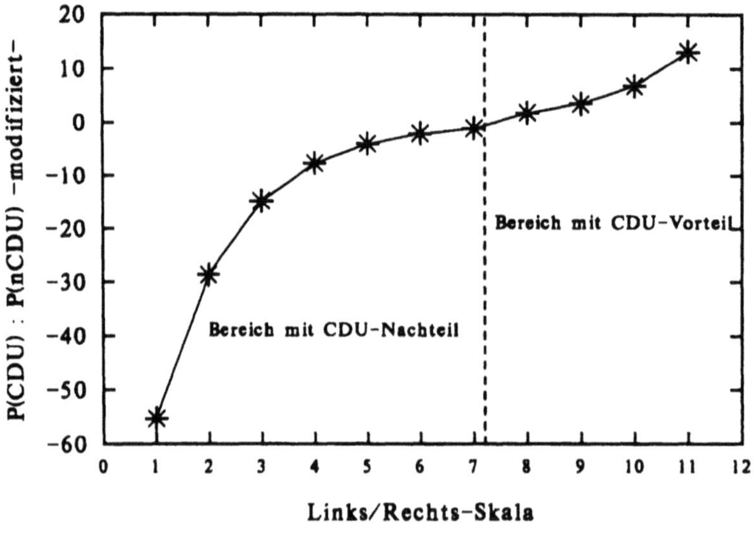

4. standardisierte Effekt-Koeffizienten

Für den Vergleich von Effekt-Koeffizienten innerhalb eines Logit-Modells gilt die gleiche Warnung wie für den modell-internen Vergleich von Logit-Koeffizienten: die Schätzwerte sind skalenabhängig d.h. beschreiben Veränderungen von empirischen Einheiten, die bei den einzelnen X-Variablen recht unterschiedliche Bedeutungen haben können und deshalb selbst bei empirisch stark unterschiedlichen Effektstärken zu nahezu identisch geschätzten Effekt-Koeffizienten führen können.

Eine Möglichkeit, die Vergleichbarkeit von Effekt-Koeffizienten auch für die modell-immanente Analyse herzustellen, besteht darin, als veränderungsauslösende Einheit einer X-Variablen nicht eine empirische Einheit auf deren jeweiliger empirischen Meßskala anzunehmen, sondern

2.1.1 Interpretation der Modell-Schätzung

von Veränderungseinheiten auf einer standardisierten Skala auszugehen. Was dann einen Einfluß in der Höhe eines Effekt-Koeffizienten auslöst, sind nicht die Skalensprünge einer betreffenden X-Variablen von "+1" empirischen Einheiten, sondern von "+1" Standardabweichungen. Auf diese Weise wird durch die Einheit "Standardabweichung" eine skalenübergreifende Veränderungseinheit definiert, die einen gemeinsamen Nenner zum Vergleich verschiedener Effekt-Koeffizienten von unterschiedlich skalierten X-Variablen bereitstellt.

Einen Vorschlag zur Berechnung standardisierter Effekt-Koeffizienten hat Long (1987) unterbreitet. Standardisierte Effekt-Koeffizienten werden danach definiert als:

(2.14) $$\text{s-exp}(b_k) = \exp(b_k * s_k)$$

wobei "s_k" die Standardabweichung der unabhängigen Variablen "X_k" bezeichnet. Die Standardabweichungen für unser empirisches Logit-Modell werden in der SYSTAT-Ausgabe 2.3 abgedruckt.

SYSTAT-Ausgabe 2.3

```
TOTAL OBSERVATIONS:    2019

                        LR         RG         GEW_F

  N OF CASES          2019       2019        2019
  MINIMUM             1.000      0.000       0.000
  MAXIMUM            11.000      1.000       1.000
  MEAN                6.235      0.463       0.250
  STANDARD DEV        2.376      0.499       0.433
```

Wie der Vergleich von unstandardisierten und standardisierten Effekt-Koeffizienten (berechnet nach Gl. 2.14) in Tabelle 2.4 zeigt, verändert sich das Verhältnis der Effekt-Koeffizienten untereinander doch wesentlich, wenn als Basis-Einheit des jeweiligen Variablen-Einflusses die betreffenden Standardabweichungen gewählt werden. So ist z.B. nach der Standardisierung die Effektstärke der Variablen "LR" viermal so hoch wie die Effektstärke der Variablen "RG", während dieser Effekt vor der Standardisierung nur etwa einhalbmal größer als der RG-Effekt war.

Tabelle 2.4: Vergleich von standardisierten und unstandardisierten Effekt-Koeffizienten

Kovariate (X-Variable)	Effekt-Koeffizient (unstandardisiert)	Standard-Abw.	Effekt-Koeffizient (standardisiert)
LR	1.933	2.376	4.786
RG	1.313	0.499	1.145
GEW_F	0.605 1.653(-)	0.433	0.805 1.242(-)

5. mittlere prozentuale Veränderungsraten

Wenn als zu erklärende Variable nicht die Logitform und auch nicht die Gewinnchance von $Y=1$ gewünscht wird, sondern Einflußstärken auf die Wahrscheinlichkeit eines bestimmten Ereignisses, also auf $P(Y=1)$, geschätzt werden sollen, so empfiehlt es sich, die prozentuale Veränderungsrate von $Y=1$ bei Einfluß einer bestimmten X-Variablen zu berechnen. Dazu wird die partielle Ableitung von Gl.(2.8) nach einer beliebigen X-Variablen gebildet:[13]

$$(2.15) \qquad \Delta P_{ki} = \frac{\partial [P(Y=1)]}{\partial [X_k]} = b_k * P_i (1-P_i)$$

Nach Gl.(2.15) ist die Veränderung in der Wahrscheinlichkeit für $Y=1$, die durch die Veränderung in der unabh. Variablen "X_k" um eine Einheit ausgelöst wird, gleich dem geschätzten Logit-Koeffizienten "b_k" multipliziert mit dem Produkt aus denjenigen Wahrscheinlichkeiten für $Y=1$ und $Y=0$, die beide vor der entsprechenden X-Veränderung bestanden. Damit berücksichtigt die Ableitung auch zugleich einen möglicherweise bestehenden Interaktionseffekt, denn $P(Y)$ ist eine Funktion aller X-Variablen. Was bedeutet nun Gleichung 2.15? Zur Verdeutlichung wollen wir zunächst einige Vorüberlegungen anstellen:

Wird die Effektstärke von X_k auf die Wahrscheinlichkeit von $Y=1$ bezogen, so ist sie aufgrund der logistischen Link-Funktion zwischen diesen beiden Faktoren nicht in einer konstanten Maßzahl auszudrücken. Vielmehr hängt das Ausmaß der von X_k ausgelösten Wahrscheinlichkeitsveränderung von den Wahrscheinlichkeitsverhältnissen ab, die vor Eintreten des X-Effektes bestanden haben.

Die variierenden Effektstärken verschiedener X-Variablen können in einem Wahrscheinlichkeitsdiagramm recht gut optisch veranschaulicht werden. Dazu müssen die P(CDU) aus den geschätzten Logit-Koeffizienten nach Gl.(2.8) berechnet und in einem Streudiagramm gegen die metrische X-Variable geplottet werden. Tabelle 2.5 zeigt die geschätzten Werte für P(CDU), die nach Gl.(2.8) mit $LR=1...11$ und $RG=0$ berechnet wurden, wobei GEW_F Werte von 0 und 1 annahm. Abbildung 2.6 verdeutlicht die durch LR und GEW_F ausgelösten Veränderungen von P(CDU) in zwei Kurvenverläufen.[14]

---

13) Eine ausführliche Beschreibung dieser Operation bieten Hanushek/Jackson 1977: 188f.

14) Die Päsentation von Wahrscheinlichkeitsdiagrammen für zwei metrische X-Variablen beschreibt Fox 1987.

2.1.1 Interpretation der Modell-Schätzung

Tabelle 2.5: Absolute und differentielle Werte für P(CDU) (in %) des geschätzten Logit-Modells (Gl. 2.10)

(1)	(2)	(3)	(4)	(5)	(6)	(7)
	GEW-F=0		GEW-F=1			
LR_j	P(CDU)	d(P)	P(CDU)	d(P)	d[d(P)]	$d(P_j \mid LR=j)$
1	1.8		1.1			0.7
2	3.4	1.6	2.1	1.0	.6	1.3
3	6.3	2.9	3.9	1.8	1.1	2.4
4	11.5	5.2	7.3	3.4	1.8	4.2
5	20.1	8.6	13.3	6.0	2.6	6.8
6	32.8	12.7	22.8	9.5	3.2	10.0
7	48.5	15.7	36.3	13.5	2.2	12.2
8	64.6	16.1	52.4	16.1	0.0	12.2
9	77.9	13.3	68.1	15.7	-2.4	9.8
10	87.2	9.3	80.5	12.4	-3.1	6.7
11	92.9	5.7	88.8	8.3	-2.6	4.1

LR_j: Skalenwerte der Links/Rechts-Skala.

P(CDU): geschätzte Wahrscheinlichkeitswerte für eine CDU-Wahl bei LR-Werten von 1 bis 11 und GEW_F=0 oder 1.

d(P): Ausmaß der Veränderung von P(CDU) bei Vergrößerung von LR um 1 Skaleneinheit und konstanter GEW-F.

d[d(P)]: Differenz der Veränderungsraten in den Spalten (3) und (5), die durch Verschiebung des GEW_F-Wertes von 0 auf 1 entsteht (bei konstantem LR-Wert).

$d(P_j \mid LR=j)$: Differenz der absoluten Werte von P(CDU) in den Spalten (2) und (4). Berichtet das Ausmaß der Veränderung von P(CDU) bei Veränderung der GEW_F von 0 auf 1 (und bei konstantem LR-Wert).

Tabelle 2.5 und Abbildung 2.6 zeigen, wie unterschiedlich die einzelnen Zuwachsraten für eine CDU-Wahl über die gesamte Bandbreite der Links/Rechts-Skala verteilt sind. Auch werden noch einmal die Vorteile des Logit-Modells im Vergleich zum linearen Wahrscheinlichkeitsmodell deutlich erkennbar. Während nunmehr die größten Wahrscheinlichkeitszuwächse für eine CDU-Wahl bei Rechts-Verschiebungen im Skalenbereich rechts von der Mitte stattfinden (Vgl. Tab. 2.5, Spalte 3 und 5), so hatten wir es im LP-Modell mit konstanten Wahrscheinlichkeitszuwächsen zu tun, die unabhängig davon waren, wie stark Personen bereits vor einer entspr. Meinungsäußerung zu einer bestimmten Partei tendierten (vgl. Abb. 1.3). Jede Rechts-Veränderung auf der LR-Skala brachte der CDU im LP-Modell einen 12%igen Zuwachs, während dieser nunmehr im Logit-Modell zwischen 1.0% (minimal) und 16.1% (maximal) liegt (vgl. Tab. 2.5, Spalte 3 und 5).

Auch der Einfluß einer veränderten Gewerkschaftsbeziehung auf die CDU-Wahl ist keineswegs konstant. Wie Tabelle 2.5 zeigt, verschlechtert zwar eine Gewerkschaftszugehörigkeit (GEW_F=1) die Wahlchancen der CDU in durchgängiger Weise (die Werte in Sp. 4 sind alle niedriger als in Spalte 2). Allerdings steht das Ausmaß dieser Benachteiligung auch wiederum in Abhängigkeit von dem entsprechenden LR-Wert: es schwankt zwischen 0.7% und 12.2% (Spalte 7).

Tabelle 2.5 zeigt auch noch einen zusätzlichen, nicht konstanten Interaktionseffekten, der durch die gleichzeitige Veränderung der Werte von LR und GEW_F erzeugt wird. Dieser Effekt kann in Spalte 6 beobachtet werden. Dort wird die Differenz der Veränderungsraten aus den Spalten 3 und 5 angezeigt. Die Prozentwerte belegen solche Veränderungen der CDU-Zuwächse, die aufgrund von veränderten Gewerkschaftsbeziehungen entstehen. Sie machen deutlich, daß sich die Gewerkschaftszugehörigkeit mit zunehmendem Anstieg der LR-Werte zunächst zugununsten einer CDU-Wahl auswirkt: die Zuwachsraten in Spalte 5 sind bis LR=6 deutlich geringer als in Spalte 3. Ab einem Wert von LR=7 kippt diese Regelmäßigkeit und bei LR=9 wird die Differenz der Zuwachsraten sogar negativ (Spalte 7). Damit wird indiziert, daß bei Rechts-Veränderungen im hohen LR-Bereich eine Gewerkschaftsmitgliedschaft die Wahrscheinlichkeit einer CDU-Wahl sogar begünstigt.

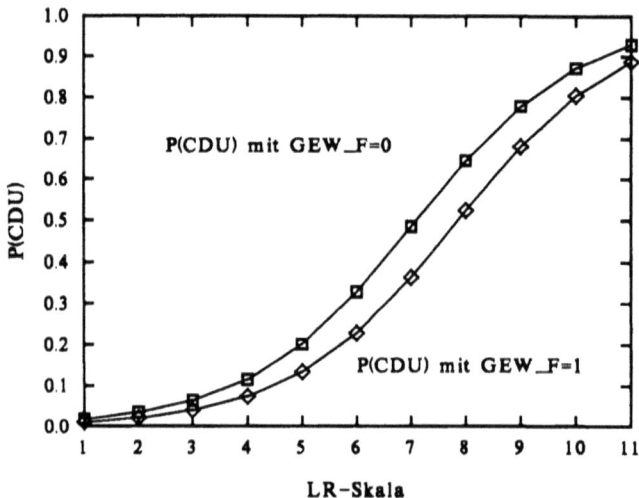

Abbildung 2.6: Veränderung der P(CDU) in Abhängigkeit von LR und GEW_F (nach Gl. 2.10)

2.1.1 Interpretation der Modell-Schätzung

Wie wir gesehen haben, lassen sich also prozentuale Veränderungsraten für P(Y), die von X_k ausgelöst werden, für jeden beliebigen Ausgangswert von P(Y) berechnen. Um sie dennoch als eine verbindliche Maßzahl mit nur einem einzigen Wert benutzen zu können, bietet sich die Festlegung eines fixen prozentualen Bezugswerts an, der als feststehender Ausgangswert verwendet wird. Wir möchten an dieser Stelle zwei solcher prozentualen Bezugswerte vorschlagen:

Den ersten Bezugswert erhält man, wenn alle unabhängigen Variablen kategorial gemessen wurden. Dann kann eine Referenz-Kategorie bestimmt werden, die als Orientierungswert behandelt wird, und auf die hin alle Veränderungen, die von den X-Variablen ausgelöst werden, zu interpretieren sind.

In einem Modell mit ausschließlich kategorialen X-Variablen wird diese durch die geschätzte Konstante "a" markiert. Mit ihr kann man die Wahrscheinlichkeit für den Fall berechnen, daß alle unabh. Variablen die Ausprägung "0" aufweisen. Als Beispiel können wir unser Logit-Modell nur mit den beiden kategorialen Kovariaten RG und GEW_F berechnen. Die dazu geschätzte Logit-Gleichung lautet:

(2.16) $\quad L(CDU)_i = -0.49 + 0.58*(RG_i) - 0.76*(GEW\_F_i)$

Für die Wahrscheinlichkeitsveränderungen, die durch die entsprechenden Logit-Koeffizienten ausgelöst werden, existiert nunmehr ein empirischer Bezugswert bei "exp(a)/(1+exp(a))=0.38", der den Anteil von "P(CDU)=38%" unter den Bedingungen von a) das Recht-Gesetz-Item wird nicht hoch bewertet (RG=0) und von b) es gibt kein Gewerkschaftsmitglied in der Familie (GEW_F=0) angibt.

Wird dieser Prozentwert sowie jeweils einer der beiden Logit-Koeffizienten aus Gl.(2.16) in Gl.(2.15) eingesetzt, erhält man prozentuale Veränderungsraten für P(CDU) von 13.67% (für den Anstieg von RG=0 auf RG=1) und von −17.91% (für den Anstieg von GEW_F=0 auf GEW_F=1).

Eine andere Möglichkeit, einen für jedes Logit-Modell verbindlichen Ausgangswert für X-induzierte, prozentuale Veränderungsraten festzulegen, besteht darin, für jede einzelne Person die X-induzierte Veränderungsrate von Y=1 nach Gl.(2.15) zu berechnen. Dabei werden die einzelnen Prozentwerte nach Gl.(2.8) geschätzt und anschließend der Mittelwert über alle individuellen Veränderungsraten berechnet. Das derart konstruierte Einflußmaß wollen wir "mittlere prozentuale Veränderungsrate" oder "ΔP_k" nennen.

(2.17) $\quad \Delta P_k = \dfrac{1}{n} \sum_{i=1}^{\infty} b_k * [(P_i)(1-P_i)]$

SYSTAT-Ausgabe 2.1c gibt die Veränderungsraten nach Gl.(2.17) für jede einzelne X-Variable wieder. Danach beträgt die durch den LR-Effekt ausgelöste, prozentuale Veränderungsrate für

P(CDU-WAHL) nunmehr 10.6%.[15]

SYSTAT-Ausgabe 2.1c (Ausschnitt)

```
          INDIVIDUAL VARIABLE DERIVATIVES
          AVERAGED OVER ALL OBSERVATIONS

          PARAMETER              1            0

          1 CONSTANT          -0.750        0.750
          2 LR                 0.106       -0.106
          3 RG                 0.044       -0.044
          4 GEW_F             -0.081        0.081
```

Die mittlere prozentuale Veränderungsrate "ΔP_k" liefert in aller Regel recht gut interpretierbare Werte. In seltenen Fällen können jedoch dadurch Probleme entstehen, daß die Veränderungsrate einen Wert größer als 1.00 aufweist und deshalb nicht mehr als Ausmaß der prozentualen Steigung zu verstehen ist. Der Grund dafür liegt darin, daß der ΔP_k-Koeffizient auf der in Gl.(2.15) angegebenen partiellen Ableitung beruht und diese die Steigung der Wahrscheinlichkeitsfunktion über ein unendlich klein werdendes Veränderungsintervall von X angibt.[16] Es wird also nicht die durchschnittliche, sondern eine momentane Änderungsrate berechnet, und da diese Steigung keine Grenzen kennt, kann sie auch größer als 1.0 werden (vgl. Petersen 1985, Steinberg 1987).

Sollte dieses Problem relevant werden, empfiehlt es sich, die Veränderungsrate von P(Y) bei Veränderungen der jeweiligen X-Variablen um "+1" empirische Einheiten (oder um eine Standardabweichung) zu berechnen. Dabei sollte als Fixpunkt für jene Wahrscheinlichkeit, die vor dem Anwachsen von X gilt, der Wert von P(Y) beim Sample-Mittelwert von X benutzt werden.[17] Demnach wäre also:

(2.18) $$\Delta P_k(neu) = P_{L(1)} - P_{L(0)} \quad \text{mit:}$$

$$L_0 : a + b_k(\overline{x}_k)$$

$$L_1 : a + b_k(\overline{x}_k + 1)$$

---

15) Eine alternative Methode zur Berechnung mittlerer prozentualer Veränderungsraten besteht darin, Gl.(2.15) zu benutzen und als P-Wert den geschätzten Wahrscheinlichkeitsanteil beim empirischen Mittelwert der jeweiligen X-Variablen zu ermitteln. In unserem Beispiel liegt das Mittel für die LR-Variable bei 6.235 und die damit geschätzte Veränderungsrate bei 15.2%. Inhaltlich betrachtet erscheint uns jedoch die nach Gl.(2.17) ermittelte Größe verläßlicher und empirisch sinnvoller zu sein.

16) Womit natürlich auch vorausgesetzt wird, daß die X-Variable kontinuierlich skaliert ist.

17) Die Mittelwerte der unabhängigen X-Variablen werden in der Ausgabe von SYSTAT-Programm 2.1 mitgeteilt.

2.1.1 Interpretation der Modell-Schätzung

Auch die mittlere, prozentuale Veränderungsrate ist kein standardisiertes Effektmaß. Sie beschreibt Veränderungen in P(Y) als Reaktion auf Skalensprünge bei den X-Variablen von "+1" empirischen Einheiten und ist somit von den jeweiligen Skalenkonstruktionen abhängig. Eine direkte Vergleichsmöglichkeit zwischen den Effektstärken der X-Variablen ist erst bei Interpretation der sog. "Elastizitäten" möglich.

6. Elastizitäten

Elastizitäten sind nicht von der Skalierung der erklärenden Variablen abhängig. Zwar berichten sie ebenso wie die prozentualen Veränderungsraten die Reaktivität einer Ereigniswahrscheinlichkeit, die durch Veränderungen von X-Variablen ausgelöst wird. Im Unterschied zur Logik der prozentualen Veränderungsrate sind beim Elastizitätsmaß die X-Veränderungen jedoch prozentual zu verstehen: als Elastizität wird die prozentuale Veränderung einer abhängigen Variablen bei Veränderung der erklärenden Variablen um 1% bezeichnet. Die direkte Elastizität berechnet sich aus Gl.(2.15) als:[18]

$$(2.19) \qquad E_{ki} = \frac{X_{ki} \, \partial [P(Y=1)]}{\partial [X_k]} = b_k X_{ki} * P_i (1-P_i)$$

Ist der Betrag von E_{ki} größer als 1.00, ist für einen bestimmten X-Effekt die prozentuale Veränderung in der Y-Wahrscheinlichkeit größer als die prozentuale Veränderung in der X-Variablen, die den Effekt auslöst. Ist die Veränderung in P(Y) geringer als die prozentuale Veränderung der X-Variablen, so ist der Betrag von E_{ki} kleiner als 1.00.

Genau wie die mittleren, prozentualen Veränderungsraten können auch die mittleren Elastizitäten "E_k" entweder mit dem Sample-Mittelwert der jeweiligen X-Variablen oder über die gemittelten Individual-Elastizitäten aller Beobachtungswerte berechnet werden. Letztere Methode wurde zur Kalkulation der Elastizitäten in der SYSTAT-Ausgabe 2.1d benutzt.

SYSTAT-Ausgabe 2.1d (Ausschnitt)

INDIVIDUAL VARIABLE ELASTCITIES AVERAGED OVER ALL OBSERVATIONS		
PARAMETER	1	0
1 CONSTANT	-1.854	1.260
2 LR	2.052	-0.914
3 RG	0.059	-0.030
4 GEW_F	-0.034	0.041

---

18) Zur Ableitung des Elastizitätsmaßes vgl. Hensher/Johnson 1981: 57-59.

Nach SYSTAT-Ausgabe 2.1d führt eine 1%ige Erhöhung des LR-Wertes zu einer 2.05%igen Erhöhung des P(CDU)-Wertes, während für die gleiche P(CDU)-Steigerung der RG-Wert schon um das 35fache erhöht werden müßte (0.059*35=2.065). Noch inelastischer ist P(CDU) in Bezug auf Veränderungen der GEW_F-Variablen: die Wahrscheinlichkeit einer CDU-Wahl nimmt zwar mit einem Anstieg von GEW_F ab, aber der Anstieg erfordert eine ca. 60fache Steigerung von GEW_F, damit P(CDU) um 2% geringer wird.

In unserem Beispiel weisen die Elastizitäten die gleichen Vorzeichen wie die geschätzten Logit-Koeffizienten auf. Dies muß jedoch nicht so sein, da beide Maßzahlen unterschiedliche abh. Variablen benutzen: für die Logit-Koeffizienten ist das ein logarithmiertes Wahrscheinlichkeitsverhältnis "L(Y)", während es für die Elastizitäten das einfache Wahrscheinlichkeitsausmaß "P(Y)" ist.

2.2 Die Modellschätzung

Jedes statistische Modell benötigt ein spezielles Schätzverfahren, wenn aufgrund von Stichprobeninformationen die "wahren" Parameter des spezifizierten Modells, d.h. diejenigen Parameter, die in der jeweiligen Grundgesamtheit gültig sind, ermittelt werden sollen. Ein solches Schätzverfahren hat bestimmten Qualitätskriterien zu entsprechen, zu denen u.a. die Konsistenz und die Effizienz der Schätzmethode gehören:[19]

➡ Eine Modell-Schätzung sollte konsistent sein, d.h. umfangreichere Stichproben sollten evtl. auftretende Verzerrungen und unzulässig große Streuungen der Schätzwerte verringern können. Je größer die Stichprobe wird, umso kleiner sollte die Wahrscheinlichkeit werden, mit der geschätzte und wahre Parameter voneinander abweichen.

➡ Eine Modell-Schätzung sollte effizient sein, d.h. die Varianz von vielfach wiederholten Schätzungen sollte im Vergleich zu der Varianz von Schätzwerten, die mit einem anderen Schätzverfahren erzielt werden können, möglichst klein bzw. sogar die kleinste sein.

Zu den Merkmalen eines statistischen Schätzverfahrens gehören neben seiner qualitativen Güte auch seine Anwendungsvoraussetzungen. Deren Einhaltung entscheidet darüber, ob eine bestimmte Schätzmethode überhaupt zur Berechnung der Parameter des jeweiligen Statistik-Modells eingesetzt werden kann.

Wie wir in Kap. 1.3 gesehen haben, können z.B. mehrere Voraussetzungen für die Anwendung des Kleinst-Quadrate-Schätzverfahrens (= OLS-Schätzung) immer dann nicht erfüllt werden, wenn das zu schätzende Statistik-Modell in linearer Form spezifiziert wurde und zugleich eine qualitative, abhängige Variable beinhaltet. Denn die OLS-Schätzung benutzt als Schätzkriterium die Summe der quadrierten Differenzen zwischen den beobachteten und den

---

[19] Andere Qualitätskriterien sind z.B. die Erwartungstreue (Unverzerrtheit) und die Suffizienz des Schätzverfahrens. Die Suffizienz verlangt, daß die Schätzfunktion die gesamte Information ausschöpfen kann, die in der Stichprobe über den zu schätzenden Parameter vorhanden ist.

2.2 Die Modellschätzung

von ihr vorhergesagten Y-Werten (auch "Residuen" genannt). Somit müssen diejenigen Koeffizienten als gültige Schätzergebnisse dieses Verfahrens betrachtet werden, die die Summe aller Residuen minimieren können.

Damit jedoch die derart geschätzten Koeffizienten den oben beschriebenen Qualitätsanforderungen entsprechen können, müssen die Residuen eine Vielzahl von Bedingungen erfüllen. Wie wir gesehen haben, kann z.B. im spezifizierten Beispiel-Modell die Forderung nach Gleichverteilung aller Residuen (bezogen auf jeden einzelnen Beobachtungswert einer jeden X-Variablen) prinzipiell nicht erfüllt werden, was auch als "Heteroskedastizität der Residuen" bezeichnet wird.

Die häufigst gebrauchten Schätzverfahren zur Analyse von Logit-Modellen sind das gewichtete Kleinst-Quadrate-Verfahren (WLS-Schätzung) sowie das Maximum-Likelihood-Verfahren (ML-Schätzung). Da die ML-Schätzung der WLS-Verfahren in vielen Belangen überlegen ist[20] und auch in den meisten Software-Paketen als Verfahren der Logit-Analyse implementiert ist, konzentrieren wir uns im folgenden auf diese Methode.

Im Unterschied zur OLS-Schätzung werden die Resultate der ML-Methode nicht von den Problemen unerwünschter Residuen-Verteilungen beeinträchtigt. Die ML-Schätzung sucht nicht nach der kleinsten quadrierten Residuensumme, sondern sie wählt im Zuge einer schrittweisen Annäherung diejenigen Koeffizienten als optimale Schätzwerte aus, die, unter der Annahme sie wären identisch mit den wahren Parametern in der Grundgesamtheit, die beobachteten Stichprobenwerte mit der größten Wahrscheinlichkeit hervorbringen würden. Auf diese Weise kann die ML-Schätzung solche Schätzwerte ermitteln,[21]

- die konsistent sind (s.o.),
- die asymptotisch effizient sind (s.o.),[22]
- die asymptotisch normalverteilt sind und somit in Signifikanz-Tests überprüft werden können,
- deren asymptotische Standardfehler ableitbar sind und somit zur Berechnung von Konfidenz-Intervallen für die geschätzten Parameter genutzt werden können.

Damit die oben genannten Qualitätsmerkmale erreicht werden können, sind natürlich auch in der ML-Schätzung mehrere Voraussetzungen zu erfüllen. Jedoch sind diese, anders als im Falle

---

20) Zu den Nachteilen der WLS-Schätzung vgl. Bunch/Batsell 1989, Malhotra 1984, Wrigley 1979. Es sei allerdings auch darauf hingewiesen, daß unter bestimmten Modellbedingungen beide Schätzverfahren sehr ähnliche Ergebnisse liefern (vgl. Flath/Leonard 1979, Freeman 1987, Green et al. 1977).

21) Vgl. zum Nachweis der im folgenden aufgeführten Merkmale Dhrymes 1978: 336ff.

22) Im Unterschied zu exakten Standards beziehen sich asymptotische Standards auf Verteilungsmerkmale, die erst bei einem gegen Unendlich konvergierenden Stichprobenumfang ihre Gültigkeit erlangen. Das bedeutet für die statistische Praxis, daß das Vorhandensein asymptotischer Merkmale nicht überprüft werden kann, sondern von der Hoffnung legitimiert werden muß, daß der gegebene Stichprobenumfang groß genug ist.

der OLS-Schätzung, nicht mehr davon abhängig, daß die tatsächlichen Werte der abhängigen Variablen (das sind bei der Logit-Analyse die P(Y=1)-Werte) rein zufällig um einen bestimmten Erwartungswert streuen.[23] Für die ML-Schätzung derjenigen Logit-Modelle, die im vorliegenden Text vorgestellt werden, sind als Anwendungsvoraussetzungen zu nennen,

➡ daß die Stichprobe möglichst groß ist (vgl. dazu Kap. 1.1),

➡ daß keine übermäßig großen linearen Beziehungen zwischen den unabhängigen Variablen des Logit-Modells bestehen (und erst recht keine vollständigen Kollinearitäten),

➡ daß keine unabhängige Variable bezüglich eines abh. Ereignisses ohne Varianz auftritt (was leicht möglich ist, wenn alternativenspezifische X-Dummies existierten), da dann die betreffende Variable ein perfekter Prädiktor für dieses Ereignis wäre (und die ML-Schätzung gegen Unendlich ginge),

➡ daß jede Handlungsalternative/jedes Ereignis von zumindest einer kleinen Personengruppe der Stichprobe gewählt wurde (d.h. daß keine Alternative niemals gewählt sein darf),

➡ daß die Verteilung einer jeden unabhängigen Variablen nicht vom Wert der abhängigen Variablen bestimmt wird und somit die Stichprobe auch nicht aufgrund des Vorliegens/-Nicht-Vorliegens eines bestimmten Ereignisses konstruiert sein darf (was z.B. häufig bei sog. choice-based Logit-Analysen der Fall sein kann, vgl. Kap. 1.1).

Wir wollen die zugrundeliegende Logik des Maximum-Likelihood-Schätzverfahrens (ML-Schätzung) an einem einfachen Beispiel verdeutlichen:

Wenn in einer Stichprobe von insgesamt 10 Personen 4 der Befragten angegeben hätten, bei einer zukünftigen Bundestagswahl die CDU zu wählen, tauchte im ML-Schätzverfahren das Problem auf, welcher Prozentwert "π" als der wahre Anteilswert der CDU in der Grundgesamtheit vermutet werden sollte. Dieser Wert müßte für die gesamte Population, für die die Stichprobe repräsentativ gezogen wurde, gültig sein. Denn da es stets zufällige Stichprobenschwankungen und Meßfehler gibt, muß der erfragte Anteilswert nicht auch automatisch mit dem wahren Wert identisch ein.

So könnte z.B. die Frage gestellt werden, ob 0.1 (= 10%) der gesuchte, wahre Wert sei? Wenn er es wäre, dann könnte man die Wahrscheinlichkeit für das erfragte Stichprobenergebnis aus der theoretischen Binomial-Verteilung[24] ableiten:

---

23) Deshalb war z.B. in Gl.(2.7) auch keine Fehlergröße "e" (wie sie etwa in der OLS-Regression üblich ist) zu ergänzen (vgl. Hanushek/Jackson 1977: 203). Es gibt allerdings auch Autoren, die die Einbeziehung einer solchen Fehlergröße explizit vorgeschlagen haben (vgl. z.B. Amemiya/Nold 1975, Beggs 1988). Jedoch sind die damit verbundenen Probleme einer angemessenen Modellspezifikation fast unlösbar. Und da auch die Schätzergebnisse von Modellen mit Fehlergrößen nur minimal von solchen ohne Fehler abweichen (vgl. Allison 1987), werden diese im vorliegenden Text weder für die Spezifikation von Logit-Modellen noch für die Beschreibung der ML-Schätzung eingeführt.

24) Zu den Merkmalen der Binomial-Verteilung vgl. z.B. Kriz 1983: 90-92.

2.2 Die Modellschätzung

(2.20) $\binom{n}{s} \pi^s (1-\pi)^{n-s} = \binom{10}{4} * 0.1^4 * 0.9^6 = 0.0112$

Das Ergebnis aus Gl.(2.20) bedeutet u.a., daß bei 100 Stichproben aus derselben Grundgesamtheit in nur einer Stichprobe das tatsächlich erfragte Ergebnis zustandekäme, wenn der wahre Wert der CDU-Wahl bei 0.1 gelegen hätte. Exakter ausgedrückt: bei einem wahren Wert von 0.1% für eine CDU-Wahl besitzt das erfragte Ergebnis eine Wahrscheinlichkeit von 1.12%. Wären wir z.B. bereit gewesen, statt 0.1 eine wahre Wahrscheinlichkeit von 0.3 anzunehmen, so hätte sich die nach Gl.(2.20) berechnete Trefferquote von 0.01 auf 0.20 erhöht.

Eine Gleichung vom Typ der Gl.(2.10) wird als Likelihood-Funktion oder $L(\pi)$ bezeichnet. Darin ist der maximale Likelihood-Schätzwert (maximum likelihood estimator = mle) derjenige Wert für π, der die Likelihood-Funktion maximiert. Dies ist der Schätzwert, bei dem die Wahrscheinlichkeit am größten ist, daß aus einer Population mit diesem wahren Wert auch der beobachtete Stichprobenwert gezogen würde. Im oben benutzten Beispiel ist das $\pi = 0.4$ mit einer zu erwartenden Trefferquote von 25%.[25]

Das Prinzip der ML-Schätzung sollte nunmehr intuitiv eingängig sein: sie fragt danach, welche zugrundeliegenden Parameter die beobachteten Daten mit der größten Wahrscheinlichkeit hervorgebracht haben könnten.

Leider erfordert die Darstellung der rechentechnischen Umsetzung dieses Prinzips gerade bei der ML-Schätzung von Logit-Modellen einigen formal-statistischen Aufwand. Wir werden uns für die folgende Erläuterung auf die wesentlichen Argumentationsschritte beschränken:

In der ML-Schätzung eines binären Logit-Modells gehen wir davon aus, daß π_i die wahre Wahrscheinlichkeit bezeichnet, mit der eine bestimmte Person das Ereignis "$Y_i=1$" realisiert. Dann bezeichnet "$1-\pi_i$" die wahre Wahrscheinlichkeit, mit der eine bestimmte Person das Ereignis "$Y_i=0$" realisiert. Insgesamt muß es für die ML-Schätzung stets n_1 Personen geben, die das Ereignis "$Y_i=1$" realisieren und n_2 Personen, die das Ereignis "$Y_i=0$" realisieren. Da jede Person ihren Y-Wert unabhängig von anderen Personen wählt, ergibt sich der wahre Likelihood-Wert für die beobachtete Y-Verteilung im Sample "$N = n_1 + n_2$" aus der Multiplikation der Einzel-Wahrscheinlichkeiten in der Likelihood-Funktion:

(2.21) $L(\pi) = (\pi_1)(Y_1) * (\pi_2)(Y_2) * \ldots * (\pi_{n1})(Y_{n1})$

$* (1-\pi_{n1+1})(Y_{n1+1}) * (1-\pi_{n1+2})(Y_{n1+2}) * \ldots * (\pi_{n1+n2})(Y_{n1+n2})$

Benutzt man in Gl.(2.21) das mathematische Symbol "Π", um das Produkt einer beliebigen

---

[25] Dieses Ergebnis ist nicht zufällig identisch mit der beobachteten Prozentzahl in der Stichprobe. Der ML-Schätzwert einer Prozentzahl ist immer identisch mit dem beobachteten Stichprobenwert.

Anzahl von Faktoren zu beschreiben, läßt sie sich folgendermaßen verkürzen:

$$(2.22) \quad L(\pi) = \left(\prod_{i=1}^{n_1} (\pi_i)(Y_i) \right) * \left(\prod_{i=n_1+1}^{n_1+n_2} (1-\pi_i)(1-Y_i) \right)$$

Da es mathematisch einfacher ist, mit Summen denn mit Produkten zu arbeiten wird Gl.(2.22) im nächsten Schritt logarithmiert, so daß die sog. "Log. Likelihood Funktion" oder "LL(π)" entsteht:

$$(2.23) \quad LL(\pi) = \left(\sum_{i=1}^{n_1} \ln(\pi_i)(Y_i) \right) + \left(\sum_{i=n_1+1}^{n_1+n_2} \ln(1-\pi_i)(1-Y_i) \right)$$

Natürlich ist in Gl.(2.23) die Wahrscheinlichkeit "π" nach wie vor unbekannt. Sie wird entsprechend der logistischen Grundgleichung (2.8) geschätzt durch:

$$(2.24) \quad \pi_i = P_i = \frac{\exp(+\alpha \sum \beta_k X_{ki})}{1 + \exp(\alpha + \sum \beta_k X_{ki})}$$

Nunmehr können in der durch Gl.(2.24) modifizierten Gl.(2.23) diejenigen Koeffizienten für die Parameter "α" und "β_k" gesucht werden, die den Log.-Likelihood-Wert "LL(β)" maximieren. Sind sie gefunden, erhält man damit auch gleichzeitig die ML-Schätzwerte "a" und "b_k" für das in Gl.(2.24) spezifizierte Logit-Modell. Dazu muß die erste Ableitung der LL-Funktion für jeden Parameter berechnet, diese gleich Null gesetzt und nach dem jeweiligen Parameter aufgelöst werden:

$$(2.25) \quad \frac{\partial LL(\beta)}{\partial \beta_k} = 0$$

Da die Gl.(2.25) in β nicht linear ist, kann es für die Auflösung nach β keine analytische Lösung geben. Es ist deshalb eine iterative Lösung nötig, in der schrittweise ein entsprechendes Maximum gesucht wird. Dies kann auch gefunden werden, da die Log.-Likelihood-Funktion konkav verläuft und deshalb eine iterative Prozedur auf jeden Fall gegen ein globales Maximum konvergieren wird (vgl. Amemiya 1981, Dhrymes 1978: 335).

Die gebräuchlichste Methode zur iterativen Schätzung ist das Newton-Raphson-Verfahren, wodurch auch die Varianz-Kovarianz-Matrix der β-Schätzwerte ermittelt wird. In diesem Verfahren wird mit bestimmten Startwerten (in der Regel: $b_k=0$) ein erster LL-Schätzwert erzielt, der sodann nach einem feststehenden Algorithmus (Taylor-Reihe erster Ordnung) so

2.2 Die Modellschätzung

lange variiert wird, bis ein festzulegendes Konvergenz-Kriterium unterschritten wird. In der Regel führen Veränderungen des LL-Wertes von weniger als 0.1% zum Abbruch der Iteration.[26]

In der Praxis benutzen die meisten implementierten Iterationsverfahren den negativen Log.-Likelihoodwert "−LL" als Annäherungskriterium[27], so daß das Maximum der Schätzung dort erreicht wird, wo der absolute Wert von −LL am geringsten ist. Die SYSTAT-Ausgabe 2.1e zeigt die einzelnen Iterationsschritte des bislang benutzten, politischen Wahl-Modells.

SYSTAT-Ausgabe 2.1e (Ausschnitt)

```
L-L AT ITER    1 IS    -1399.464
L-L AT ITER    2 IS    -1014.798
L-L AT ITER    3 IS     -985.640
L-L AT ITER    4 IS     -984.470
L-L AT ITER    5 IS     -984.468

CONVERGENCE ACHIEVED
```

2.3 Die Bewertung der Modell-Schätzung

Die Interpretation eines geschätzten Logit-Modells macht nur dann Sinn, wenn die Güte der Logit-Schätzung dies auch zuläßt. Qualitativ befriedigende Logit-Schätzungen zeichnen sich dadurch aus, daß die Anwendungsvoraussetzungen der ML-Schätzung (vgl. Kap. 2.2) eingehalten wurden und daß die Zuverlässigkeit der geschätzten Effektstärken sowie die damit verbundene Erklärungskraft des geschätzten Gesamt-Modells groß genug sind, um die in der Forschungspraxis etablierten Mindeststandards einhalten zu können.

Zur statistischen Überprüfung der Güte einer Modell-Schätzung bieten sich zwei verschiedene Fragestellungen an:

Zum einen können Modell-Bewertungen von der hypothetischen Annahme ausgehen, daß die theoretisch spezifizierten Einflußpfade des Logit-Modells irrelevant und deshalb auch die geschätzten Einflußstärken reine Methodenartefakte ohne empirische Bedeutung sind. In einem statistischen Test wäre dann nachzuweisen, daß diese Unterstellung falsch und mithin aufzugeben ist. Eine dementsprechende Beweisführung beruht in aller Regel auf der Logik statistischer Unabhängigkeitstests (Signifikanz-Tests). Diese Tests verfahren stets modellrelativ, d.h. sie vergleichen zwei Modell-Schätzungen, die sich durch das Vorhandensein bzw. Nicht-Vorhandensein von ein oder mehreren, als vorläufig irrelevant angenommenen Effekten unterscheiden.

Zum anderen können Modell-Bewertungen auch an einer möglichst hohen Übereinstimmung

---

26) Eine ausführliche Beschreibung des Maximierungsalgorithmus wird in Maier/Weiss 1990: 84ff gegeben.

27) SPSS/PC benutzt sogar den zweifachen negativen LL-Wert: "−2 * LL".

zwischen beobachteten und modellmäßig geschätzten Variablenwerten interessiert sein. In diesem Falle wird die statistische Methodik versuchen, den Grad der Übereinstimmung mittels Anpassungstests und Anpassungsmaßen zu bewerten. Anpassungstets verlassen also die modellrelative Perspektive reiner Unabhängigkeitstests und stellen eine Verbindung zur empirischen Außenwelt der geschätzten Logit-Modelle her.

In den folgenden drei Unterkapiteln werden wir Signifikanz- und Anpassungstests zur Bewertung der Modell-Schätzung in der Logit-Analyse vorstellen.

2.3.1 Signifikanz der Modell-Effekte

Die ML-Schätzwerte sind, wie bereits in Kap. 2.2 erwähnt, asymptotisch normalverteilte Schätzgrößen. Mit ihrer Hilfe kann deshalb inferenzstatistisch getestet werden, ob die geschätzte Effektstärke einer unabhängigen Modell-Variablen in signifikanter Weise zur Erklärung der Auswahl eines bestimmten Ereignisses beiträgt oder nicht.

Im Signifikanz-Test wird eine Null-Hypothese postuliert, nach der der Einflußparameter einer bestimmten X-Variablen "β_k" in der Population irrelevant d.h. gleich "0" wäre und somit sein entsprechender Logit-Schätzwert "b_k" auch nicht vom Wert "0" abweichen dürfte (zumindestens nicht in nennenswertem Ausmaße). Im Falle "unbedeutender" Abweichungen von Null hätten es dann, entsprechend der Testlogik, allein zufällige Stichprobenverzerrungen und Meßfehler verhindert, daß b_k nicht gleich "0" geschätzt worden wäre.

Mittels des geschätzten Standardfehlers des entsprechenden Logit-Koeffizienten "$s.e._k$" kann die mögliche Verzerrung (bei Gültigkeit von H_0) angegeben und als Test-Größe die auch aus der Standard-Regressionsanalyse bekannte t-Statistik (die ebenfalls asymptotisch normalverteilt ist) berechnet werden:[28]

(2.26) $\qquad\qquad t_k = b_k / s.e._k$

Im üblichen Testverfahren wird die t-Statistik mit einem oder zwei kritischen Werten der theoretischen t-Verteilung (bei N-k Freiheitsgraden) auf einem zu bestimmenden Signifikanzniveau verglichen. Liegt die t-Statistik jenseits des/der kritischen Werte(s), wird die Null-Hypothese mit einer entsprechenden Irrtumswahrscheinlichkeit zurückgewiesen und die statistische Signifikanz des geschätzten Koeffizienten konstatiert.

Als Orientierungshilfe in diesem Verfahren kann ein t-Wert von größer 2 gelten (bei N > 100), denn bei großem N sowie 5%igem Signifikanzniveau und zweiseitiger Testfrage ist der kritische t-Wert gleich 1.96. Anders herum betrachtet muß also der Standardschätzfehler ungefähr halb so klein sein wie der Logit-Schätzwert, um jenseits dieses kritischen Wertes zu liegen.

---

[28] Der Standardfehler des geschätzten Logit-Koeffzienten ergibt sich nach: $s.e._k = (var_k)^{0.5}$, wobei var_k die geschätzte Varianz des Logit-Koeffizienten ist (vgl. Hosmer/Lemeshow 1989: 28f).

2.3.1 Signifikanz der Modell-Effekte

Zur Veranschaulichung der Test-Ergebnisse unseres Wahl-Beispiels sei hier noch einmal die SYSTAT-Ausgabe 2.1a (aus Kap. 2.1.1) abgedruckt:

SYSTAT-Ausgabe 2.1a (Ausschnitt)

PARAMETER	ESTIMATE	S.E.	T-RATIO	P-VALUE
1 CONSTANT	-4.672	0.224	-20.817	0.000
2 LR	0.659	0.032	20.549	0.000
3 RG	0.272	0.111	2.443	0.015
4 GEW_F	-0.502	0.134	-3.733	0.000

PARAMETER	ODDS RATIO	95.0% BOUNDS UPPER	LOWER
2 LR	1.933	2.059	1.815
3 RG	1.313	1.633	1.055
4 GEW_F	0.605	0.788	0.465

Die SYSTAT-Ausgabe 2.1a berichtet eine hochgradige Signifikanz aller drei geschätzten Logit-Koeffizienten. Alle Irrtumswahrscheinlichkeiten (P-VALUE) liegen weit unter 0.050 (= 5%). Dementsprechend stark übertreffen die Werte der t-Statistik (T-RATIO) den kritischen Orientierungswert von 2.00 und liegen die geschätzten Standardfehler (S.E.) deutlich unterhalb des halben Betrags des zugehörigen Logit-Koeffizienten.

Der Signifikanztest der t-Statistik ist äquivalent zum sog. **Wald-Test**, der z.B. in der SPSS/PC-Prozedur LOGISTIC REGRESSION ausgegeben wird. Darin wird die Null-Hypothese
$$H_0: b_k = \beta_k = 0$$
mittels der Teststatistik "W" (die asymptotisch chi-quadrat-verteilt ist) überprüft:
$$W = (b_k - \beta_k)^2 / s.e._k$$
Da entsprechend der Null-Hypothese gilt: "$\beta=0$", reduziert sich die W-Statistik auf eine modifizierte t-Statistik (Gl.2.26), deren Zähler quadriert wurde (vgl. Hauck/Donner 1977).

Zusätzlich zu dem oben beschriebenen Testverfahren kann die Signifikanz der Logit-Koeffizienten auch mittels der Verteilungseigenschaften der Effekt-Koeffizienten überprüft werden. So bietet die SYSTAT-Ausgabe 2.1a die Möglichkeit, aufgrund der ausgegebenen Ober- und Untergrenzen des 95%-Konfidenzintervalls, das um den Mittelwert "geschätzter Logit-Koeffizient" liegt, herauszufinden, ob die Schätzung des Effekt-Koeffizienten innherhalb dieser Grenzen liegt. Liegt sie innerhalb der Grenzen des Konfidenzintervalls, kann die beim Wald-Test formulierte Null-Hypothese nicht mit einer 5% Irrtumswahrscheinlichkeit verworfen werden und wird beibehalten.

Diese Testlogik leitet sich daraus ab, daß die wahre Verteilung des Effekt-Koeffizienten trotz schiefer Stichprobenverteilung (aufgrund der asymmetrischen Skalierung des Koeffizienten, vgl. Abb. 2.4) mit sehr großen Samples annäherungsweise normalverteilt wird (Hosmer/Lemeshow 1989: 44). Die Breite des Konfidenzintervalls kann (KIB) dann über Gl.(2.27) geschätzt werden, wobei z.B. für ein 95%-Konfidenzintervall die in Gl.(2.27) enthaltene z-Größe einen Wert von 1.96 annehmen muß:

(2.27) $$KIB = \exp(b_k \pm z_{1-\alpha/2} * s.e._k)$$

Wie SYSTAT-Ausgabe 2.1a zeigt, liegen alle Effekt-Koeffizienten deutlich innerhalb der dort angegebenen Grenzen des 95%-Konfidenzintervalls. Damit werden die Ergebnisse der Wald-Tests bestätigt.

Die Ergebnisse des oben durchgeführten t-Tests (bzw. des Wald-Tests) sind in bestimmten Ausnahmesituationen stark verzerrt und können zu falschen Test-Interpretationen führen. Denn unabhängig von der Stichprobengröße fällt die Testgröße schnell auf 0, wenn die ML-Schätzung sehr hohe, absolute Werte für die Logit-Koeffizienten liefert (die also vom Wert "$\beta=0$" weit entfernt sind), sodaß die H_0 möglicherweise zu Unrecht zurückgewiesen d.h. die Signifikanz der Schätzung zu früh diagnostiziert wird (vgl. Hauck/Donner 1977). Es sollte deshalb bei begründetem Verdacht auf solch eine Test-Verzerrung oder als obligatorische Vorsichtsvorkehrung stets ein zweiter Signifikanz-Test durchgeführt werden.

Als zweiter Signifikanz-Test bietet sich der **Likelihood-Ratio-Test** (LR-Test) an. Dieser Test basiert auf einem Vergleich der ML-Schätzungen von zwei Logit-Modellen (mit und ohne des zu testenden Effektes). Dazu wird aus den letztendlich erreichten Maximierungswerten beider Log.-Likelihood-Funktionen die sog. G-Statistik ermittelt:

Wenn als LL_0 der Log.-Likelihood-Wert desjenigen Logit-Modells bezeichnet wird, bei dem die Null-Hypothese erfüllt ist (also das Modell ohne den zu testenden Effekt), und LL_1 der Log.-Likelihood-Wert des kompletten Modells ist, wird die G-Statistik berechnet nach:

(2.28) $$G = -2\ln\frac{|L_0|}{|L_1|} = 2(|LL_0| - |LL_1|)$$

Wenn, wie für Gl.(2.28) vorausgesetzt, von zwei Modellen eines eine reduzierte Version des anderen darstellt, können beide mit Hilfe eines Chi-Quadrat-Tests untereinander verglichen werden. Denn die G-Statistik ist asymptotisch chi-quadrat-verteilt mit einem Freiheitsgrad (falls sich beide Modelle nur um einen Parameter unterscheiden). Die Null-Hypothese ist dabei ähnlich wie im Wald-Test. Nach ihr gibt es keinen Unterschied zwischen dem vollständigen und dem reduzierten Logit-Modell, da der im reduzierten Modell herausgenommene Effekt sowieso bedeutungslos ist.

Tabelle 2.6 zeigt die LL- und G-Werte für das vollständige und die drei reduzierten Modelle (entsprechend der drei X-Variablen in unserem Wahl-Beispiel). Die jeweiligen LL-Werte können dabei der SYSTAT-Ausgabe für jede einzelne Modell-Schätzung[29] entnommen werden (vgl. SYSTAT-Ausgabe 2.1e). Ferner enthält Tabelle 2.6 den kritischen Chi-Quadrat-Wert für ein 5%iges Signifikanzniveau mit einem Freiheitsgrad (vgl. Kriz 1983: 286).

---

29) Bei der Programmierung der einzelnen Logit-Modelle ist darauf zu achten, daß trotz unterschiedlicher Modell-Variablen jedes Modell mit der gleichen Fallzahl geschätzt wird (vgl. SYSTAT-Programm 2.4 in Kap. 6.2).

2.3.1 Signifikanz der Modell-Effekte

Alle G-Werte in der Tabelle sind weit größer als der dazugehörige kritische Chi-Quadrat-Wert des 5%-Signifikanzniveaus. Somit können die Ergebnisse des Likelihood-Ratio-Tests diejenigen des Wald-Tests bestätigen.

Tabelle 2.6: Likelihood-Ratio-Test einzelner Effekte

Modell	LL-Wert	G-Wert	χ^2-Wert $\alpha = 0.05$ df = 1
komplett	984.468		
ohne LR	1362.531	756.126	3.84
ohne RG	987.447	5.958	3.84
ohne GEW_F	991.594	14.252	3.84

Wir werden den Likelihood-Ratio-Test im folgenden noch häufiger benutzen, um zwei verschiedene Logit-Schätzungen miteinander zu vergleichen. Voraussetzung für die Anwendung ist allein, daß jeweils eines von zwei Modellen ein reduziertes L_0-Modell des vollständigen Logit-Modells ist. Dabei muß die Differenz zwischen den Modellen keineswegs nur auf einen einzigen Parameter beschränkt bleiben. Unterscheiden sich L_0- und L_1-Modell in mehreren Parametern, hat nur die Anzahl der Freiheitsgrade dementsprechend modifiziert zu werden und der Test kann analog zu dem oben gezeigten Vorgehen durchgeführt werden.

2.3.2 Signifikanz des Gesamt-Modells

Statt die Signifikanz einzelner Modell-Effekte zu testen, kann auch die Signifikanz des logistischen Gesamt-Modells überprüft werden. Die dementsprechende Null-Hypothese muß die Bedeutungslosigkeit aller im Modell spezifizierten Effekte formulieren:

(2.29) $\qquad H_0: (\beta_1 = \beta_2 = ... = \beta_k) = (b_1 = b_2 = ... = b_k) = 0$

Um die vorstehende Null-Hypothese zu testen, bietet sich der in Kap. 2.3.1 vorgestellte Likelihood-Ratio-Test an. Dafür wird ein reduziertes Null-Modell aufgestellt, das nur noch den Schätzwert für die Konstante "α" enthält:

(2.30) $\qquad\qquad L(Y) = a$

In Gl.(2.30) formuliert das Null-Modell die Annahme, daß die beobachtete Verteilung der abhängigen Variablen nur zufällig von deren Erwartungswert abweicht und von keiner X-Variablen beeinflußt wird.

Für unser Wahl-Modell wird die Konstante "a" aus Gl.(2.30) mit einem Wert von −.386 geschätzt (mit SYSTAT-Programm 2.4, vgl. Kap. 6.2). Setzt man diese Größe in Gl.(2.8.2) ein, ergibt sich ein Prozentwert für Y=CDU von 41%, der dem durchschnittlichen Anteil von Y=1 in der Stichprobe entspricht. Das Null-Modell liefert also eine P(Y)-Schätzung, die äquivalent zum Mittelwert aller Y-Werte in der Stichprobe ist.

Die Ergebnisse des Likelihood-Ratio-Tests für das Wahl-Beispiel zeigt SYSTAT-Ausgabe 2.1f. Demnach kann die Null-Hypothese nach Gl.(2.29) mit einer sehr kleinen Irrtumswahrscheinlichkeit (P=0.000) verworfen werden. Somit ermöglicht das mit drei X-Variablen spezifizierte Logit-Modell eine wesentlich bessere Modell-Schätzung als das reine Null-Modell und P(CDU) wird in bedeutsamer Weise von den Variablen LR, RG und GEW_F beeinflußt.

SYSTAT-Ausgabe 2.1f (Ausschnitt)

```
LOG LIKELIHOOD OF CONSTANTS ONLY MODEL = LL(0) = -1362.531
2*[LL(N)-LL(0)] = 756.127 WITH 3 DOF, CHI-SQ P-VALUE = 0.000
MCFADDEN'S RHO-SQUARED = 0.277
```

Die Resultate des Likelihood-Ratio-Tests mit einer Null-Hypothese nach Gl.(2.29) können auch genutzt werden, um eine Maßzahl zu berechnen, die das Ausmaß der Schätzungsverbesserung durch das nicht reduzierte Logit-Modell im Vergleich zum Null-Modell angibt. Diese Maßzahl wird "Pseudo-R^2" genannt,[30] und nach der Formel berechnet:

(2.31) $$\text{Pseudo-}R^2 := 1 - (LL_1 / LL_0)$$

Der Wertebereich von Pseudo-R^2 liegt zwischen 0 und 1. Pseudo-R^2 ist 0, wenn das vollständige Logit-Modell mit dem gleichen Log.-Likelihood-Wert wie auch das Null-Modell geschätzt wird, es also keine Vergrößerung des LL-Wertes durch die Hinzuziehung einer oder mehrerer X-Variablen gibt. Hingegen nimmt Pseudo-R^2 einen Wert von 1 an, wenn das vollständige Logit-Modell in der ML-Schätzung den maximal möglichen LL-Wert von 0.00 erreicht.

Pseudo-R^2 erinnert natürlich an den Determinationskoeffizienten "R^2" in der OLS-Regression, dessen Konstruktionslogik ähnlich ist, der auch analog berechnet wird[31] und der ebenfalls Werte zwischen 0 und 1 annehmen kann. Jedoch weist Pseudo-R^2 in der Praxis wesentlich niedrigere Werte als R^2 auf, so daß schon bei Größen von 0.2 bis 0.4 von einer guten Modell-

---

30) Die Bezeichnung "Pseudo-R^2" wird in der Literatur noch nicht durchgängig benutzt. Andere Bezeichnungen sind: McFadden's Rho-Squared
    P-Quadrat
    Anteil erklärter Devianz (PED)
    Likelihood-Ratio-Index

31) Zur Berechnung des Determinationskoeffizienten wird der Quotient aus der Summe der Abweichungsquadrate zwischen OLS-geschätzten und beobachteten Y-Werten (SSE) und der Summe der Abweichungsquadrate zwischen beobachtetem Y-Mittelwert und den einzelnen beobachteten Y-Werten (SST) von 1 subtrahiert: $R^2 := 1 - (SSE / SST)$.

2.3.2 Signifikanz des Gesamt-Modells

Schätzung auszugehen ist (vgl. Costanzo et al. 1982). Somit ist das für unser Wahl-Beispiel ausgegebene Pseudo-R^2 von 0.277 (vgl. SYSTAT-Ausgabe 2.1f) als durchaus zufriedenstellendes Qualitätsmerkmal des spezifizierten Logit-Modells zu werten.

Die Maßzahl des Pseudo-R^2 bietet neben der oben dargestellten Möglichkeit zur Beschreibung der modell-relativen Güte eines geschätzten Gesamt-Modells auch noch die Gelegenheit, den Netto-Effekt jeder einzelnen X-Variablen zu berechnen. Dazu muß jeweils ein Modell mit und ohne der betreffenden X-Variablen geschätzt werden, so daß Veränderungen in den Pseudo-R^2-Koeffizienten auf den Einfluß dieser Variablen zurückgeführt werden können.

Tabelle 2.7 zeigt die Pseudo-R^2-Koeffizienten für die drei, um jeweils eine bestimmte X-Variable reduzierten Modell-Typen unseres Wahl-Beispiels (Spalte 2). Die Differenz dieser Koeffizienten zum Pseudo-R^2 des Gesamt-Modells ergibt die variablenspezifischen Zuwächse (Spalte 3) und damit eine Meßgröße für die relative Bedeutsamkeit der einzelnen Koeffizienten für die Modell-Schätzung.

Im einzelnen verweisen die Resultate in Tabelle 2.7 auf einen einzigen dominanten Effekt für die Modell-Schätzung, der von LR ausgeht. Im Vergleich dazu sind die beiden restlichen Variablen RG und GEW_F von verschwindend geringem Einfluß.

Tabelle 2.7: Pseudo-R^2-basierte Netto-Effekte einzelner erklärender Variablen

Modell	Pseudo-R^2	X-induzierter Zuwachs am Pseudo-R^2
komplett	0.277	
ohne LR	0.032	0.245
ohne RG	0.275	0.002
ohne GEW_F	0.272	0.005

Häufig wird in Logit-Analysen der Koeffizient "Pseudo-R^2" als Maßzahl für die Anpassungsgüte (model fit) des geschätzten Logit-Modells benutzt. Wie wir oben gezeigt haben, basiert Pseudo-R^2 jedoch auf dem Likelihood-Ratio-Test und ist damit ein modell-relatives Gütemaß. Es vergleicht allein die Ergebnisse zweier Logit-Schätzungen ohne zu testen, wie sehr die geschätzten den tatsächlich beobachteten Y-Werten entsprechen. Erst im folgenden Kapitel werden wir solche Gütemaße vorstellen, die einen modell-transzendenten Anpassungstest erlauben.

2.3.3 Anpassungsgüte der Modell-Schätzung

Die in Kap. 2.3.2 vorgestellten Signifikanz-Tests können zwar den Schätzerfolg eines bestimmten Logit-Modells im Vergleich zu einem sog. Null-Modell überprüfen. Sie können jedoch nicht den Erfolg der Modell-Schätzung bezüglich einer möglichst effektiven Beschreibung der beobachteten Y-Werte bewerten. Um zu überprüfen, ob und wie stark die empirische Y-Verteilung mit der geschätzten übereinstimmt, bedarf es einer Kontrolle der Anpassungsgüte des geschätzten Logit-Modells. Dazu stehen verschiedene statistische Verfahren zur Verfügung, von denen in diesem Kapitel die folgenden vorgestellt werden sollen:

- Devianz-Test,
- Goodness-of-Fit-Test,
- Bewertung des Prognoseerfolgs,
- graphische Residuenanalyse.

Der **Devianz-Test** macht sich eine Eigenschaft des ML-Schätzverfahrens zunutze. Er geht davon aus, daß der Log.-Likelihood-Wert eines Logit-Modells, das in der Schätzung eine perfekte Replikation der beobachteten Y-Verteilung lieferte, bei 0.00 läge. Alle Werte größer 0.00 indizieren also Abweichungen von einem Modell mit perfekter Anpassungsgüte. Von daher kann als Maß der Abweichung eines geschätzten Logit-Modells "LM_1" dessen "Devianz" definiert werden als:

$$(2.32) \qquad D := -2 * LL_1$$

Das als Devianz definierte -2fache des Log.-Likelihood-Wertes ist (asymptotisch) chi-quadrat-verteilt mit (N-k) Freiheitsgraden, kann also einem dementsprechenden Chi-Quadrat-Test unterworfen werden.

Dabei handelt es sich um einen Anpassungstest, in dem die Null-Hypothese getestet wird, daß beobachtete und geschätzte Verteilungen prinzipiell identisch sind und nur aufgrund von Zufallsschwankungen voneinander abweichen. Kann diese Null-Hypothese mit einer genügend kleinen Irrtumswahrscheinlichkeit zurückgewiesen werden, so unterscheiden sich beide Verteilungen mehr als zufällig und die Modell-Schätzung besitzt keine gute Anpassung.

Mithin ist der Praktiker beim Anpassungstest daran interessiert, die Null-Hypothese möglichst lange beizubehalten bzw. die Irrtumswahrscheinlichkeit für eine Aufgabe dieser Hypothese möglichst groß werden zu lassen.

SYSTAT-Ausgabe 2.1g zeigt die Ergebnisse des Devianz-Tests. Demnach müßte die oben beschriebene Null-Hypothese mit einer Irrtumswahrscheinlichkeit von 76% verworfen werden, was entschieden zu hoch wäre. Somit erbringt der Devianz-Test eine sehr gute Modell-Anpassung unseres Beispiel-Modells.

2.3.3 Anpassungsgüte der Modell-Schätzung

Die Devianz kann auch benutzt werden, um den Erfolg verschiedener Modelle innerhalb einer Stichprobe oder eines Modells in mehreren Stichproben zu vergleichen. Da dabei unterschiedlich große Stichproben und unterschiedlich viele X-Variablen in Form verschieden hoher Freiheitsgrade den Testausgang beeinflussen können, sollte D als DIC (Akaike information criterion) neu definiert werden: AIC := $-2/n(LL_1 - k)$.[32)]

SYSTAT-Ausgabe 2.1g (Ausschnitt)

```
    RECORDS PROCESSED: 2019
    SUM OF WEIGHTS = 2019.000
                         STATISTIC      P-VALUE        DOF

    PEARSON              2210.409       0.001          2015.000
    DEVIANCE             1968.935       0.764          2015.000
```

Alternativ zur Devianz kann in der Logit-Analyse die **Goodness-of-Fit-Statistik** berechnet werden. Sie basiert auf der Vorstellung eines Schätzfehlers "E", der analog zu den Residuen in der OLS-Regression als Differenz zwischen beobachteter und geschätzter abh. Variablen verstanden wird:

$$(2.33) \qquad E_i := Y_i - P_i(Y=1)$$

Mittels der in Gl.(2.33) definierten Fehlergröße des Logit-Modells kann die Goodness-of-Fit-Statistik "G" berechnet werden:

$$(2.34) \qquad G := \sum_{i=1}^{N} \frac{(Y_i - P_i)^2}{P_i(1 - P_i)}$$

In Gl.(2.34) wird der quadrierte Fehler "E" zusätzlich gewichtet. Dazu erscheint im Nenner die Varianz der geschätzten Wahrscheinlichkeit, wodurch G immer dann vergrößert wird, wenn die Varianz kleiner wird. Dadurch soll berücksichtigt werden, daß Y bei kleiner Varianz leichter zu schätzen sein sollte als bei großer Varianz und deshalb ein möglicher Schätzfehler bei kleiner Varianz besonders gravierend einzuschätzen ist.

SYSTAT-Ausgabe 2.1g berichtet für die G-Statistik (PEARSON) eine Irrtumswahrscheinlichkeit von 1/10 Prozent, so daß die Null-Hypothese verworfen werden müßte und nach dem Goodness-of-Fit-Test nur eine sehr schlechte Anpassung des geschätzten Logit-Modells erreicht werden konnte. Wir werden zu Ende dieses Kapitels darauf zurückkommen.

Ein intuitiv nachvollziebares Vorgehen zur Überprüfung der Anpassungsgüte eines geschätzten

---

32) Vgl. dazu Cramer 1991: 96f.

Logit-Modells besteht in der **Bewertung des Prognoseerfolgs**. Dazu werden die geschätzten Wahrscheinlichkeiten P(Y=1) und P(Y=0) mit den tatsächlichen Y=1 und Y=0 auf aggregierter Ebene verglichen. Große Abweichungen zwischen der Anzahl der Personen, die tatsächlich die CDU wählen würden, und der prognostizierten Anzahl von CDU-Wählern verweisen dann auf eine schlechte Modell-Anpassung des geschätzten Logit-Modells.

In SYSTAT-Ausgabe 2.1h wird ein solcher Ist/Soll-Vergleich durchgeführt. Die Zelle (495.510) enthält die Summe aller geschätzten Wahrscheinlichkeiten "P(Y=1)" für diejenigen 817 Personen, die auch angegeben haben, die CDU wählen zu wollen (ACTUAL CHOICE = RESPONSE). Deren Wahrscheinlichkeitssumme, die CDU nicht zu wählen "1-P(Y=1)", erscheint in Zelle (321.490). Für die 1202 Personen, die die CDU nicht wählen wollen (ACTUAL CHOICE = REFERENCE), werden ebenfalls die jeweiligen Summen der Wahrscheinlichkeiten "P(Y=1)" und "1-P(Y=1)" gebildet (Zellen: 321.490 und 880.510).

Da aufgrund dieser Tabelle von 817 tatsächlichen CDU-Wählern 495.51 richtig geschätzt wurden, ergibt sich für diese Personengruppe ein Prognoseerfolg (CORRECT) von 0.606. Für die Personengruppe der Nicht-CDU-Wähler fällt der Prognoseerfolg mit 0.733 sogar noch höher aus. Unterscheidet man den Prognoseerfolg nicht nach den beiden Wählergruppen, so beträgt er 0.682 (TOT. CORRECT).

Eine zusätzliche Methode zur Erfolgskontrolle der Logit-Schätzung besteht darin, den Prognoseerfolg des Modells als Verbesserung gegenüber einer Alternativ-Schätzung zu berechnen, bei der jeder einzelnen Person die gleiche Wahrscheinlichkeit für eine CDU-Wahl bzw. Nicht-Wahl zugesprochen wird. Diese Wahrscheinlichkeiten entsprechen im Alternativ-Modell den beobachteten Mittelwerten in der Stichprobe für Y=1 bzw. Y=0. Im Vergleich zum Alternativ-Modell wird durch das spezifizierte Wahl-Modell die Vorhersage-Genauigkeit um 20.2% bzw. 13.7% (SUCCESS INDEX) verbessert, was gerade hinsichtlich der CDU-Wähler für eine befriedigende Anpassungsgüte des Wahl-Modells spricht.

SYSTAT-Ausgabe 2.1h (Ausschnitt)

```
MODEL PREDICTION SUCCESS TABLE

         ACTUAL      PREDICTED CHOICE            ACTUAL
         CHOICE      RESPONSE    REFERENCE       TOTAL

         RESPONSE    495.510     321.490         817.000
         REFERENCE   321.490     880.510        1202.000

         PRED. TOT.  817.000    1202.000        2019.000
         CORRECT       0.606       0.733
         SUCCESS IND.  0.202       0.137
         TOT. CORRECT  0.682
```

Gerade bei einer, wie oben festgestellt, "nur" befriedigenden Anpassungsgüte, ist es oftmals von Interesse, diejenigen Personengruppen auszumachen, für die der Prognoseerfolg eher unter-

2.3.3 Anpassungsgüte der Modell-Schätzung

durchschnittlich ausfällt. Ein Blick auf die Klassifikation in SYSTAT-Ausgabe 2.1i hilft dabei weiter. In dieser Klassifikation werden die befragten Personen entsprechend ihrer prognostizierten CDU-Wahl-Wahrscheinlichkeit in 10%-Gruppen (Dezile) aufgeteilt: 0% bis 10%, über 10% bis 20%, über 20% bis 30% usw. Dadurch wird deutlich, daß die Schwächen des geschätzten Modells im 3. und 4. Dezil liegen. Dort werden die Wahrscheinlichkeiten überdurchschnittlich hoch überschätzt (3. Dezil) bzw. unterschätzt (4. Dezil). Dies verweist darauf, daß das Wahl-Modell für Personen mit positiver CDU-Tendenz, aber noch nicht wahrscheinlicher CDU-Wahl (P_{cdu} = 20% bis 40%) eher als unangemessen gelten muß.

SYSTAT-Ausgabe 2.1i (Ausschnitt)

DECILES OF RISK					
CAT.	0.100	0.200	0.300	0.400	0.500
RESP OBS	17.000	9.000	49.000	171.000	54.000
EXP	18.509	24.588	72.909	147.339	45.470
REF OBS	331.000	171.000	262.000	243.000	42.000
EXP	329.491	155.412	238.091	266.661	50.530
AV. PROB.	0.053	0.137	0.234	0.356	0.474
CAT.	0.600	0.700	0.800	0.900	1.000
RESP OBS	73.000	79.000	127.000	171.000	67.000
EXP	59.293	65.154	118.807	187.042	77.888
REF OBS	34.000	21.000	34.000	48.000	16.000
EXP	47.707	34.846	42.193	31.958	5.112
AV. PROB.	0.554	0.652	0.738	0.854	0.938

Die oben dargestellten Prognoserechnungen zur Überprüfung der Anpassungsgüte des geschätzten Logit-Modells benutzten reine Wahrscheinlichkeitskalkulationen, die aufgrund der geschätzten Logit-Gleichungen nach Gl.(2.8) ermittelt wurden. Man kann allerdings auch, noch bevor die Tabelle von SYSTAT-Ausgabe 2.1h erstellt wird, die individuellen Wahrscheinlichkeitsprognosen in Schätzungen für die Zugehörigkeit zur Kategorie "Y=1" oder "Y=0" erstellen und erst mit diesen prognostizierten Werten die Tabelle von SYSTAT-Ausgabe 2.1h berechnen. Dazu werden allein Regeln benötigt, die die Übersetzung der individuellen Wahrscheinlichkeiten in Kategorien-Zugehörigkeiten steuern. Für die in SYSTAT-Ausgabe 2.1j erstellte Tabelle wurden die folgenden Regeln benutzt:

1.) wenn $P_i >= 0.50$, dann wird eine Zugehörigkeit zur Kategorie Y=1 prognostiziert,

2.) wenn $P_i < 0.50$, dann wird eine Zugehörigkeit zur Kategorie Y=0 prognostiziert.

SYSTAT-Ausgabe 2.1j (Ausschnitt)

	MODEL CLASSIFICATION TABLE		
	ACTUAL CHOICE	PREDICTED CHOICE	
		RESPONSE	REFERENCE	ACTUAL TOTAL
RESPONSE		517.000	300.000	817.000
REFERENCE		153.000	1049.000	1202.000
PRED. TOT.		670.000	1349.000	2019.000
CORRECT		0.633	0.873	
SUCCESS IND.		0.228	0.277	
TOT. CORRECT		0.776		

Ein Vergleich der Tabellen in SYSTAT-Ausgabe 2.1h und 2.1j zeigt, daß die Werte in Ausgabe 2.1j eine bessere Modell-Anpassung signalisieren. Dort liegt z.B. die Gesamtzahl korrekter Prognosen bei 77.6% während sie in Ausgabe 2.1h bei 68.2% lag. Das bessere Ergebnis kommt dadurch zustande, daß aufgrund der oben angegebenen Zuordnungsregel wesentliche Informationen im Schätzergebnis unberücksichtigt bleiben. Z.B. führt sowohl ein Schätzergebnis von 0.51 als auch von 0.98 zur gleichen Prognose von Y=1. Es wird also nicht die gesamte, zur Verfügung stehende Schätzinformation ausgenutzt und insofern eine metrische Skala auf eine Nominal-Skala reduziert. Mithin berichtet die Tabelle in Ausgabe 2.1j weniger exakte Ergebnisse als die Tabelle in SYSTAT-Ausgabe 2.1h, welche deshalb im Zweifelsfalle auch immer bevorzugt werden sollte.

Alle zuvor beschriebenen Methoden zur Überprüfung der Anpassungsgüte eines geschätzten Logit-Modells basieren auf aggregierten Maßzahlen. In Ergänzung dazu sollte auf jeden Fall durch eine Kombination von numerischer und **graphischer Residuenanalyse** die individuelle Anpassungsleistung eines Modells getestet werden. Dabei wird für jede einzelne befragte Person überprüft, ob und wie stark ihr beobachteter und ihr geschätzter Y-Wert differieren. Auf diese Weise ist es u.a. möglich, sog. Ausreißer-Beobachtungen zu identifizieren, die oftmals das Schätzergebnis ganz wesentlich verschlechtern können.[33]

Abbildung 2.7 zeigt ein Streudiagramm, in dem der Schätzfehler "E_i" der Goodness-of-Fit-Statistik (vgl. Gl. 2.33) für jede einzelne Person geplottet wurde. Deutlich ist die starke Konzentration der Fehler um eine fiktive Gerade bei E=0 zu erkennen, was für eine recht gute Anpassung des geschätzten Modells spricht. Starke Fehlschätzungen sind als Streuungswerte bis hin zu E-Werten von +5 und -5 zu beobachten.

Zusätzlich fallen Fehler oberhalb der fiktiven Grenzlinie bei E=5 auf, die allerdings nur im positiven Bereich des Streudiagramms zu beobachten sind. Da diese allem Anschein nach die

---

[33] Die Störanfälligkeit der ML-Schätzung gegenüber Ausreißerwerten wird ausf. von Pregibon (1981, 1982) diskutiert. Er zeigt, daß u.U. eine einzige Messung unter insges. 449 Fällen den Schätzwert eines Koeffizienten um das Ausmaß eines Standardschätzfehlers verändern kann.

2.3.3 Anpassungsgüte der Modell-Schätzung

Symmetrie der Streuung um E=0 stören, wollen wir sie als extreme Ausreißer-Werte definieren und einer weiteren Analyse unterziehen.

Dazu betrachten wir zunächst die SYSTAT-Ausgabe 2.5, in der ein Stem-and-Leaf-Diagramm zur numerischen Veranschaulichung der individuellen Fehlschätzungen gezeigt wird.[34] Deutlich ist auch darin die oben angesprochene Asymmetrie der Streuung zu erkennen, die von Fehlern zwischen 5.3 und 7.4 ausgelöst wird.[35]

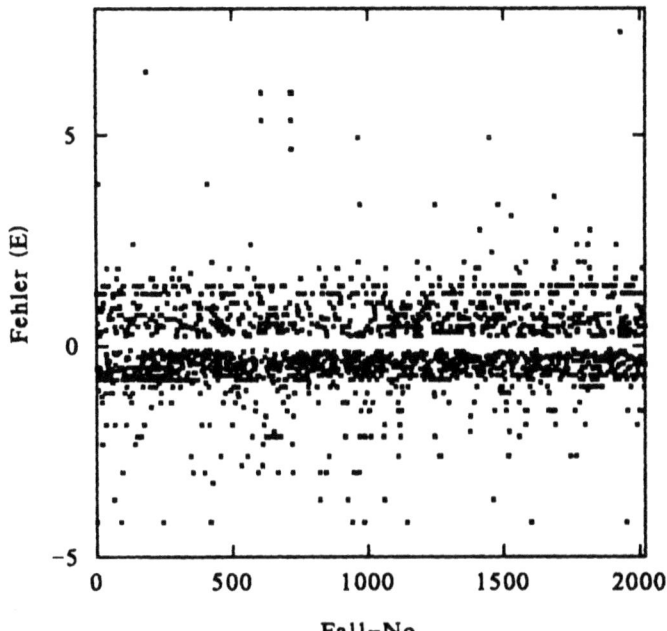

Abbildung 2.7: Streudiagramm der individuellen Fehler in der Logit-Schätzung

Um zu erkennen, welche modellrelevanten Y- und X-Werte die sieben Extrem-Ausreißer verursachen, erstellen wir SYSTAT-Ausgabe 2.6. Sie zeigt, daß alle sieben Personen zugleich eine beabsichtige CDU-Wahl sowie eine extrem links orientierter Politikeinstellung aufweisen. Eine solche Wertekombination kann evtl. empirisch sinnvoll sein, sie kann aber auch das Ergebnis von Meßfehlern sein (z.B. aufgrund von bewußt falschen Antworten). Zu entscheiden wäre dies nur anhand von Plausibilitätsüberlegungen und weiteren Konsistenz-Prüfungen bei zusätzlichen Variablenkombinationen.

---

34) Weitere Hinweise zum Einsatz von Graphik-Methoden (zur Analyse der Modellanpassung, Identifikation von Ausreißern und zur Bestimmung der funktionalen Form der Abhängigkeit zwischen Y- und X-Variablen) geben Landwehr et al. 1981 sowie Hosmer et al. 1991.

35) Zur weiteren Interpretation des Stem-and-Leaf-Diagramms vgl. Urban et al. 1992: 146-149.

SYSTAT-Ausgabe 2.5

```
        STEM AND LEAF PLOT OF VARIABLE:   PEARSON    , N =  2019
           MINIMUM IS:        -4.160
           LOWER HINGE IS:    -0.576
           MEDIAN IS:         -0.260
           UPPER HINGE IS:     0.646
           MAXIMUM IS:         7.438

    -4    1111111111
    -3    666662
    -2    999999999998866666666666
***OUTSIDE VALUES***
    -2    333311111111111111111000
    -1    8888888888888886665555555555555555544333333333333333333332222
    -0  M 9999999999999999999999999999988888888888888888888888
     0  H 2222222222222222222222222222222222222222222222222222   *
     1    000000000000000000000000000000000000000000111111111122222    *
     2    244444                 *
***OUTSIDE VALUES***
     2    777
     3    1333588
     4    699
     5    33999
     6    4
     7    4
```

SYSTAT-Ausgabe 2.6

		PEARSON	CDU	LR	RG	GEW_F
CASE	1	6.491	1.000	1.000	1.000	0.000
CASE	2	6.000	1.000	2.000	1.000	1.000
CASE	3	5.349	1.000	2.000	0.000	0.000
CASE	4	6.000	1.000	2.000	1.000	1.000
CASE	5	5.349	1.000	2.000	0.000	0.000
CASE	6	6.000	1.000	2.000	1.000	1.000
CASE	7	7.438	1.000	1.000	0.000	0.000

Für unser weiteres Vorgehen entscheiden wir uns hier aus darstellungstechnischen Gründen für die Meßfehler-Variante und schließen die 7 identifizierten Personen von der Logit-Analyse aus. Sodann wiederholen wir die in Kap. 2.1 bis Kap. 2.3.3 beschriebene Logit-Analyse mit dem reduzierten Datensatz.[36] Tabelle 2.8 zeigt einige ausgewählte Schätzergebnisse für das spezifizierte Wahl-Modell mit dem komplettem und mit dem um 7 Personen reduzierten Datensatz.

---

36) Dazu kann SYSTAT-Programm 2.1 benutzt werden, wenn der nach SYSTAT-Prog. 2.6, Zeile 1-6 konstruierte Datensatz aufgerufen wird und vor ESTIMATE die Programmzeile: SELECT PEARSON < 5 eingegeben wird.

2.3.3 Anpassungsgüte der Modell-Schätzung

Tabelle 2.8: Vergleich zweier Logit-Schätzungen

	Schätzergebnis mit komplettem Datensatz	Schätzergebnis mit reduziertem Datensatz
Log.-Likelihood-Wert	984.468	958.383
Logit-Koef. für LR	0.659	0.695
Logit-Koef. für RG	0.272	0.257
Logit-Koef. für GEW_F	-0.502	-0.524
Pseudo-R^2	0.277	0.293
Irrtumswahrscheinlichkeit Devianz-Test	0.764	0.927
Irrtumswahrscheinlichkeit Goodness-of-Fit-Test	0.001	0.239
Erfolgsindex für CDU-Wähler	0.202	0.211
Anteil richtiger Prognosen (total)	0.682	0.689

Wie Tabelle 2.8 erkennen läßt, dürften die meisten Veränderungen der Logit-Schätzergebnisse keine Auswirkungen auf die substanzielle Interpretation des spezifizierten Logit-Modells haben. Das gilt jedoch nicht für die erzielte Veränderung der Irrtumswahrscheinlichkeit im Goodness-of-Fit-Test. Sie erhöht sich sehr beträchtlich, so daß durch die Herausnahme von nur 7 Extrem-Ausreißern auch dieses Anpassungsmaß nunmehr eine erfolgreiche Modell-Schätzung signalisiert.

Weitere Verbesserungen in der Modell-Schätzung könnten natürlich durch den Ausschluß zusätzlicher Ausreißerfälle erzielt werden. Dabei ist allerdings zu berücksichtigen, daß der Ausschluß von Ausreißerfällen auch die Stichprobenzusammensetzung erheblich verändern kann. Dadurch wird u.U. die Stichprobe derart verzerrt, daß sie möglicherweise nicht mehr als repräsentativ gelten kann.

2.4 Das binäre Logit-Modell mit Interaktionseffekten

Die Kovariaten bzw. unabhängigen Variablen des bislang diskutierten Logit-Modells wurden als eigenständige Effekte definiert, die in ihrer jeweiligen Wirkung nicht von den Effektstärken anderer X-Variablen tangiert werden.

Effektstärken können allerdings auch von der Anwesenheit und dem Ausmaß dritter Variablen abhängig sein. So könnte z.B. für den Effekt der Gewerkschaftszugehörigkeit auf die Wahrscheinlichkeit einer CDU-Wahl von Bedeutung sein, ob das gewerkschaftliche Engagement Ausdruck einer christlich untermauerten Gewerkschaftsorientierung ist oder nicht. Möglicherweise kann die Kombination aus christlichem Bekenntnis und Gewerkschaftsmitgliedschaft ganz im Gegensatz zu unseren bisherigen Erkenntnissen die Wahlchancen der CDU verbessern, statt sie wie im Falle einer "reinen" Gewerkschaftszugehörigkeit zu verschlechtern.

Effekt-Modifikationen werden im Logit-Modell, genau wie auch in anderen Linear-Modellen, in Form von zusätzlichen Interaktionseffekten spezifiziert, die technisch als Multiplikationen von zwei oder mehreren X-Variablen (Interaktionen erster oder höherer Ordnung) umzusetzen sind.

Im folgenden Logit-Modell werden wir die oben beschriebene Modifikation des GEW_F-Effekts aufgrund eines möglichen Einflusses überprüfen, der durch das Vorhandensein/Nicht-Vorhandensein einer katholischen Religionszugehörigkeit (KATH=1) entsteht.

Dazu bilden wir die Interaktionsvariable (GEW_F*KATH), die immer dann einen Wert von 1 aufweist, wenn beide dichotom gemessenen Variablen auch Werte von 1 besitzen, d.h. einen gemeinschaftlichen Effekt bilden können. Ansonsten nimmt die Interaktionsvariable einen Wert von 0 an.

In der Logit-Analyse müssen wir das bislang mit drei X-Variablen spezifizierte Wahl-Modell um die beiden neuen X-Variablen (KATH) und (GEW_F*KATH) erweitern. Für die Variable (GEW_F*KATH) soll deren Interaktionseffekt auf P(CDU) geschätzt werden, während die Variable KATH in das Modell einbezogen wird, um die Schätzung hinsichtlich solcher Effekte zu kontrollieren, die von einer selbständigen Einflußgröße KATH ausgehen könnten und dann ohne Kontrolle zu einer Überschätzung des (GEW_F*KATH)-Effektes führten.

Tabelle 2.9 vergleicht die Schätzergebnisse für das alte (Modell 0) und für das um den Interaktionseffekten erweiterte Logit-Modell (Modell 1). Dazu werden dort allerdings nur einige wenige, ausgewählte Kenngrößen aufgeführt.

2.4 Das binäre Logit-Modell mit Interaktionseffekten

Tabelle 2.9: Vergleich von zwei Logit-Modellen (mit und ohne Interaktionseffekt)

(1)		Modell 0 (ohne Interaktion)	Modell 1 (mit Interaktion)	Modell-Vergleich
(2)	Logit-Koeffizienten: (Sign. Niveau)			
(3)	LR	0.659 (0.000)	0.656 (0.000)	
(4)	RG	0.272 (0.015)	0.285 (0.012)	
(5)	GEW_F	−0.502 (0.000)	−0.769 (0.000)	
(6)	KATH		0.342 (0.008)	
(7)	GEW_F*KATH		0.716 (0.011)	
(8)	Effekt-Koeffizienten:			
(9)	LR	1.933	1.927	
(10)	RG	1.313	1.330	
(11)	GEW-F	0.605	0.464	
(12)	KATH		1.408	
(13)	GEW-F*KATH		2.047	
(14)	Gesamt-Modell:			
(15)	Pseudo-R^2	0.277	0.286	Likelihood-Ratio-Test (Sign.):
(16)	LL-Wert	−984.468	−952.407	64.122 (0.000)
(17)	Devianz (Sign.-Niveau)	1968.935 (0.764)	1904.814 (0.843)	

Ein Vergleich der Schätzergebnisse für die beiden Logit-Modelle auf der Ebene des Gesamt-Modells (Tab. 2.9, Zeile 14-17) zeigt zunächst, daß das erweiterte Modell eine höhere Erklärungskraft (Zeile 15 u. 16) sowie eine bessere Modellanpassung (Zeile 17) aufweist.

Diese Verbesserung der Modellschätzung ist den zwei neuen, hoch signifikanten Effekten der Variablen KATH (Zeile 6) und GEW_F*KATH (Zeile 7) zu verdanken. Besonders der Interaktionseffekt (GEW_F*KATH) weist mit einem (unstandardisierten) Effekt-Koeffizienten von 2.047 (Zeile 13) einen überaus starken Einfluß auf die Gewinnchance von P(CDU) zuungunsten von P(nicht CDU) auf.

Die Schätzung des erweiterten Logit-Modells bestätigt damit unseren oben geäußerten Verdacht: die Richtung des Effektes von GEW_F auf CDU kippt in ihr Gegenteil und gleichzeitig verstärkt sich die Relevanz des GEW_F-Effektes ganz wesentlich, wenn die Gewerkschaftsmitgliedschaft mit einer katholischen Konfessionszugehörigkeit gekoppelt ist.

Es kommt somit im oben geschätzten Logit-Modell zu einer Effekt-Modifikation, wenn der gemeinsame Einfluß von GEW_F und KATH berechnet wird:
  Beträgt der GEW_F-Effekt-Koeffizient für Personen, die nicht der katholischen Kirche angehören, noch 0.464 oder: 1/0.464 = 2.155(-) (vgl. Zeile 8), so wird er für Gewerkschaftsmitglieder, die gleichzeitig Katholiken sind, auf eine Größe von 0.464*1.408*2.047 = 3.638 angehoben, d.h. jede zusätzliche Kombination von GEW_F=1 mit KATH=1 verstärkt den Effekt von 0.464 um den Faktor 2.047 (als Interaktionsvariablen-Effekt) und zugleich um den Faktor 1.408 (als Effekt der einzelnen KATH-Variablen).
  Gleichzeitig geben beide Variablen dem GEW_F-Effekten auch eine andere Richtung, d.h. die Wahlchancen für die CDU werden nunmehr durch diesen Effekt beträchtlich erhöht. Beträgt die Gewinnchance für die CDU bei Personen, die der Gewerkschaft aber nicht der katholischen Kirche angehören nur 0.464 oder 1:2.155, so ändert sich das Verhältnis bei einer gleichzeitigen Kirchenmitgliedschaft rapide zugunsten einer CDU-Wahl auf 3.638:1.

Auch der "reine" GEW_F-Effekt verändert sich mit Einführung der Interaktionsvariablen. Als Effekt-Koeffizient gemessen steigt dieser von 0.605 oder: 1/0.605 = 1.652(-) auf 0.464 oder: 1/0.464 = 2.155(-).
  Verantwortlich dafür sind die beiden neuen Modell-Variablen KATH und GEW_F-KATH, die den Effekt um die inhaltliche Dimension "Katholizismus und Gewerkschaftszugehörigkeit" bereinigen und somit den direkten Gewerkschaftseinfluß auf die Gewinnchance einer CDU-Wahl schätzbar machen.
  Wie die Zahlen zeigen, verschlechtern sich die Wahlchancen für die CDU durch den bereinigten Gewerkschaftseffekt ganz erheblich: ihre Gewinnchance fällt von 1:1.652 auf 1:2.155.

3 Polytome Logit-Analyse

Im folgenden werden verschiedene Varianten der polytomen Logit-Analyse vorgestellt, die über die Konstruktionslogik des binären Logit-Modells hinausgehen. Damit die Darstellung dieser Modelle nicht unnötig redundant wird, werden die in Kap. 2 vorgestellten Muster zur Interpretation und Bewertung der Logit-Schätzung nur noch an wenigen Stellen aufgegriffen.

Solange also nicht eigens erwähnt, gelten alle Interpretations- und Bewertungsmaße der binären Logit-Analyse auch für die nachstehend beschriebenen Erweiterungen des binären Logit-Modells.

3.1 Das multinomiale Logit-Modell

Im bislang analysierten Logit-Modell hatte die abhängige Variable "Y=CDU-Wahl" nur zwei Ausprägungen: "Y=1" für eine beabsichtigte CDU-Wahl und "Y=0" für die beabsichtigte Wahl irgendeiner anderen Partei.

Logit-Modelle können aber auch immer dann eingesetzt werden, wenn die zu erklärende Variable qualitativer bzw. diskreter Natur ist und zugleich mehr als nur zwei Ausprägungen ($J > 2$) aufweist. In diesem Falle bezieht sich die Analyse auf die Schätzung sog. **multinomialer Logit-Modelle (MNL-Modelle)**.

Wir wollen im folgenden das MNL-Modell anhand einer Erweiterung unseres in Kap. 1.3 spezifizierten Wahl-Modells erläutern. Dazu modifizieren wir die 1. Hypothese des dort angeführten Meßmodells und behaupten, daß nicht nur die Parteipräferenz zugunsten der CDU, sondern auch die Parteipräferenz zugunsten der SPD über eine simulierte Bundestagswahl erfragt und damit auch entsprechend der 1. Hypothese des Theorie-Modells erklärt werden kann. Damit haben wir die Voraussetzung dafür geschaffen, um das kleinste aller MNL-Modelle, nämlich dasjenige mit drei Y-Ausprägungen ($J=3$), analysieren zu können. Dieses behält die bislang benutzte Kategorie "1" (CDU-Wahl) bei und differenziert die bisherige Kategorie "0" in die neuen Kategorien "2" (SPD-Wahl) und "3" (Wahl einer dritten Partei). Die Kategorien der Y-Variablen "simulierte Wahlentscheidung" lauten also:

$$Y(Wahl12a) = CDU = 1$$
$$Y(Wahl12a) = SPD = 2$$
$$Y(Wahl12a) = \text{dritte Partei} = 3$$

Die Konstruktion eines MNL-Modells verläuft sehr ähnlich zu der Konstruktion eines binären Logit-Modells, da jedes MNL-Modell in eine Vielzahl von einzelnen binären Logit-Modellen aufgelöst werden kann. Dazu sind zunächst für sämtliche möglichen Merkmalspaare der Y-Variablen die mittlerweile sehr vertrauten und hier nicht mehr zu begründenden Logits zu bilden, wobei nunmehr das Symbol "L_{wr}" für denjenigen Logit-Wert steht, der die logarithmierte

Gewinnchance einer Wahlkategorie "w" zu einer Referenzkategorie "r" angibt.
Gleichzeitig wird auch die bislang in diesem Text benutzte formale Notation vereinfacht: das Subskript "i" für den Variablenwert der i-ten Person wird nicht mehr benutzt und statt "P(Wahl=Y)" schreiben wir nunmehr "P_Y" also z.B. statt "P(CDU)" nunmehr "P_1".

Bei den drei Y-Ausprägungen unseres neu spezifizierten Wahl-Modells müssen also auch drei Logits entstehen:

(3.1)
$$L_{13} = \ln(P_1/P_3) = \alpha_{13} + \Sigma\beta_{k13}X_k$$
$$L_{23} = \ln(P_2/P_3) = \alpha_{23} + \Sigma\beta_{k23}X_k$$
$$L_{12} = \ln(P_1/P_2) = \alpha_{12} + \Sigma\beta_{k12}X_k$$

Die drei in Gl.(3.1) definierten Logits sind redundant, da L_{13} aus den zwei anderen Logits abzuleiten ist:

(3.2)
$$\ln(P_2/P_3) + \ln(P_1/P_2) = \ln(P_2/P_3 * P_1/P_2) = \ln(P_1/P_3)$$

Somit gilt für $\ln(P_1/P_3)$ auch die Addition der Einfluß-Koeffizienten:

(3.3)
$$\ln(P_1/P_3) = (\alpha_{23} + \alpha_{12}) + (\beta_{23} + \beta_{12})X_k$$

oder nur bezogen auf die Einfluß-Koeffizienten von L_{13}:

(3.4)
$$\alpha_{13} = \alpha_{23} + \alpha_{12}$$
$$\beta_{13} = \beta_{23} + \beta_{12}$$

was für die Einfluß-Koeffizienten von L_{12} bedeutet:

(3.5)
$$\alpha_{12} = \alpha_{13} - \alpha_{23}$$
$$\beta_{12} = \beta_{13} - \beta_{23}$$

Da mithin die Einfluß-Koeffizienten von L_{12} aus denjenigen von L_{13} und L_{23} berechnet werden können, müssen wir diese auch nicht in einem ML-Verfahren schätzen lassen. Die oben aufgeführten drei Logit-Gleichungen (Gl. 3.1) reduzieren sich auf zwei.

Diese Reduktion wird im Verfahren der ML-Schätzung dadurch erreicht, daß alle β-Parameter einer Referenzkategorie (also auch die Konstante α) auf 0 gesetzt bzw. "normalisiert" werden. Daraus leitet sich auch der Wert von 1 im Nenner von Gl.(3.8) ab: eine Exponentiation von 0 ergibt 1.

3.1 Das multinomiale Logit-Modell

Ein MNL-Modell wird also in der Logit-Analyse paarweise in mehrere binäre Logit-Modelle aufgelöst, wobei für jedes dieser binären Logit-Modelle eine bestimmte Y-Kategorie als Referenzkategorie "Y=r" gilt und alle möglichen binären Paare ohne Beteiligung dieser Referenz-Kategorie ausgeblendet werden können, da die Einfluß-Koeffizienten für deren Logit-Gleichungen durch einfache Subtraktion zu berechnen sind.

Aus den verbleibenden Logit-Gleichungen L_{13} und L_{23} können wir analog zu Gl.(2.7) und (2.8) die Wahrscheinlichkeitsgleichungen bezüglich Y=w=1 und Y=w=2 ableiten:

(3.6) $$P_1 = e^{V13} / (1 + e^{V13} + e^{V23})$$

(3.7) $$P_2 = e^{V23} / (1 + e^{V13} + e^{V23})$$

dabei sind:
$$V_{13} = \alpha_{13} + \Sigma \beta_{k13} X_k$$
$$V_{23} = \alpha_{23} + \Sigma \beta_{k23} X_k$$

Die allgemeine Grundgleichung des MNL-Modells (bei Ausschluß der Referenz-Kategorie, hier: Y=r=3) lautet also:[1]

(3.8) $$P_w = \frac{e^{V_{wr}}}{1 + \sum_{j=1}^{J} \left(e^{V_{jr}}\right)} \quad \text{mit } j \neq r$$

Mit Hilfe einer modifizierten Form des in Kap. 2.2 beschriebenen Maximum-Likelihood-Verfahrens[2] kann wiederum auch jeder Logit-Wert des MNL-Modells als Linearkombination der modellspezifischen Kovariaten geschätzt werden. Dabei wird die Restriktion vorgegeben, daß für jede empirische Wertekombination von X_k die Summe aller geschätzten P_w nicht größer als 1.00 werden darf. Dadurch wird auch die oben formal abgeleitete Reduktion der schätzrele-

---

[1] Wird dieser Ausschluß nicht vorgenommen, erweitert sich Gl.(3.8) zu Gl.(3.8b), da nunmehr kein Parameter einer Y-Kategorie auf 0 gesetzt wird und somit auch keine Exponentiation von 0 den Wert 1 erbringen kann,

(3.8b) $$P_w = \frac{e^{V_{wr}}}{\sum_{j=1}^{J} \left(e^{V_{jr}}\right)}$$

[2] Zum allgemeinen, formal-statistischen Vorgehen der ML-Schätzung von MNL-Modellen vgl. Cramer 1991: 57-61.

vanten Logit-Gleichungen um eine Gleichung[3] noch einmal empirisch nachvollziehbar: wenn sich alle prognostizierten Wahrscheinlichkeiten zu 100% aufaddieren müssen, bleibt für eine letzte Schätzung überhaupt kein Freiraum mehr. Für sie gibt es nichts mehr zu schätzen, es braucht nur noch die zu 100% bestehende Lücke geschlossen werden.

SYSTAT-Ausgabe 3.1a zeigt die aggregierte Datenbasis, die aufgrund des oben spezifizierten MNL-Wahl-Modells mit unserer Stichprobe "herbst86" (vgl. Kap. 6.1) entstanden ist. Insgesamt sind 2019 Fälle zu analysieren, die sich auf drei Y-Kategorien aufteilen. Dabei wurden die Kategorien "1=CDU-Wahl" und "2=SPD-Wahl" in der simulierten Bundestagswahl etwa gleich häufig angegeben, während die Kategorie "3=dritte Partei-Wahl" nur von etwa 20% aller Befragten (n_3=393) genannt wurde.

Vergleicht man die beobachteten Mittelwerte der X-Variablen zwischen den Angehörigen der Kategoriengruppen 1 vs. 3 sowie 2 vs. 3, so erhält man u.U. schon ein erstes Gespür für die zu erwartenden Logit-Schätzwerte. In unserem Datensatz gibt es auffällige Wertedifferenzen für LR und RG im Vergleich zwischen Gruppe 1 und Gruppe 2 (LR: 7.843 vs. 5.415, RG: .548 vs. .310) sowie für GEW_F im Vergleich zwischen Gruppe 2 und Gruppe 3 (.357 vs. .193). Es bleibt abzuwarten, ob daraus auch in der multivariaten Analyse bedeutsame Einflußgrößen abgeleitet werden können.

SYSTAT-Ausgabe 3.1a (Ausschnitt)

```
            MULTINOMIAL LOGIT ANALYSIS

            DEPENDENT VARIABLE: WAHL12A

            INPUT RECORDS: 2019

            RECORDS FOR ANALYSIS: 2019

            SAMPLE SPLIT

            CATEGORY    CHOICES

                   1        817
                   2        809
                   3        393

                           2019
```

INDEPENDENT VARIABLE MEANS				
PARAMETER	1	2	3	OVERALL
1 CONSTANT	1.000	1.000	1.000	1.000
2 LR	7.843	5.010	5.415	6.235
3 RG	0.548	0.451	0.310	0.463
4 GEW_F	0.171	0.357	0.193	0.250

---

3) Auch nach der Logik des ML-Schätzverfahrens besteht die Notwendigkeit, eine Y-Kategorie auszuschließen, da ansonsten die "Singularität" der ML-Schätzung nicht zu vermeiden ist (vgl. Guadagni/Little 1983: 214).

3.1 Das multinomiale Logit-Modell

SYSTAT-Ausgabe 3.1b berichtet die geschätzten Logit- und Effekt-Koeffizienten der beiden Logit-Gleichungen L_{13} und L_{23} für das multinomiale Wahl-Beispiel.

Es fällt sofort auf, daß für die Wahlkategorie "1=CDU" die GEW_F-Variable keine signifikante Bedeutung mehr hat. Mithin ist die Ausprägung dieser Variablen für eine Wahlentscheidung zugunsten der CDU oder einer dritten Partei (=Referenzkategorie) eher unwichtig. Das gilt aber nicht für die Entscheidung "SPD vs. dritte Partei". Dort erreicht der Logit-Koeffizient für GEW_F die Rekordhöhe von 0.785 und signalisiert damit einen bedeutsamen Effekt dieser Variablen für die SPD-Wahlentscheidung (immer in Relation zur jeweiligen Referenzkategorie zu interpretieren).

Zu erwarten war das negative Vorzeichen des Logit-Koeffizienten von LR für das Paar "SPD vs. Dritte" und das diesbezügliche positive Vorzeichen für das Kategorienpaar "CDU vs. Dritte". Überraschend ist jedoch, daß ideologische Rechtsverschiebungen der SPD viel weniger zugunsten Dritter schaden (−0.112) als sie der CDU zuungunsten Dritter nutzen (.587).

Der Effekt von RG ist für beide Alternativenpaare positiv und fast gleich groß (.683 bzw. .639). Beide profitieren somit zuungunsten dritter Parteien von einer konservativen Ordnungsorientierung. Im Vergleich zur binären Schätzung steigt dieser Effekt für die Gewinnchance der CDU von .272 (vgl. SYSTAT-Ausgabe 2.1a) auf .683. Diese Verschiebung wird sicherlich durch die unterschiedliche Zusammensetzung der jeweiligen Referenzgruppen verursacht. Im binären Modell wird der größte Anteil der Referenzgruppe noch von SPD-Wählern gestellt, die sich hinsichtlich ihrer RG-Ausprägung von den CDU-Wählern nicht wesentlich unterscheiden, während im multinomialen Modell die Wähler der Referenzgruppe "dritte Partei" dem Ziel "Recht und Gesetz" wesentlich ferner stehen (vgl. die Mittelwerte von RG für die drei Gruppen in SYSTAT-Ausgabe 3.1a).

SYSTAT-Ausgabe 3.1b (Ausschnitt)

PARAMETER	ESTIMATE	S.E.	T-RATIO	P-VALUE
CHOICE GROUP : 1				
1 CONSTANT	-3.455	0.254	-13.623	0.000
2 LR	0.587	0.038	15.660	0.000
3 RG	0.683	0.142	4.820	0.000
4 GEW_F	0.041	0.174	0.234	0.815
CHOICE GROUP : 2				
1 CONSTANT	0.853	0.188	4.548	0.000
2 LR	-0.112	0.032	-3.463	0.001
3 RG	0.639	0.133	4.809	0.000
4 GEW_F	0.785	0.149	5.273	0.000

PARAMETER	ODDS RATIO	95.0% BOUNDS UPPER	LOWER
CHOICE GROUP : 1			
2 LR	1.799	1.936	1.672
3 RG	1.979	2.613	1.500
4 GEW_F	1.041	1.463	0.741
CHOICE GROUP : 2			
2 LR	0.894	0.952	0.839
3 RG	1.895	2.459	1.460
4 GEW_F	2.192	2.935	1.637

Wie sehr RG und die anderen spezifizierten X-Variablen die Gewinnchance der CDU im direkten Vergleich mit der SPD beeinflussen, wollen wir im folgenden verdeutlichen:

Um die Logit-Koeffizienten für das Alternativenpaar "CDU-Wahl vs. SPD-Wahl" zu erhalten, muß zunächst nach Gl.(3.5) die Differenz zwischen den Logit-Koeffizienten von L_{13} und L_{23} gebildet werden. Die Spalte 4 in Tabelle 3.1 zeigt die dementsprechenden Rechenergebnisse.

Für die auf diese Weise berechneten Koeffizienten müssen auch die Werte der t-Statistik "manuell" kalkuliert werden. Nach Gl.(2.26) berechnet sich die t-Statistik für jeden Logit-Koeffizienten nach:

$$t_{k,12} = b_{k,12} / s.e._{k,12}$$

Zur Berechnung von $s.e._{k,12} = (var_{k,12})^{0.5}$ fehlt noch der Wert von $var_{k,12}$ für die geschätzte Varianz des Logit-Koeffizienten von X_k. Er muß nach folgender Formel errechnet werden:

$$var_{k,12} = var_{k,13} - 2*(cov_{k,13;23}) + var_{k,23}$$

Die dazu erforderlichen Varianz- und Kovarianz-Werte sind aus SYSTAT-Ausgabe 3.1c zu entnehmen. Darin wurden die Schätzwerte für die vier Koeffizienten der ersten Schätzung (L_{13}) und der zweiten Schätzung (L_{22}) von 1 bis 8 durchnumeriert.

SYSTAT-Ausgabe 3.1c (Ausschnitt)

```
COVARIANCE MATRIX

1     0.06433    -0.00880    -0.00537    -0.00777     0.02211
2    -0.00880     0.00141    -0.00039     0.00037    -0.00332
3    -0.00537    -0.00039     0.02007    -0.00043    -0.00244
4    -0.00777     0.00037    -0.00043     0.03012    -0.00533
5     0.02211    -0.00332    -0.00244    -0.00533     0.03521
6    -0.00340     0.00063    -0.00018     0.00042    -0.00541
7    -0.00129    -0.00040     0.01153    -0.00013    -0.00307
8    -0.00404     0.00019    -0.00036     0.01616    -0.00664

          1           2           3           4           5

1    -0.00340    -0.00129    -0.00404
2     0.00063    -0.00040     0.00019
3    -0.00018     0.01153    -0.00036
4     0.00042    -0.00013     0.01616
5    -0.00541    -0.00307    -0.00664
6     0.00105    -0.00058     0.00030
7    -0.00058     0.01766    -0.00039
8     0.00030    -0.00039     0.02216

          6           7           8
```

Die Ergebnisse in Tabelle 3.1 bestätigen, daß es für die Wahlentscheidung zwischen CDU und SPD (Spalte 4) anders als zwischen CDU und dritten Parteien (Spalte 2) kaum einen Unterschied macht, ob Personen eine konservative Ordnungsorientierung (RG=1) haben (von .683 auf .044). Hingegen steigt die Bedeutung der Links/Rechts-Orientierung für eine CDU-Wahl

3.1 Das multinomiale Logit-Modell

leicht an, wenn nicht dritte Parteien sondern die SPD als Referenzkategorie dient (von .587 auf .699).

Wesentlich interessanter ist jedoch die Entwicklung des LR-Effektes für die Wahlkategorie SPD. Zur Berechnung des entsprechenden Logit-Koeffizienten muß nur der Wert von 0.699 auf −0.699 gedreht werden. Warum?

Alle Logit-Koeffizienten können auch für das gedrehte Alternativenpaar interpretiert werden, bei dem also aus der ehemaligen Referenzkategorie die neue Wahlkategorie (und umgekehrt) gemacht wird. Dazu muß nur das Vorzeichen des entsprechenden Koeffizienten gewendet werden. Und das bedeutet für den LR-Effekt mit der Wahlkategorie SPD, daß er von −0.112 auf −0.699 ansteigt, wenn nicht dritte Parteien sondern die CDU als Referenzkategorie benutzt wird.

Einen ähnlich dramatischen Sprung macht der GEW_F-Effekt für die CDU-Wahl. Liegt er noch bei einem nicht signifikanten Wert von 0.041, wenn dritte Parteien als Referenzkategorie dienen (Tab. 3.1, Sp.2), so springt er auf −0.744, wenn die Gewinnchance der CDU in Relation zur SPD betrachtet wird (Sp. 4).

Tabelle 3.1.: Berechnung der Logit-Koeffizienten b_{12} für die Gewinnchance von CDU-Wahl vs. SPD-Wahl

(1) Kovariate	(2) b_{13}	(3) b_{23}	(4) $b_{12} = b_{13} - b_{23}$	(5) s.e.	(6) T-RATIO	(7) P
LR	0.587	-0.112	0.699	0.035	20.178	0.000
RG	0.683	0.639	0.044	0.121	0.363	0.717
GEW-F	0.041	0.785	-0.744	0.141	5.266	0.000

Wie auch schon in der Analyse des binären Logit-Modells haben wir es bei der Interpretation von Logit- und Effekt-Koeffizienten stets mit Wahrscheinlichkeitsrelationen zwischen zwei Y-Kategorien zu tun. Wollen wir die Interpretation der Effektstärke direkt auf deren Konsequenzen für die Wahrscheinlichkeitsveränderung einer einzigen Y-Kategorie beziehen, muß die mittlere prozentuale Veränderungsrate (ΔP_{kw}) herangezogen werden. Diese wird als erste Ableitung der geschätzten Wahrscheinlichkeitsgleichung (3.6) nach X_k ermittelt und hat im MNL-Modell eine andere Form als im binären Logit-Modell (vgl. Gl. 2.15). Sie berechnet sich nach:

$$(3.9) \qquad \Delta P_{kw} = \frac{\partial [P_w]}{\partial [X_k]} = P_w \left(b_{kw} - \sum_{j=1}^{J-1} P_j b_{kj} \right)$$

Wie Gl.(3.9) zeigt, zerfällt der Einfluß der k-ten Kovariate auf die Wahrscheinlichkeitsveränderung der w-ten Kategorie in zwei Teile: 1.) in einen direkten Effekt, der durch b_{kw} gegeben ist und der direkt proportional zur Wahrscheinlichkeit dieser Kategorie ist, 2.) in einen negativen Effekt, der aus der gewichteten Summe aller Logit-Koeffizienten von X_k in allen relevanten Kategorien besteht. Aufgrund dieser zwei Komponenten kann z.B. die mittlere prozentuale Veränderungsrate negativ werden, obwohl der direkte Effekt von b_{kw} positiv ist. Denn dann hat b_k in anderen Wahlkategorien einen noch stärkeren negativen Effekt.

Mithin muß die Richtung der prozentualen Veränderungsrate nicht immer automatisch dem Vorzeichen des Logit-Koeffizienten entsprechen (zudem dieser auch immer nur für eine Relation von zwei Ereigniswahrscheinlichkeiten gültig ist).[4]

SYSTAT-Ausgabe 3.1d berichtet die geschätzten Veränderungsraten für jede einzelne Wahlkategorie. Sie wurden genau wie im binären Modell dadurch berechnet, daß für jede einzelne Beobachtung nach Gl.(3.9) eine Veränderungsrate geschätzt und ein Durchschnittswert ermittelt wurde (vgl. Gl. 2.17).

SYSTAT-Ausgabe 3.1d (Ausschnitt)

INDIVIDUAL VARIABLE DERIVATIVES AVERAGED OVER ALL OBSERVATIONS			
PARAMETER	1	2	3
1 CONSTANT	-0.642	0.514	0.127
2 LR	0.106	-0.081	-0.025
3 RG	0.045	0.052	-0.097
4 GEW_F	-0.073	0.145	-0.072

Nach SYSTAT-Ausgabe 3.1d führt eine positive Verschiebung auf der L/R-Skala um eine Einheit zu einer Erhöhung der CDU-Wahlwahrscheinlichkeit von 10.6%. Dies geschieht auf Kosten der Wahrscheinlichkeiten für eine SPD-Wahl (-8.1%) und für eine Wahl dritter Parteien (-2.5%).

Demgegenüber profitieren CDU und SPD um fast gleiche Prozent-Gewinne (4.5% bzw. 5.2%), wenn die befragten Personen eine konservative Ordnungsvorstellung haben. Beider Gewinn geht zu Lasten dritter Parteien.

Hinsichtlich des Effektes einer Gewerkschaftsmitgliedschaft ist die SPD der eindeutige Gewinner. Sie legt aufgrund einer Gewerkschaftszugehörigkeit um 14.5% zu, wobei der Gewinn zu gleichen Teilen auf Kosten der CDU und dritter Parteien erworben wird.

SYSTAT-Ausgabe 3.1d läßt auch erkennen, daß die Summe aller prozentualen Veränderungsraten pro X-Variable stets einen Wert von 0.000 ergeben muß. Wenn also die Veränderungsrate für eine Kategorie heraufgesetzt wird, muß sie für eine oder mehrere andere Kategorien um den gleichen Betrag reduziert werden. Dies kann vor allem bei individuellen Wahrscheinlichkeitsprognosen zu unerwünschten Modell-Artefakten führen:

Voraussetzung dafür ist, daß z.B. in einem Modell mit drei Handlungsalternativen (A_1, A_2,

---

[4] Beispiele dafür werden in Urban 1990: 48ff gegeben.

3.1 Das multinomiale Logit-Modell

A_3) der Anstieg einer unabh. Variablen (X_1) die Wahrscheinlichkeit für die Handlungsalternative A_1 derart hochtreibt, daß der Wahrscheinlichkeitswert für A_2 klein wird und für A_3 gar nahe 0 liegt. Ein weiterer Anstieg von X_1 muß dann auch zu einer weiteren Erhöhung von $P(A_1)$ führen, die aber nicht mehr auf Kosten von $P(A_3)$ gehen kann, denn diese Wahrscheinlichkeit ist schon nahe 0 und kann nicht weiter reduziert werden. Folglich muß entweder der Anstieg von $P(A_1)$ weniger drastisch als eigentlich berechnet ausfallen, oder er muß auf Kosten von $P(A_2)$ gehen. Deshalb fällt $P(A_2)$ bei Anstieg von X_1 selbst dann, wenn die entsprechende Logit-Gleichung von A_2 für den Einfluß von X_1 auf A_2 einen positiven Effektparameter geschätzt hat. $P(A_2)$ muß immer dann Prozentpunkte abgeben, wenn der für den Einfluß von X_1 auf A_2 geschätzte Effekt-Koeffizient b_1 kleiner ist, als der gleiche b_1-Koeffizient für den Einfluß von X_1 auf A_1. Daß der kleinere b_1-Koeffzient in diesem Falle positiv ist und deshalb $P(A_2)$ bei Anwachsen von X_1 überhaupt nicht fallen dürfte, ist unter diesen Bedingungen irrelevant (ein Beispiel für diese Form von Ergebnis-Anomalie geben Aldrich/Nelson 1984: 46).

Falls die oben beschriebenen Anomalien auftreten und die Ergebnis-Interpretation erheblich stören, bieten sich folgende Lösungsmöglichkeiten an:

1. Es werden nicht die Veränderungen der Wahrscheinlichkeiten, sondern nur die Veränderungen der Logit-Werte interpretiert.

2. Es werden nicht die Veränderungen einzelner P's sondern die Veränderungen der Relationen von jeweils zwei P's betrachtet (mittels Effekt-Koeffizienten).

3. Es wird ganz auf die Analyse individueller Wahrscheinlichkeitsveränderungen verzichtet und stattdessen eine Analyse der mittleren prozentualen Veränderungsraten und/oder der mittleren Elastizitäten (s.u) vorgenommen.

4. Es können auch die Veränderungen individueller P-Werte interpretiert werden, wenn das multinomiale LOGIT-Modell in mehrere (hier in J-1=3) binomiale Modelle aufgelöst wird. Allerdings sind die Ergebnisse dieser Modelle dann nicht mehr direkt mit dem integrierten MNL-Modell vergleichbar.

Wie ausführlich in Kap. 2.1.1 dargelegt, sind modellinterne Vergleiche aller bislang diskutierten Einflußmaße nur mit großer Vorsicht durchzuführen, da sie die unterschiedlichen Skalierungen der X-Variablen nicht berücksichtigen. Allein die (hier nicht mehr eigens berechneten) standardisierten Effekt-Koeffizienten sowie die Elastizitäten ermöglichen Einfluß-Vergleiche zwischen den verschiedenen Kovariaten eines einzigen Modells.

Wie im binären Logit-Modell können auch im MNL-Modell die Elastizitäten ähnlich den mittleren Veränderungsraten berechnet werden. Sie ergeben sich aus Gl.(3.10), indem sie für alle einzelnen Befragten geschätzt und sodann zu einem einzigen Wert gemittelt werden.

$$(3.10) \qquad E_{kw} = \frac{X_k \, \partial [P_w]}{\partial [X_k]} = P_w X_k \left(b_{kw} - \sum_{j=1}^{J-1} P_j b_{kj} \right)$$

Die Elastizitäten in SYSTAT-Ausgabe 3.1e verdeutlichen, daß der LR-Effekt im Vergleich zu den beiden anderen Effekten des Modells noch weitaus einflußstärker ist, als man es aus einem Vergleich der Logit-Koeffizienten oder der prozentualen Veränderungsraten hätte schließen können. Eine 1%ige Anhebung des LR-Wertes bringt für die CDU-Wahlwahrscheinlichkeit einen Zuwachs von 2.05% und für die SPD-Wahlwahrscheinlichkeit eine Abnahme von -1.015% (jeweils bezogen auf die entspr. Referenz-Kategorie). Im Vergleich dazu sind alle anderen Effekte recht bedeutungslos.

SYSTAT-Ausgabe 3.1e (Ausschnitt)

INDIVIDUAL VARIABLE ELASTICITIES AVERAGED OVER ALL OBSERVATIONS			
PARAMETER	1	2	3
1 CONSTANT	-1.586	1.284	0.655
2 LR	2.050	-1.015	-0.683
3 RG	0.060	0.059	-0.154
4 GEW_F	-0.031	0.130	-0.071

Bislang haben wir das geschätzte MNL-Modell hinsichtlich der Relevanz seiner Einzel-Effekte analysiert. Bevor wir auf die Güte der Modellanpassung eingehen, soll noch die Signifikanz des Gesamt-Modells beurteilt werden:

Eine Zwischenposition zwischen den Signifikanztests der Einzel-Effekte und dem Signifikanztest für das Gesamt-Modell nimmt ein Wald-Test ein, bei dem die Signifikanz jedes Einzel-Effektes über alle geschätzten Logit-Gleichungen hinweg ermittelt wird. Die entsprechende Null-Hypothese würde lauten, daß in allen geschätzten Logit-Gleichungen ein betreffender Effekt gleich null wäre und somit die dazugehörige X-Variable aus der Modell-Spezifikation ausgeschlossen werden müßte.

SYSTAT-Ausgabe 3.1f präsentiert die Ergebnisse des (gleichungs)übergreifenden Wald-Tests: alle Effekte sind als hochgradig signifikant zu bewerten.

SYSTAT-Ausgabe 3.1f (Ausschnitt)

WALD TESTS ON POLY PARAMETERS ACROSS ALL CHOICES			
PARAMETER	WALD STATISTIC	CHI-SQ SIGNIF	DOF
1 CONSTANT	336.458	0.000	2.000
2 LR	426.872	0.000	2.000
3 RG	28.757	0.000	2.000
4 GEW_F	43.247	0.000	2.000

Die Signifikanz des Gesamt-Modells kann besser als mit dem vorstehendem Wald-Test mittels Likelihood-Ratio-Test sowie mittels Pseudo-R^2 erkannt werden. SYSTAT-Ausgabe 3.1g macht deutlich, daß der LR-Test zwar auch für das MNL-Modell ein hoch signifikantes Ergebnis liefert,

3.1 Das multinomiale Logit-Modell

daß aber Pseudo-R^2 mit 0.194 niedriger ausfällt als im binären Modell (dort unbereinigt: 0.277). Allem Anschein nach reicht die Erklärungsleistung der Kovariaten nicht aus, um auch ein komplexeres MNL-Modell mit dem gleichen Erfolg wie das anspruchslosere binäre Modell zu schätzen (obwohl ein Pseudo-R^2=0.194 noch immer eine gute Schätzleistung bedeutet).

SYSTAT-Ausgabe 3.1g (Ausschnitt)

```
LOG LIKELIHOOD OF CONSTANTS ONLY MODEL = LL(0) = -2122.196
2*[LL(N)-LL(0)] = 823.636 WITH 6 DOF, CHI-SQ P-VALUE = 0.000
MCFADDEN'S RHO-SQUARED = 0.194
```

Wenn der oben beobachtete, schwächere Ausgang des Signifikanz-Tests für das Gesamt-Modell besorgniserregend wäre, so hätte sich auch die Anpassungsgüte des MNL-Modells im Vergleich zum binären Modell deutlich verschlechtern müssen.

Zur Überprüfung der Anpassungsgüte konzentrieren wir uns hier auf eine Analyse des Prognoseerfolgs, so wie er in SYSTAT-Ausgabe 3.1h dargestellt wird.

SYSTAT-Ausgabe 3.1h (Ausschnitt)

```
MODEL PREDICTION SUCCESS TABLE

          ACTUAL    PREDICTED CHOICE                          ACTUAL
          CHOICE        1           2           3             TOTAL

             1      495.608     202.649     118.743         817.000
             2      195.615     430.561     182.824         809.000
             3      125.777     175.790      91.433         393.000

PRED. TOT.          817.000     809.000     393.000        2019.000
CORRECT               0.607       0.532       0.233
SUCCESS IND.          0.202       0.132       0.038
TOT. CORRECT          0.504
```

Zwar ist nach Ausgabe 3.1h der Anteil korrekter Prognosen im Vergleich zum binären Modell von dort 68.2% (vgl. SYSTAT-Ausgabe 2.1h) auf nunmehr 50.4% gefallen. Jedoch muß berücksichtigt werden, daß nunmehr die Zuordnung auf drei und nicht mehr auf zwei Ereignisse erfolgt und somit auch der Erwartungswert richtiger Zuordnungen von 0.50% auf 0.33% gefallen ist. Angemessenere Vergleichsmöglichkeiten zwischen der Anpassung beider Modelle eröffnet deshalb der Erfolgsindex, und der bleibt mit 0.202 zwischen beiden Modellen konstant. Er steigt sogar kräftig an, wenn als Erfolgsindex derjenige des gröberen Prognosemodells, das nicht auf der Basis von Wahrscheinlichkeiten sondern von richtigen absoluten Zuordnungen operiert, benutzt wird. Dann erhöht er sich von 0.228 (binär) auf 0.281 (multinomial).[5]

Die Anpassungsgüte des geschätzten MNL-Wahlmodells ist also durchaus als befriedigend wenn nicht sogar als gut zu bewerten.

---

[5] Zur Logik dieses Maßes vgl. SYSTAT-Ausgabe 2.1j. Die Klassifikationstabelle für das MNL-Modell wird hier nicht mehr eigens abgedruckt.

3.1.1 Die IIA-Annahme im multinomialen Logit-Modell

Die Überprüfung der sog. IIA-Annahme nimmt vor allem in der ökonometrischen und marketing-bezogenen Logit-Analyse einen breiten Raum ein.[6] Wir werden die dort geführte Diskussion um die IIA-Annahme gesondert aufgreifen, wenn wir in Kap. 5 die Modelle und Techniken der konditionalen Logit-Analyse vorstellen werden.

Im Zusammenhang mit der hier behandelten polytomen Logit-Analyse ist die IIA-Annahme zwar von untergeordneter Bedeutung, kann jedoch einige Hinweise zum besseren Verständnis der multinomialen Logit-Schätzung geben. Machen wir uns deshalb die Relevanz der IIA-Annahme für das MNL-Modell deutlich:

In der noch darzustellenden nutzentheoretischen Diskussion der Logit-Analyse (Kap. 5) kann das MNL-Modell aus einem deterministischen Nutzenkonzept abgeleitet werden, wenn ein von Luce (1959) formuliertes Axiom eingehalten wird, nach dem die individuelle Gewinnchance einer Handlungsalternative (HA_1), die wir oben in Form eines aggregierten Verhältnisses der Wahrscheinlichkeiten von HA_w zu HA_r kennengelernt haben, unabhängig von der Anwesenheit bzw. von den Eigenschaften dritter HA's ist. Die Gewinnchance darf also nicht von einer Handlungsalternative beeinflußt werden können, die außerhalb des betreffenden Alternativenpaares steht, so wie z.B. die Alternative "FDP-Wahl" an der rein formal betrachteten Gewinnchance "CDU- vs. SPD-Wahl" nicht beteiligt ist und somit auch als für dieses Wahrscheinlichkeitsverhältnis "irrelevante Alternative" bezeichnet werden kann.

Das Luce-Axiom formuliert folglich eine Annahme über die Unabhängigkeit der Gewinnchance von irrelevanten Alternativen (independence of irrelevant alternatives) und wird deshalb "IIA-Annahme" genannt.

In unserer bisherigen Darstellung haben wir das MNL-Modell nicht nutzentheoretisch abgeleitet, sind also auch nicht auf die strikte Einhaltung der IIA-Annahme angewiesen. Die IIA-Annahme weist uns aber darauf hin, daß auch in unserer polytomen Logit-Analyse (im Beispiel: J=3) eine Entscheidung unter mehr als nur zwei Handlungsalternativen untersucht wird, indem diese in J-1 Logit-Schätzungen aufgelöst wird und jede einzelne davon nur noch die Wahrscheinlichkeitsrelation zwischen zwei Handlungsalternativen bearbeitet.

Jede Wahrscheinlichkeitsrelation im MNL-Modell beinhaltet, wie erinnerlich, allein eine gewählte Handlungsalternative "HA_w" und eine Referenzalternative "HA_r". Und allein für die logarithmierte Relation zwischen den Wahrscheinlichkeiten dieser beiden Alternativen werden auch die entsprechenden Einfluß-Parameter als sog. Logit-Koeffizienten geschätzt.

Diese beiden Alternativen könnten z.B. in unserem Wahl-Beispiel (im Rahmen des MNL-Modells) die Gewinnchance "CDU-Wahl vs. SPD-Wahl" mit den in Kap. 3.1 geschätzten Logit-Koeffizienten (vgl. Tabelle 3.1) ergeben. Aber ist das Schätzergebnis dadurch unabhängig von der Anwesenheit der Alternative "FDP-Wahl"? Doch wohl nicht! Denn wie Tabelle 3.2 zeigt,

---

6) Vgl. Ben-Akiva/Lerman 1985: 108-11, McFadden et al. 1977,

3.1.1 Die IIA-Annahme im multinomialen Logit-Modell

können sich die Logit-Koeffizienten verändern, wenn eine zusätzliche Alternative (hier: FDP-Wahl) eingeführt wird (Spalte 3).

Tabelle 3.2: Vergleich der Logit-Schätzungen für die Relation zweier Handlungsalternativen in zwei multinomialen Logit-Modellen mit unterschiedlicher Alternativenzahl

Logit-Koeffizient	MNL-Modell$_1$	MNL-Modell$_2$
	HA_w: CDU-Wahl HA_r: SPD-Wahl HA_3: Wahl sonstiger Parteien	HA_w: CDU-Wahl HA_r: SPD-Wahl HA_3: FDP-Wahl HA_4: Wahl sonstiger Parteien
LR	0.699	0.783
RG	0.044	0.125
GEW-F	-0.744	-0.790

Im MNL-Modell muß also bei der Interpretation aller paar-orientierten Effekte berücksichtigt werden, welche weiteren Handlungsalternativen im Modell spezifiziert wurden und welche nicht. Auch wenn diese weiteren Alternativen für das theoretische Interesse unerheblich sind (weil z.B. nur die effektinduzierten Verschiebungen zwischen CDU und SPD von Belang sind), muß dennoch Anzahl und Art der weiteren Modell-Alternativen beachtet werden.

Denn für die Abhängigkeitsstruktur einer jeden Gewinnchance schätzt die Logit-Analyse modellspezifische Ergebnisse, die zunächst auch einmal modellrelativ zu analysieren sind. Tabelle 3.2 macht dies am Beispiel besonders gut sichtbar.[7]

Für die Darstellung in Tabelle 3.2 wurden zwei MNL-Modelle geschätzt, die sich hinsichtlich der Anzahl und Art der Handlungsalternativen unterscheiden: das Modell$_2$ enthält die zusätzliche Alternative "FDP-Wahl", die im Modell$_1$ nichts eigens enthalten ist, sondern dort in die Restkategorie HA_3 eingeht. Modell$_1$ ist identisch mit dem in Kap. 3.1 beschriebenen Logit-Modell (vgl. auch Tabelle 3.1).

Die zwei bzw. drei Logit-Gleichungen beider Modelle wurden mit der Referenzkategorie "Wahl sonstiger Parteien" geschätzt und sodann die Logit-Koeffizienten für die CDU/SPD-Relation nach Gl.(3.5) berechnet.

---

[7] Eine ähnlich geführte Argumentation findet man bei Swafford 1980: 681-683.

3.2 Das ordinale Logit-Modell

Die in Kapitel 3.1 beschriebenen Logit-Modelle mit mehreren Entscheidungsalternativen enthalten eine Kriteriumsvariable, die auf nominalem Meßniveau angesiedelt ist. Diese Variable mißt z.B. Entscheidungsausgänge wie die Wahl einer bestimmten politischen Partei in einem Mehr-Parteien-System.

Dabei bestehen zwischen den zu wählenden Alternativen bzw. zwischen den Meßwerten der Kriteriumsvariablen des Logit-Modells keinerlei Ordnungsbeziehungen. Für die Analyse ist es irrelevant, ob ein Entscheidungsträger ein Bewertungssystem benutzt, das eine bestimmte Partei oberhalb/unterhalb einer anderen einstuft oder nicht. Wichtig für das Logit-Modell ist allein, daß sich die in Frage kommenden Alternativen gegenseitig ausschließen, daß z.B. die Wahl der SPD nicht gleichbedeutend ist mit derjenigen der CDU (und umgekehrt).

Es gibt jedoch auch Entscheidungsalternativen, die eine "natürliche" Ordnungsrelation aufweisen, welche unabhängig von der Bewertung durch den Entscheidungsträger ist. Z.B. implizieren die formalen Bildungsabschlüsse der Gegenwartsgesellschaft eine sozial festgeschriebene Ordnungsrelation, die in aller Regel nicht kontrovers ist und deshalb auch nicht zwischen den einzelnen Entscheidungsakteuren variiert. Bei diesen Bildungsabschlüssen wird das Abitur an oberster Stelle, der Realschul-Abschluß darunter und (nach mehreren weiteren Bildungsabschlüssen) auf unterster Stufe ein Schulabgang ohne formalen Abschluß rangieren.

Eine derartig geordnete Alternativenmenge kann mit Hilfe einer Kriteriumsvariablen gemessen werden, die ein ordinales Meßniveau aufweist. So könnten z.B. den Schulabschlüssen numerische Werte zugeordnet werden, welche die zwischen ihnen bestehenden, empirischen Ordnungsrelationen in numerische Ordnungsrelationen übersetzen. In unserem Beispiel sähe ein entsprechendes Meßsystem etwa folgendermaßen aus:

```
    Abitur . . . . . . . . . . . . . . . 5
    Realschul-Abschluß  . . . . . . . 4

    usw.  . . . . . . . . . . . . . . . .

    Hauptschul-Abschluß  . . . . . . 1
    kein Bildungsabschluß  . . . . . 0
```

Das oben benutzte Zahlensystem zur Messung empirischer Relationen berücksichtigt ausschließlich Ordinal-Informationen. Ein Wert von 4 bedeutet dabei nicht, daß der zugehörige Schulabschluß viermal so hoch anzusetzen ist wie derjenige mit dem zugewiesenen Wert von 1, sondern besagt ausschließlich, daß der Abschluß "4" oberhalb desjenigen von "1" liegt. Man könnte also auch statt der 4 eine 3 wählen und hätte die gleich Ordinal-Information in numerische Relationen überführt.

Ordinal-Variablen beeinhalten also Nominal-Informationen, enthalten aber noch zusätzliche Informationen über die Reihung (Ordnung) der Variablenwerte. Würde eine Ordinal-Variable als zu erklärender Faktor in ein rein multinomiales Logit-Modell einbezogen, blieben diese

3.2 Das ordinale Logit-Modell

Ordnungsinformationen unberücksichtigt.

Jedoch bietet die Logit-Analyse auch die Möglichkeit, ordinale Logit-Modelle zu spezifizieren und zu schätzen. Die diesbezügliche Modell-Logik und Modell-Technik soll im folgenden beschrieben werden.[8]

Jeder Wert einer Ordinal-Variablen "Y_j" kann als grober, d.h. informationsreduzierter Meßwert einer zugrundeliegenden, kontinuierlichen Variablen "Y^*" verstanden werden, welche als latente Variable weder beobachtbar noch meßbar ist.

Im benutzten Beispiel könnte das etwa die latente Y^*-Variable "Bildungsgrad" sein, deren Ausprägungen mit der ordinalen Y-Variablen "formaler Bildungsabschluß" grob gemessen werden.

Dabei wird vorausgesetzt, daß die grobe Messung auf einer nicht-umkehrbaren, monotonen Transformation der Y^*-Werte beruht: mehrere, unterschiedliche Bildungsgrade werden durch einen einzigen, bestimmten Y-Wert repräsentiert. Deshalb ist auch nicht vom Bildungsabschluß auf den exakten Wert des Bildungsgrades zurück zu schließen, jedoch korrespondieren die höheren Bildungsgrade ab einem bestimmten Schwellenwert "μ_j" automatisch mit einem höheren Bildungsabschluß.

Abbildung 3.1 macht den Zusammenhang zwischen latenter Y^*-Variablen und dazu korrespondierender, ordinaler Y-Variablen deutlich. Sie zeigt die Dichtefunktion der kontinuierlichen, latenten Variablen $f(Y^*)$ und die Lage von bestimmten Schwellenwerten "μ_j", die zwischen den Extremwerten von $\mu_0 = -\infty$ und $\mu_J = +\infty$ liegen. Allen Y^*-Werten zwischen zwei benachbarten μ-Schwellenwerten wird ein einziger Y_j-Wert zugeordnet, wobei es insgesamt "J" einzelne Y-Werte oder "J" Kategorien von Y-Werten gibt.

Abbildung 3.1: Ordinales Meßmodell

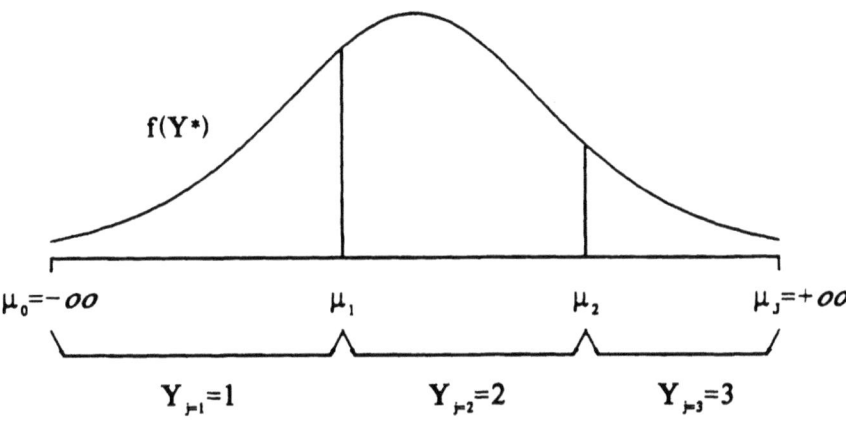

---

8) Theoretisch ausführlichere Begründungen des ordinalen Logit-Modells findet man in: Agresti 1989, McCullagh 1980, McKelvey/Zavoina 1975, Winship/Mare 1984. Über die Ergebnisse angewandter, ordinaler Logit-Analysen berichten folgende Studien: Anderson/Philips 1981, Ashby et al. 1986, Kahn/Low 1984, Ludwig-Mayerhofer 1990.

Mit Hilfe des in Abb. 3.1 dargestellten Meßmodells wird leicht erkennbar, daß jeder ordinale Meßwert stellvertretend für sehr viele Werte einer latenten, nicht zu beobachtenden Variablen ermittelt wird. Allen unbeobachteten Werten innerhalb eines bestimmten, durch Schwellenwerte definierten Zahlenabschnitts wird ein einziger, beobachteter Meßwert zugeordnet.

Mithin ist die Wahrscheinlichkeit, diesen einzigen Meßwert empirisch ermitteln zu können, auch von der Wahrscheinlichkeit abhängig, daß der wahre, aber unbeobachtbare Variablenwert zwischen den dafür jeweils gültigen Schwellenwerten liegt. Dies läßt sich in allgemeiner Form durch die Gleichung 3.11 ausdrücken:

(3.11) $$P(Y=j) = PROB(\mu_{j-1} < Y^* \leq \mu_j)$$

Da entsprechend der bereits in Kap. 1.3 referierten Modell-Logik die latente Variable als lineare Funktion einer oder mehrerer X-Variablen verstanden wird:

(3.12) $$Y^* = \beta X + \epsilon$$

kann Gl.(3.11) auch umformuliert werden in:

(3.13) $$P(Y=j) = PROB(\mu_{j-1} < \beta X + \epsilon \leq \mu_j)$$

oder:

(3.14) $$P(Y=j) = PROB(\mu_{j-1} - \beta X < \epsilon \leq \mu_j - \beta X)$$

Aus Gl.(3.14) entsteht die folgende Gl.(3.15), wenn die Zufallsvariable "ϵ" in Form einer kumulativen Dichte-Funktion "F()" in die Gleichung aufgenommen wird (vgl. dazu auch Kap. 4.1)

(3.15) $$P(Y=j) = F(\mu_j - \beta X) - F(\mu_{j-1} - \beta X)$$

wobei gilt:

(3.15.1) $$F(\mu_0 - \beta X) = 0$$
(3.15.2) $$F(\mu_J - \beta X) = 1$$

da (vgl. Abb. 3.1):

$$\mu_0 = -\infty$$
$$\mu_J = +\infty$$

Wird nun in Gl.(3.15) für F() die kumulative Logit-Funktion eingesetzt (vgl. Kap. 4.1), entsteht

3.2 Das ordinale Logit-Modell

die in ihrer Grundstruktur bereits recht vertraute Gl.(3.16):

(3.16) $$P(Y=j) = \frac{\exp(\mu_j - \beta X)}{1 + \exp(\mu_j - \beta X)} - \frac{\exp(\mu_{j-1} - \beta X)}{1 + \exp(\mu_{j-1} - \beta X)}$$

Die Gl.(3.16) beschreibt das sog. kumulative Logit-Modell, mit dem eine ordinale Logit-Analyse durchgeführt werden kann. Warum?

Zur Verdeutlichung schreiben wir für die beiden rechten Terme in Gl.(3.16) die ihnen entsprechenden Wahrscheinlichkeitswerte:

(3.17) $$P(Y=j) = P(Y \leq j) - P(Y \leq j-1)$$

Nach Gl.(3.17) ergibt sich die Wahrscheinlichkeit, daß Y in der Kategorie "j" gemessen wird, aus der Wahrscheinlichkeit, daß Y in Kategorie j oder einer darunter gelegenen Kategorie liegt, minus der Wahrscheinlichkeit, daß Y in irgendeiner Kategorie unterhalb von Kategorie "j" liegt.

Beispielsweise ist die Wahrscheinlichkeit, daß ein formaler Bildungsabschluß von 5 (=Abitur) erreicht wird, gleich der Wahrscheinlichkeit, irgendeinen Bildungsabschluß zwischen oder gleich 0 (=kein formaler Abschluß) und 5 (=Abitur) zu erreichen, abzüglich der Wahrscheinlichkeit, beliebige Bildungsabschlüsse zwischen oder gleich 0 (=kein formaler Abschluß) und 4 (=Realschul-Abschluß) zu erreichen.

Nach der oben beschriebenen Logik kann die Schätzung von insgesamt J Kategorienzugehörigkeiten in eine "unechte" und J−1 "echte" Wahrscheinlichkeitskalkulationen aufgelöst werden. Z.B. ergäben sich für 3 ordinal geordnete Entscheidungsalternativen die untenstehenden Berechnungen. Darin beinhaltet Gl.(3.18.1) eine "unechte" Wahrscheinlichkeitskalkulation, da linke und rechte Gleichungsseite identische Werte enthalten.

(3.18.1) $$P(Y=1) = P(Y=1) - 0$$
(3.18.2) $$P(Y=2) = P(Y=1,2) - P(Y=1)$$
(3.18.3) $$P(Y=3) = P(Y=1,2,3) - P(Y=1,2)$$

Im oben aufgeführten Gleichungssystem kann Gl.(3.18.3) nach Gl.(3.15.2) noch folgendermaßen verkürzt werden:

(3.18.3b) $$P(Y=3) = 1 - P(Y=1,2)$$

Es bleibt jetzt noch zu klären, auf welche Weise denn die Schätzwerte für μ und β in der Grundgleichung 3.16 ermittelt werden. Dazu müssen zunächst folgende Annahmen getroffen werden:

A1 Die Logit-Koeffizienten "β" der einzelnen Prädiktor-Variablen sind über alle Kategorien bzw. Entscheidungsalternativen der Kriteriumsvariablen konstant. D.h. für Veränderungen in jedem Y-Abschnitt von Abb. 3.1 weisen die analysierten X-Variablen die gleichen Effekt-Stärken auf.

A2 Die Schwellenwerte "μ_k" des in Abb. 3.1 vorgestellten Meßmodells variieren zwischen den Kategorien und unterliegen der Bedingung: $\mu_0 \leq \mu_1 \leq ... \leq \mu_J$.

Unter Berücksichtigung von A1 und A2 lassen sich nun die kumulativen Logits des ordinalen Logit-Modells berechnen. Dabei wird jedoch nicht wie im multinomialen Logit-Modell jede Y-Kategorie zu einer frei auszuwählenden Referenz-Kategorie in Beziehung gesetzt (vgl. Gl.3.8). Denn die relationale Beliebigkeit der nominalskalierten Y-Variablen besteht im ordinalen Modell nicht mehr (wie oben näher ausgeführt wurde).

Stattdessen werden die Logits nunmehr durch das logarithmierte Verhältnis der Wahrscheinlichkeiten einer Wahlkategorie "j" plus aller davor liegenden Kategorien zu den Wahrscheinlichkeiten aller auf die Wahlkategorie folgenden Kategorien gebildet. Dies kann mit einer der drei folgenden, äquivalenten Gleichungen ausgedrückt werden:

(3.19) $\quad (ord)L_j = \ln \dfrac{(P_1 + ... + P_j)}{(P_{j+1} + ... P_J)} \quad$ (für j=1 ... J-1)

oder:

(3.20) $\quad (ord)L_j = \ln \dfrac{(P_1 + ... + P_j)}{1 - (P_1 + ... P_j)} \quad$ (für j=1 ... J-1)

oder:

(3.21) $\quad (ord)L_j = \ln \dfrac{P(Y \leq j)}{1 - P(Y \leq j)} \quad$ (für j=1 ... J-1)

Vor allem mit Hilfe von Gl.(3.19) kann in einfacher Weise veranschaulicht werden, warum die ordinale Logit-Analyse in einem kumulativen Logit-Modell durchgeführt wird. Nehmen wir dazu an, es gäbe eine Kriteriumsvariable mit fünf (J=5) geordneten Kategorien. Dann müßten J−1 einzelne Logits aus folgenden Wahrscheinlichkeitsrelationen gebildet und geschätzt werden:

für j=1: P(Y=1) / P(Y=2,3,4,5)
für j=2: P(Y=1,2) / P(Y=3,4,5)
für j=3: P(Y=1,2,3) / P(Y=4,5)
für j=4: P(Y=1,2,3,4) / P(Y=5)

Die Bezeichnung "kumulatives Logit-Modell" rührt also daher, daß die Reihenfolge der Y-

3.2 Das ordinale Logit-Modell

Kategorien nicht beliebig ist und deshalb in der Modell-Konstruktion jeweils die ersten j-Kategorien und die verbleibenden J−j Kategorien zusammengefaßt werden können.

Für die weitere Betrachtung benutzen wir statt Gl.(3.19) die äquivalente Gl.(3.21). Die darin definierten J−1 einzelnen Logits werden im Logit-Modell entsprechend der in den vorangehenden Kapiteln beschriebenen Modell-Logik mit einer Linearkombination von X-induzierten Einflußeffekten gleichgesetzt. Allerdings erhalten die zu schätzenden β-Parameter nunmehr nach der oben skizzierten Ableitung (vgl. Gl. 3.11 bis Gl. 3.17) negative Vorzeichen.

$$(3.22) \quad (\text{ord})L_j = \ln \frac{P(Y \leq j)}{1 - P(Y \leq j)} = \mu_j - \beta_1 X_1 - \ldots - \beta_k X_k \quad (\text{für } j=1 \ldots J-1)$$

Mittels ML-Schätzung (vgl. Kap. 2.2) können alle in Gl.(3.22) spezifizierten Schwellenwerte "μ_j" und Logit-Koeffizienten "β_k" berechnet werden. Dabei erhält man J−1 Schätzgleichungen, die entsprechend der Annahmen A1 und A2 identische Einflußschätzungen aufweisen und sich nur durch unterschiedliche Schwellenwerte unterscheiden. Dies soll an einem Beispiel erläutert werden:

Im folgenden ordinalen Logit-Modell modifizieren wir das in den Kapiteln 1.3 und 2.1 spezifizierte Wahl-Beispiel. Dazu definieren wir die neue Kriteriumsvariable CDU-PROB, die für Personen mit CDU-Wahlpräferenz (CDU=1) eine diesbezügliche Wahrscheinlichkeitsbewertung (auf qualitativer Basis) enthält:[9]

Y = CDU_PROB = 0 = CDU-Wahl mit sehr geringer Wahrscheinlichkeit
CDU_PROB = 1 = CDU-Wahl mit schwacher Wahrscheinlichkeit
CDU_PROB = 2 = CDU-Wahl mit mässiger Wahrscheinlichkeit
CDU_PROB = 3 = CDU-Wahl mit hoher Wahrscheinlichkeit

Mit dieser Definition wird die neue Y-Variable CDU_PROB ordinal gemessen und kann somit als Kriteriumsvariable in einem ordinalen Logit-Modell eingesetzt werden. Als Prädiktor-Variablen des Modells sollen die bereits vorgestellten X-Variablen LR, RG und GEW_F dienen.

LIMDEP-Ausgabe 3.2a zeigt die geschätzten Schwellenwerte "μ_j" und die geschätzten Logit-Koeffizienten "β_k" des ordinalen Logit-Modells mit der Kriteriumsvariablen CDU_PROB.

---

[9] Aufgrund der Vorgaben des hier für die ordinale Logit-Analyse benutzten Statistik-Programm-Pakets LIMDEP muß die erste Kategoriengruppe von CDU_PROB mit 0 kodiert werden. Über die technische Konstruktion der Variablen CDU_PROB informiert Kap. 6.1.

LIMDEP-Ausgabe 3.2a (Ausschnitt)

```
Variable   Coefficient   Std. Error    t-ratio   Prob|t|≥x   Mean of X   Std.Dev.of X
-----------------------------------------------------------------------------------
Constant   -0.31951      0.1676        -1.907    0.05657
LR          0.14511      0.2050E-01     7.079    0.00000     7.84330     1.85300
RG          0.42736E-02  0.7908E-01     0.054    0.95690     0.54835     0.49796
GEW_F       0.77855E-01  0.9776E-01     0.796    0.42579     0.17136     0.37705
MU( 1)      0.21053      0.2811E-01     7.489    0.00000
MU( 2)      1.20450      0.5404E-01    22.288    0.00000
```

Da das Programmpaket LIMDEP die geschätzten Schwellenwerte als Abweichungen von einer negativ definierten Konstanten[10] ausgibt, müssen sie für unsere Interpretation noch folgendermaßen verändert werden:

μ_1 = -(Constant)   = -(-0.31951)   = 0.31951 = 0.32
μ_2 = -(Constant) + MU(1)   = -(-0.31951) + 0.21053   = 0.53004 = 0.53
μ_3 = -(Constant) + MU(2)   = -(-0.31951) + 1.20450   = 1.52401 = 1.52

Die oben berechneten μ_j lassen sich nicht nur als Schwellenwerte nach Abbildung 3.1, sondern auch als Schätzungen für diejenigen Fälle interpretieren, bei denen alle kategorialen Prädiktor-Variablen einen Wert von 0 aufweisen:

Wenn also die LR-Variable keinen Einfluß hätte und befragte Personen die Bedeutung von "Recht und Gesetz" gering einschätzen würden (RG=0) sowie für sie selbst oder im Familienkreis keine Mitgliedschaft in einer Gewerkschaft gegeben wäre (GEW_F=0), dann betrüge der Logit-Schätzwert für die erste Kategorie der Y-Variablen "0.32" und das entlogarithmierte Wahrscheinlichkeitsverhältnis von $(p_0):(1-p_0)$ betrüge exp(0.32)=1.38 oder 1.38:1.00. Mithin würden alle befragten Personen um den Faktor 1.38 häufiger in die Kategorie 0 fallen (CDU-Wahl mit sehr geringer Wahrscheinlichkeit) als in eine der darüber liegenden anderen Kategorien.

Ähnlich verhielte es sich auch mit der Zugehörigkeit zu den Kategorien 0 oder 1 im Unterschied zur Zugehörigkeit zu den Kategorien 2 oder 3. Der dazu geschätzte Logit-Wert beträgt 0.53.

Und wenn es sich um die Zugehörigkeit zu den Kategorien 0, 1 oder 2 im Gegensatz zur Zugehörigkeit zu Kategorie 3 handelte, wäre eine Zugehörigkeit zur erstgenannten Kategoriengruppe sogar um den Faktor exp(1.52)=4.57 häufiger als eine Zugehörigkeit zur dritten Kategorie. Das entspechende Wahrscheinlichkeitsverhältnis betrüge dann 4.57:1.00.

Wie gezeigt, definieren die geschätzten Schwellenwerte also auch die Ausgangspositionen für die geschätzten Effekte der Prädiktor-Variablen. Demgegenüber wird das Ausmaß der Effektstärken durch die Größe des jeweiligen Logit-Koeffizienten angezeigt:

---

[10] Der Schätzwert der Konstanten wird negativ, wenn als Logit nicht (wie bislang in der vorliegenden Darstellung üblich) das logarithmierte Verhältnis von (p)/(1-p) benutzt wird, sondern dies Verhältnis verdreht wird: (1-p)/(p).

3.2 Das ordinale Logit-Modell

Nach Gl.(3.22) und LIMDEP-Ausgabe 3.2a verringert jeder Rechtsruck auf der LR-Skala um +1 Einheiten den kumulativen Logit-Wert um konstante −.145 Logit-Einheiten, was einem Effekt-Koeffizienten (vgl. Gl. 2.13) von 0.865 entspräche. Das oben angegebene Basis-Verhältnis von 1.38:1.00 (für das Wahrscheinlichkeitsverhältnis von p_0 zu $1-p_0$) veränderte sich durch den Rechtsruck um eine Skaleneinheit auf $1.38*0.865 = 1.194:1.00$, was also einer relativen Zunahme an Wahl-Sicherheit für die CDU (mit den Kategorien 1, 2 und 3) entspräche.

Gleiches würde für die Veränderung des Basis-Verhältnisses von 4.57:1.00 (für das Wahrscheinlichkeitsverhältnis von p_0, p_1 oder p_2 zu p_3) gelten. Die Veränderung erbrächte ein entsprechendes Verhältnis von $4.57*0.865 = 3.95:1.00$. Wiederum nähme die Wahrscheinlichkeit unsicherer CDU-Wahlchancen ab (Kategorien 0, 1 und 2) und die Wahrscheinlichkeit sicherer CDU-Wahlchancen (Kategorie 3) zu.

In ihrer Richtung vergleichbare Effekte gehen von RG mit einem Logit-Koeffizienten von 0.00427 und von GEW_F mit einem Logit-Koeffizienten von 0.0779 aus (vgl. LIMDEP-Ausgabe 3.2a). Allerdings sind beide Koeffizienten mit einer Irrtumswahrscheinlichkeit von 95.69% bzw. 42.58% nicht signifikant, so daß sie hier nicht weiter interpretiert werden sollen.

Somit erübrigt sich auch ein Vergleich der relativen Bedeutung aller drei Prädiktoren mittels Berechnung der jeweiligen standardisierten Effekt-Koeffizienten (vgl. Kap. 2.1.1).

Die Bewertung der Signifikanz des Gesamt-Modells (vgl. Kap. 2.3.2) bringt ein widersprüchliches Ergebnis. Wie LIMDEP-Ausgabe 3.2b zeigt, ist der Likelihood-Ratio-Wert von 46.999 hochgradig signifikant, während das nach Gl.(2.31) berechnete Pseudo-R^2 nur einen unbefriedigenden Wert von 0.023 aufweist.[11] Die noch folgende Berechnung der Anpassungsgüte der Modell-Schätzung muß deshalb darüber entscheiden, ob das ordinale Logit-Modell ein brauchbares Ergebnis erbracht hat oder nicht.

LIMDEP-Ausgabe 3.2b (Ausschnitt)

```
Maximum Likelihood Estimates
Log-Likelihood..............    -988.7690
Restricted (Slopes=0) Log-L.   -1012.268
Chi-Squared ( 3)............      46.99863
Significance Level..........    0.1000000E-06
```

Im folgenden soll also die Anpassungsgüte der Modell-Schätzung überprüft werden. Dazu wollen wir die geschätzten Wahrscheinlichkeiten für eine bestimmte CDU_PROB-Kategorien-Zugehörigkeit ermitteln und diese mit der tatsächlichen Kategorien-Zugehörigkeit vergleichen.

Die dabei ermittelten Resultate sind auch für diejenigen Anwender interessant, denen die Beschreibung der jeweiligen Effektstärken mittels Logit- und Effekt-Koeffizienten nicht anschaulich genug ist.

---

[11] Zur Berechnung nach Gl.(2.31) wurden aus LIMDEP-Ausgabe 3.2b die beiden Werte $L_1 = 988.769$ und $L_0 = 1012.268$ benutzt.

Für die Berechnung der geschätzten Zugehörigkeits-Wahrscheinlichkeitswerte sei hier zunächst noch einmal der kumulative Charakter des zuvor geschätzten ordinalen Logit-Modells in Erinnerung gerufen. Abbildung 3.2 macht dies an den drei nach LIMDEP-Ausgabe 3.2a geschätzten Wahrscheinlichkeitsfunktionen[12] deutlich:

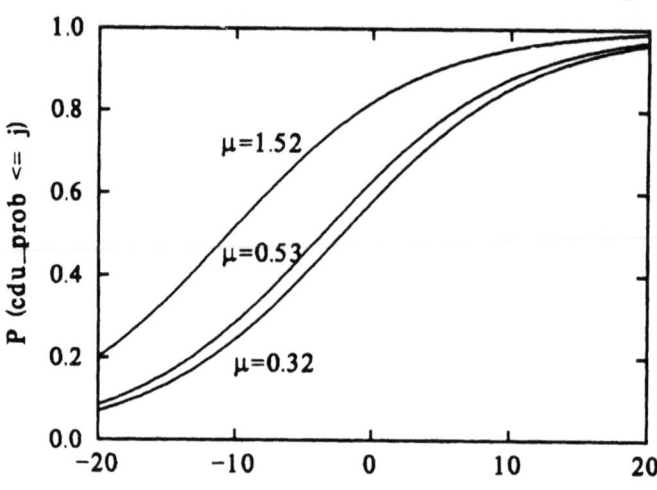

Abbildung 3.2: Darstellung des geschätzten, kumulativen Logit-Modells

In Abbildung 3.2 haben alle drei Wahrscheinlichkeitskurven identische Steigungen, da die Logit-Koeffizienten in allen drei geschätzten Logit-Gleichungen konstant bleiben. Da aber die geschätzten μ-Schwellenwerte bzw. α-Parameter verschieden sind (vgl. LIMDEP-Ausgabe 3.2a), sind auch die Wahrscheinlichkeitskurven um jeweils den Betrag von $(\mu_j - \mu_{j-1})/\beta$ verschoben.[13]

Im einzelnen verdeutlichen die Kurven in Abbildung 3.2 folgende kumulativen Wahrscheinlichkeiten:

Kurve mit $\mu=0.32$: Kurve für P(cdu_prob = 0)
 Die Kurve beschreibt die geschätzten Wahrscheinlichkeiten für die Kategorien 0 und 1.
Kurve mit $\mu=0.53$: Kurve für P(cdu_prob $\leq$ 1)
 Die Kurve beschreibt die geschätzten Wahrscheinlichkeiten für die Kategorien 0 1 und 2.
Kurve mit $\mu=1.52$: Kurve für P(cdu_prob $\leq$ 2)
 Die Kurve beschreibt die geschätzten Wahrscheinlichkeiten für die Kategorien 0 1, 2 und 3.

---

12) Die Schätzung der Kurven erfolgte analog zur Wahrscheinlichkeitsableitung in Gleichung 2.8.2. Für die hier durchgeführte Schätzung wurde nur der Logit-Koeffizient von LR benutzt. Die Effekte von RG und GEW_F wurden aufgrund ihrer geschätzten Bedeutungslosigkeit ignoriert.

13) Vgl. dazu Agresti 1989: 293.

3.2 Das ordinale Logit-Modell

Um nun nicht nur die kumulativen Wahrscheinlichkeiten, sondern auch die für jede Kategorien-Zugehörigkeit spezifischen Wahrscheinlichkeiten zu berechnen, ist Gleichung 3.16 zu benutzen.

Abbildung 3.3 zeigt die dementsprechenden Veränderungen der geschätzten Wahrscheinlichkeiten, mit denen Personen in Abhängigkeit von ihren Prädiktoren-Werten zu einer der Kategorien 0, 1, 2 oder 3 gehören.

Abbildung 3.3: Darstellung der Kategorien-Zugehörigkeiten (als Wahrscheinlichkeitsschätzungen) im kumulativen Logit-Modell

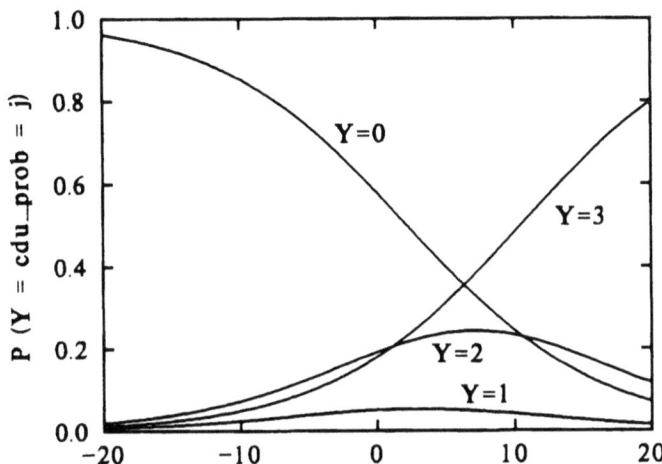

Abbildung 3.4: Darstellung der Kategorien-Zugehörigkeiten (als Wahrscheinlichkeitsschätzungen) im kumulativen Logit-Modell in Abhängigkeit der LR-Werte

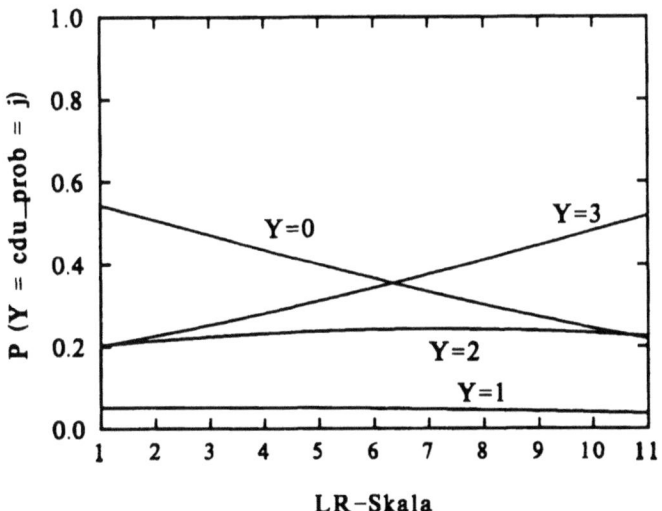

Die Interpretation von Abbildung 3.3 wird dadurch erschwert, daß darin die Variationsbreite der Linearkombination aller Prädiktoren sehr groß ist (sie reicht von −20 bis +20). Deshalb begrenzen wir in der neuen Abbildung 3.4 die Variationsbreite von V auf die empirischen Werte des einflußreichsten Prädiktors "LR". Deutlich ist zu erkennen, daß die Zugehörigkeit zu den Kategorien 1 und 2 nur sehr gering von den Werten der LR-Skala bestimmt wird. Hingegen nimmt die Wahrscheinlichkeit, zu Kategorie 0 zu gehören, mit steigendem LR-Wert recht rapide ab, während sie für Kategorie 3 mit steigendem LR-Wert zunimmt.

Um entsprechend von Gl.(3.16) die geschätzten Kategorien-Zugehörigkeiten für bestimmte Personengruppen zu erhalten, müssen die oben durchgeführten Berechnungen mit den jeweiligen Werten der empirischen X-Variablen wiederholt werden:

Beispielsweise interessiere hier die Wahrscheinlichkeit, für eine Person mit einem mittleren Links/Rechts-Wert (LR=4), für welche Recht und Gesetz als politisches Ziel weniger wichtig ist (RG=0) und die keine Gewerkschaftsmitgliedschaft aufzuweisen hat (GEW_F=0).

Nach Gl.(3.16) ergäbe sich die Wahrscheinlichkeit für diese Person, in der Kategorie 1 zu liegen (= CDU-Wahl mit schwacher Wahrscheinlichkeit), nach folgender Gleichung:

$$(3.23a) \quad P(Y=1) = \frac{\exp(0.53-0.145*4)}{1 + \exp(0.53-0.145*4)} - \frac{\exp(0.32-0.145*4)}{1 + \exp(0.32-0.145*4)} = 0.05$$

Nach Gl.(3.23a) wird für eine Person mit den Merkmalen LR=4, RG=0 und GEW_F=0 eine 5%ige Wahrscheinlichkeit geschätzt, mit der diese in der Kategorie 1 anzutreffen wäre.

Für die gleiche Person ergäbe sich eine Wahrscheinlichkeit von 23.2%, in der Kategorie 2 zu liegen (= CDU-Wahl mit mäßiger Wahrscheinlichkeit), nach folgender Gleichung:

$$(3.23b) \quad P(Y=2) = \frac{\exp(1.52-0.145*4)}{1 + \exp(1.52-0.145*4)} - \frac{\exp(0.53-0.145*4)}{1 + \exp(0.53-0.145*4)} = 0.232$$

Soll für die beschriebene Person auch die Wahrscheinlichkeit geschätzt werden, zur untersten Kategorie also zu Kategorie 0 (= CDU-Wahl mit sehr geringer Wahrscheinlichkeit) zu gehören, verkürzt sich Gl.(3.16) nach Gl.(3.18.1) bzw. nach Gl.(3.15.1) zu der folgenden Gleichung, die ergibt, daß eine Person dieser Merkmalsgruppe mit einer Wahrscheinlichkeit von 48.7% in Kategorie 0 anzutreffen ist:

$$(3.23c) \quad P(Y=0) = \frac{\exp(0.32-0.145*4)}{1 + \exp(0.32-0.145*4)} - 0 = 0.435$$

Auch für die Wahrscheinlichkeit, daß die Person in der obersten Kategorie, also in der Kategorie 3 (= CDU-Wahl mit hoher Wahrscheinlichkeit), gelegen ist, verkürzt sich Gl.(3.16). Dazu

3.2 Das ordinale Logit-Modell

müssen diesmal die Vorgaben von Gl.(3.18.3b) bzw. von Gl.(3.15.2) berücksichtigt werden:

(3.23d) $\quad P(Y=3) = 1 - \dfrac{\exp(1.52-0.145*4)}{1 + \exp(1.52-0.145*4)} = 0.281$

Zusammenfassend betrachtet ergäben sich also für eine Person mit den Merkmalen:

LR = 4
RG = 0
GEW_F = 0

die folgenden geschätzten Wahrscheinlichkeiten für die vier Kategorien der Kriteriumsvariablen CDU_PROB:

P(cdu_prob = 0 = CDU-Wahl mit sehr geringer Wahrscheinlichkeit) = 43.5%
P(cdu_prob = 1 = CDU-Wahl mit schwacher Wahrscheinlichkeit) = 5.0%
P(cdu_prob = 2 = CDU-Wahl mit mässiger Wahrscheinlichkeit) = 23.2%
P(cdu_prob = 3 = CDU-Wahl mit hoher Wahrscheinlichkeit) = 28.1%

Mithin müßte nach unserer ordinalen Modell-Schätzung eine Testperson mit den oben beschriebenen Merkmalen der Kategorie 0 zugeordnet werden.

Ob das Schätzergebnis und die empirische Beobachtung für jede einzelne befragte Person übereinstimmen oder voneinander abweichen, kann auch als Kriterium zur Beurteilung der Güte einer Modell-Schätzung herangezogen werden (vgl. Kap. 2.3.3). Dies wollen wir im folgenden veranschaulichen:

Die LIMDEP-Ausgabe 3.2c zeigt eine Kreuztabelle von beobachteten und geschätzten Kategorien-Zuordnungen. Allein die Diagonal-Zellen der Tabelle enthalten diejenigen Fälle, die nach dem oben beschriebenen Verfahren richtig klassifiziert wurden. So wurden z.B. von den 299 empirisch beobachteten Personen der Kategorie 2 nur 173 Personen aufgrund der ordinalen Logit-Schätzung auch wiederum dieser Kategorie zugeordnet.

Nach der Tabelle in LIMDEP-Ausgabe 3.2c erhält man mit der oben beschriebenen Logit-Schätzung insgesamt 341 richtig und 500 falsch zugeordnete Fälle, was einer generellen Erfolgsquote von 42% entspricht. Besonders gravierend sind die Mißerfolge in den ersten beiden Kategorien: dort werden von 172 bzw. 52 Beobachtungen nur 6 bzw. 0 Fälle richtig zugeordnet, was einer kategorienspezifischen Erfolgsquote von 4% bzw. 0% entspricht.

LIMDEP-Ausgabe 3.2c (Ausschnitt)

```
         Frequencies of actual & predicted outcomes
         Predicted outcome has maximum probability.

                        Predicted
         Actual     0      1      2      3      TOTAL

           0        6      0    119     47       172
           1        1      0     37     14        52
           2       10      0    173    116       299
           3        8      0    124    162       294

         TOTAL     25      0    453    339       817
```

Wie aussagekräftig die oben ermittelte Erfolgsquote[14] von 42% ist, läßt sich am ehesten durch Vergleich mit dem Erfolg einer Kategorien-Schätzung erkennen, in der keinerlei Informationen über die Effekte von Prädiktoren zur Wahrscheinlichkeitsschätzung benutzt werden.

In diesem Falle wäre die optimale Schätzung dadurch zu erreichen, daß alle 817 Personen der Modal-Kategorie, d.h. der Kategorie 2, zugeordnet würden. Dadurch erhielte man eine Trefferquote von 173:817 oder von 22%.

Ein derartiges Vorgehen entspräche im Ergebnis einer ordinalen Logit-Schätzung, bei der im Modell aussschließlich Schwellenwerte aber keine Prädiktoren spezifiziert wurden. LIMDEP-Ausgabe 3.3 zeigt eine solche Modell-Schätzung.

Die Verbesserung des Schätzerfolgs von 22% auf 42% ist mithin auf die Berücksichtigung von geschätzten Prädiktoren-Effekten zurückzuführen. Verantwortlich dafür ist in unserem Beispiel fast ausschließlich der Effekt der Variablen LR, da die beiden anderen Prädiktoren sehr geringe bzw. nicht signifikante Effekt-Stärken aufweisen.

LIMDEP-Ausgabe 3.3 (Ausschnitt)

```
Variable   Coefficient   Std. Error   t-ratio   Prob|t|≥x   Mean of X   Std.Dev.of X
-----------------------------------------------------------------------------------
Constant     1.3218       0.8582E-01   15.402    0.00000
MU( 1)       0.34820      0.4696E-01    7.415    0.00000
MU( 2)       1.8978       0.8851E-01   21.441    0.00000

         Frequencies of actual & predicted outcomes
         Predicted outcome has maximum probability.

                        Predicted
         Actual     0      1      2      3      TOTAL

           0        0      0    172      0       172
           1        0      0     52      0        52
           2        0      0    299      0       299
           3        0      0    294      0       294

         TOTAL      0      0    817      0       817
```

---

14) Eine ausführliche Veranschaulichung auch alternativer Erfolgsberechnungen bringen Ashby et al. 1986 sowie Anderson/Philips 1981. Vgl. auch Ludwig-Mayerhofer 1990.

3.2 Das ordinale Logit-Modell

Zu dem hier vorgestellten kumulativen Modell der ordinalen Logit-Analyse werden in der Literatur einige Alternativ-Modelle vorgestellt. Dies sind insbesondere:[15]

➡ Das "adjacent-categories" Logit-Modell, das benachbarte Kategorien paarweise analysiert.

➡ Das "continuation-ratio" Logit-Modell, das jede Kategorie in Beziehung zu einer Zusammenfasung von allen restlichen Kategorien analysiert.

➡ Das klassische Regressionsmodell, in dem eine Metrisierung der abhängigen Ordinal-Variablen mittels definierter Distanz-Werte erfolgt.

Gegenüber all diesen Modellen hat das kumulative Modell der ordinalen Logit-Analyse jedoch wesentliche Vorteile, die wir im folgenden noch einmal zusammenfassen wollen:

➡ Das Modell nutzt die gesamte, zur Verfügung stehende Daten-Information einer ordinalen Kriteriumsvariablen, um jede einzelne Logit-Gleichung zu schätzen (d.h. es werden stets J Kategorien-Zuordnungen berücksichtigt).

➡ Es werden nicht so viele Parameter geschätzt wie im multinomialen Logit-Modell.[16]

➡ Eine unbeobachtbare, kontinuierliche und zur Kriteriumsvariablen korrespondierende Variable kann zwar im Modell vorausgesetzt werden, kann aber auch gänzlich unberücksichtigt bleiben.

➡ Das Modell hat immer dann besondere Vorteile gegenüber einem klassischen Regressionsmodell (in welchem die Differenzen zwischen den Kategorien metrisiert werden) wenn die Verteilung der latenten, unterliegenden Variablen schief ist.[17]

➡ Das Modell arbeitet umso besser, je eindeutiger die Kategorien der Kriteriumsvariablen voneinander unterscheidbar sind.[18]

---

15) Vgl. zum folgenden Agresti 1984: 113f.

16) Bei J Kategorien und K Prädiktoren werden im ordL-Modell insgesamt K+(J-1) Parameter geschätzt, während im MNL-Modell insgesamt (J-1)∗(K+1) Parameter zu schätzen sind.

17) Vgl. dazu Winship/Mare 1984. Sollte die abhängige Kriteriumsvariable jedoch normalverteilt und direkt beobachtbar sein, kann u.U. eine klassische, metrisierte Regressionsanalyse zu bevorzugen sein (vgl. Amemiya 1981: 1519).

18) Wenn zwei oder mehr Kategorien nicht eindeutig zu unterscheiden sind, werden entweder weitere Prädiktoren benötigt oder die betreffenden Kategorien sollten zusammengelegt werden.

4 Konzeptionelle Grundlagen der Logit-Analyse

In Kap. 2.1 wurde die Logik des binären Logit-Modells mit datentechnischen Überlegungen begründet. Dabei spielte die diskrete Skalierung der zu erklärenden Modell-Variablen eine zentrale Rolle.

Die Konstruktionslogik des Logit-Modells läßt sich aber auch noch anders begründen.

Im folgenden werden drei zusätzliche und wesentlich komplexere Begründungsmuster der Logit-Analyse vorgestellt:
➡ ein verteilungstheoretisches Begründungsmuster,
➡ ein wachstumstheoretisches Begründungsmuster,
➡ ein entscheidungstheoretisches Begründungsmuster.[1]

Diese drei Theoriemodelle versetzen die Logit-Analyse nicht nur in verschiedene, symbolische Argumentationskontexte (womit sie erneut deren konzeptionelle Vielseitigkeit unter Beweis stellen), sondern sie sorgen auch dafür, daß die Logik und Technik der Logit-Analyse weiterentwickelt und für neue empirische Anwendungsbereiche geöffnet wird.

Das gilt vor allem für das entscheidungstheoretisch begründete Logit-Modell (Kap. 4.3), aus dem die konditionale Logit-Analyse mit einer Vielzahl unterschiedlicher Modell-Varianten abgeleitet wird (vgl. Kap. 5).

4.1 Das verteilungstheoretisch begründete Logit-Modell

Zentraler Kern der Logit-Analyse ist die Vorstellung, nach der es eine "wahre" Wahrscheinlichkeit PROB für die Ereignisse Y=1 und Y=0 gibt, die eine Funktion F(.) von verschiedenen Einfluß-Variablen X_k mit dazugehörigen Einflußparametern β_k darstellt:

$$PROB(Y=1) = F(\beta_k X_k)$$

(4.1) $$PROB(Y=0) = 1 - F(\beta_k X_k)$$

Wenn dem so ist und wenn die X_k bekannt und auch meßbar sind, so muß nur noch die Funktion F(.) bestimmt werden, um durch eine Schätzung von β_k (als b_k) die Wahrscheinlichkeit PROB als geschätzte Wahrscheinlichkeit P berechnen zu können.

Als Funktion F(.) kommen aus Gründen der besseren Interpretationsmöglichkeit nur solche Verteilungsfunktionen in Frage:

---

[1] Eine vierte mögliche Begründung des Logit-Modells, die aus der axiomatischen Entscheidungstheorie mit einem konstanten Nutzenmodell folgt (benutzt wird darin das Choice-Axiom von Luce, vgl. ders. 1977) wird hier nicht eigens vorgestellt. Vgl. dazu Currim 1982, Yellott 1977.

4.1 Das verteilungstheoretisch begründete Logit-Modell

➡ deren kumulatives Modell nur über Funktionswerte von 0.00 bis 1.00 verfügt,

➡ deren Funktionswerte im kumulativem Modell monoton ansteigen, wenn die Werte von X_k anwachsen,

➡ deren Dichtefunktion symmetrisch aufgebaut ist,

➡ die eine lineare Transformation ihrer Funktionsargumente erlauben.

Als prominentes Verteilungsmodell, das all diese Eigenschaften aufweist, steht u.a. die logistische Verteilung zur Verfügung. Alternative Verteilungsmodelle sind z.B. die Normal- (s.u.), Gompertz- oder Burr-Verteilung.[2]

Entscheidet man sich bei der Festlegung von F(.) für die logistische Verteilung, so wird dadurch die Grundlage für eine spätere Logit-Analyse geschaffen, denn die standardisierte, kumulative Funktion der logistischen Verteilung entspricht der Gleichung:

(4.2) $$F(Z) = \exp(Z) / (1 + \exp(Z))$$

die einen Mittelwert von 0 und eine Standardabweichung von $\sigma = \pi^2/3 = 1.814$ aufweist.[3]

Diese kumulative Funktion kann aus der Dichtefunktion des logistischen Verteilungsmodells abgeleitet werden, deren standardisierte Form der folgenden Gleichung entspricht:

(4.3) $$f(Z) = \exp(Z) / (1 + \exp(Z))^2$$

Wird statt der logistischen Dichtefunktion die Dichtefunktion der Normalverteilung gewählt, so unterscheidet sich die standardisierte Gleichung (mit einem Mittelwert von 0 und einer Varianz von 1) zunächst ganz wesentlich von derjenigen des logistischen Modells:

(4.4) $$f(Z) = \frac{1}{\sqrt{(2\pi)}} \exp\left(-\frac{1}{2} Z^2\right)$$

Betrachtet man jedoch Abbildung 4.1, ist sofort zu erkennen, daß beide Funktionen die gleiche symmetrische Form aufweisen und sich nur im Konzentrationsgrad um den Wert von $Z=0$ unterscheiden.

---

[2] Einen graphischen Vergleich von sieben in Frage kommenden, kumulativen Verteilungsmodellen findet man in Aldrich/Nelson 1984: 33.

[3] Das Symbol π meint hier die mathematische Konstante 3.14159. Die mathematische Konstante von "exp" (Eulersche Zahl) beträgt 2.718.

Abbildung 4.1: Dichtefunktionen von logistischer Verteilung und Normal-Verteilung

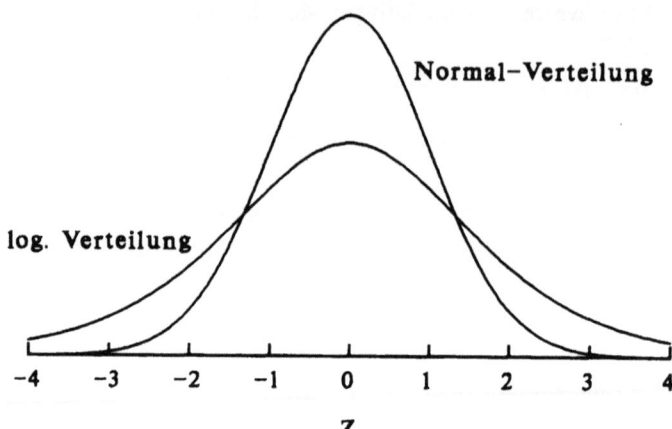

Interessanter als ein Vergleich der Dichtefunktionen ist für unsere Zwecke ein Vergleich der kumulierten Wahrscheinlichkeitsfunktionen beider Verteilungsmodelle. Die mit Gl.(4.2) zu kontrastierende Gleichung für die kumulierte Funktion der Normal-Verteilung (standardisiert) ergibt sich aus:

$$(4.5) \qquad F(Z) = \frac{1}{\sqrt{(2\pi)}} \int_{-\infty}^{Z} \exp\left(-\frac{1}{2} Z^2\right) dZ$$

Wie Abbildung 4.2 verdeutlicht, sind sich die kumulierten Wahrscheinlichkeitsfunktionen von logistischer und Normal-Verteilung im mittleren Bereich (um P=0.50) sowie in den Endbereichen von P sehr ähnlich. Sie weisen identische Verlaufstrukturen auf und unterscheiden sich nur durch unterschiedliche, sektoral begrenzte Steigungsraten. Die unterschiedlichen Steigungsraten können sogar noch weiter angeglichen werden, wenn die differierenden Varianzen beider Modelle ($\sigma_N = 1$, $\sigma_L = 1.814$) harmonisiert werden. Deutlichster Unterschied ist dann nur noch der durchweg höhere Logit-Wert an den Enden der Verteilung.

Abbildung 4.2: Kumulative Wahrscheinlichkeitsfunktionen von logistischer Verteilung und Normal-Verteilung

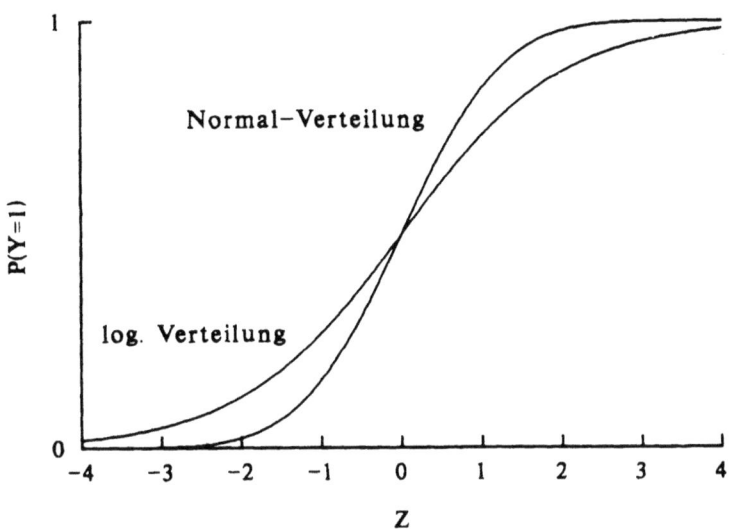

Aufgrund der großen Ähnlichkeit zwischen den kumulierten Wahrscheinlichkeitsfunktionen von logistischer und Normal-Verteilung mag es nicht verwundern, daß sich analog zur Logit-Analyse auch eine Probit-Analyse entwickelt hat. Dieses Analysemodell benutzt als Grundmodell die Gl.(4.5). Wird mit Hilfe dieser Gleichung ein Probit-Wert (analog zum Logit-Wert) berechnet, so liegt er im Durchschnitt um das 1.6fache ober- bzw. unterhalb des entsprechenden Logit-Wertes.[4]

Historisch betrachtet ist die Probit-Analyse sogar eine Vorläuferin der Logit-Analyse. Sie wurde zuerst in den Jahren 1934 und 1936 für die Auswertung biologischer Experimente eingesetzt und verbreitete sich dann in den 50er Jahren auch in der ökonomischen Forschung (etwa zur Erklärung des Autokaufs in Abhängigkeit vom Familieneinkommen).

Erst mit der Generalisierung des bivariaten zum multinomialen Logit-Modell (durch Theil 1969) begann die Logit-Analyse die Probit-Analyse in der ökonometrischen Forschung abzulösen. Vollends zum Durchbruch verholf ihr dann die entscheidungstheoretische Begründung der Logit-Transformation in der mathematischen Nutzentheorie (vgl. Kap. 4.3).

Die daran anknüpfende Verbreitung der Logit-Analyse in den Sozialwissenschaften wurde wohl hauptsächlich durch die eingängigere Interpretation der Logit-Transformation begünstigt. Ein Vergleich der Gleichungen 4.2 und 4.5 macht die diesbezüglichen Vorteile der Logit-Analyse unmittelbar plausibel. Hinzu kommt ihre im Vergleich zur Probit-Analyse exaktere Prognoseleistung (Mahotra 1983).

---

4) Vgl. Amemiya 1981. Im MNL-Modell hängt der Multiplikationsfaktor von der Anzahl der Handlungsalternativen (J) ab. Bei J=3 beträgt er 0.7877 (vgl. Stern 1989).

4.2 Das wachstumstheoretisch begründete Logit-Modell

Wachstumsmodelle haben in der wissenschaftlichen aber auch in der alltagsweltlichen Diskussion um die Entwicklung von Lebensformen und Lebensverhältnissen eine lange Tradition. Das Wachstum der Bevölkerung eines bestimmten Landes, die Veränderung der Produktionsrate in diversen Wirtschaftsbereichen oder die Ausbreitung von Bakterienkulturen, dies alles sind Entwicklungen, deren Dynamik mit Wachstumsmodellen beschrieben werden kann.

In der Konstruktion von Wachstumsmodellen war schon sehr frühzeitig bekannt, daß die meisten Entwicklungen nicht als linearer Vorgang mit konstanten, absoluten Veränderungsraten zu verstehen sind. Die prominentesten Wachstumsmodelle folgten einer exponentiellen Verlaufslogik. Diese ist dadurch gekennzeichnet, daß die veränderliche, abhängige Variable in jeweils konstanten Zeitintervallen um einen bestimmten Prozentsatz desjenigen Umfangs zunimmt, den sie zu Anfang des entsprechenden Zeitintervalls aufweist. Ihr Wachstum wird also ganz wesentlich von der eigenen, zu einem bestimmten Zeitpunkt erreichten Größe bestimmt.

Mit welchem Prozentsatz das exponentielle Wachstumsmodell dabei arbeitet, ist im Prinzip beliebig, doch beinhalten die bekanntesten Modelle eine konstante Wachstumsrate "α", mit der sich ein Anfangszustand $N(0)$ nach "t" Zeiteinheiten in einen Endzustand $N(t)$ verändert:

$$(4.6) \qquad N(t) = N(0) * \exp(\alpha * t)$$

Zur Verdeutlichung des exponentiellen Wachstums mit konstanter Wachstumsrate wird häufig eine persische Sage herangezogen, nach der von einem Herrscher als Belohnung für erbrachte Dienste ein einziges Getreidekorn auf dem ersten Feld eines Schachbretts erbeten wurde, das sich aber von Feld zu Feld in seiner Anzahl verdoppeln sollte. Während dann also auf dem zweiten Feld nur zwei Körner liegen, müßten sich auf dem 21. Feld schon über eine Million Körner befinden, und auf dem letzten 64. Feld würden so viele Körner gehäuft werden müssen, daß sie sicherlich die Jahresweltproduktion an Getreidekörnern überstiege.

Unter exponentiellem Wachstum können also bereits nach kurzer Zeit und mit geringen Wachstumsraten exorbitant große Zahlen erreicht werden.

Malthus hat 1740 das exponentielle Wachstumsmodell benutzt, um die Entwicklung einer Bevölkerung zu beschreiben, deren generatives Verhalten ohne externe Einschränkung bleibt. Und auch in der jüngsten Geschichte erhielt das exponentielle Wachstumsmodell eine besondere Bedeutung, als der Club of Rome im Jahre 1972 seinen Bericht zur Lage der Menschheit vorlegte (vgl. Meadows 1972). Darin wurde die Entwicklung der Weltbevölkerung, der Weltwirtschaft und vieler Produktionsfaktoren mit Hilfe einer "Theorie dynamischer Modelle" erfaßt, in deren Zentrum sich ein Mechanismus exponentiellen Wachstums als Folge von positiv rückgekoppelten Regelkreisen befindet.

4.2 Das wachstumstheoretisch begründete Logit-Modell

Was sich in den Prognosen des Club of Rome als bedrohliche "Weltuntergangsszenarien" darstellte und was in biologischen Wachstumsprognosen als irreal hohe Populationsdichten erschien, wird nicht zuletzt durch die Eigenschaft von exponentiellen Wachstumsmodellen verursacht, innerhalb relativ kurzer Zeiträume unmöglich hohe, d.h. empirisch sinnlose Variablenwerte zu erzeugen. Deshalb ist es empirisch angemessener, obere Wachstumsgrenzen in das exponentielle Wachstumsmodell einzufügen, die dafür sorgen, daß sich dessen Dynamik nach einiger Zeit abschwächt bzw. saturiert.

Das dementsprechende statistische Modell ist das logistische Wachstumsmodell, so wie wir es vor allem in Kapitel 2 kennengelernt haben. Es läßt sich leicht aus Gl.(4.6) ableiten, wenn als abhängige Variable nicht das absolute Ausmaß einer Menge $N(t)$ sondern der relative Anteil von $N(t)$ an einer Gesamtmenge GN verstanden wird. Dieser relative Anteil $A(t)=N(t)/GN$ bestimmt sich dann als:[5]

(4.7) $$A(t) = \exp(\alpha + \beta t) / (1 + \exp(\alpha + \beta t))$$

Der Verlauf der logistischen Wachstumsfunktion wurde bereits 1838 von Verhulst entdeckt, dann aber vergessen und erst wieder in den 20er und 30er Jahren des 19. Jahrhunderts neu beachtet. Damals diente diese Funktion zunächst zur Beschreibung autokatalytischer, chemischer Reaktionen, wurde dann aber auch schnell zur Analyse biologischer Wachstumsprozesse in unterschiedlichsten Populationen (z.B. von Bakterien, Insekten oder Menschen) eingesetzt.

Für all diese und auch vor allem für die Ergebnisse der Innovations- und Diffusionsforschung (vgl. Mahajan/Peterson 1985) wird die empirische Adäquanz des logistischen Wachstumsmodells aus der Existenz einer theoretisch oder substanziell bestimmten "kritischen Wachstumsgröße" begründet, welche eine Saturation in der jeweiligen Entwicklungsdynamik verursacht.

So kann z.B. die Aufnahmekapazität eines Marktes für wirtschaftliche Güter nicht beliebig gesteigert werden, sondern erschöpft sich mit dem Ausmaß der Marktdurchdringung, womit die Zuwachsraten des Absatzes immer geringer werden dürften.

Ähnlich verhält es sich mit der Verbreitung von Nachrichten im sozialen Kommunikationsprozeß, die zunächst recht behäbig anwächst, wenn die Nachrichten noch nicht zum Thema von professionellen Multiplikatoren geworden sind. Erhält eine Nachricht jedoch erst einmal Zugang zu den relevanten Informationsmedien, kann sie sich sehr schnell ausbreiten bis ihr Neuigkeitswert erschöpft ist und die medial konstituierte Öffentlichkeit das Interesse an ihr verliert.

Beispielhaft sei hier die klassische Studie von Coleman/Katz (1957) angeführt, in der diese die Diffusion eines innovativen Medikaments in einer lokal begrenzten, amerikanischen Ärzteschaft untersuchten. Dort beobachteten sie drei Diffusionsphasen mit unterschiedlichen Verbreitungsgeschwindigkeiten, für die sie die differentielle Einbindung der jeweiligen Hauptakteure in die diffusionsrelevanten Kommunikationsnetzwerke verantwortlich machten.

Je stärker Ärzte in professionelle Netzwerke einbezogen waren, umso eher wurden sie zu den Trägern der ersten Diffusionsphase im 1. bis 4. Monat nach Markteinführung des betreffenden Medikaments und leiteten damit eine exponentiale Entwicklung des kumulativen Anteils derjenigen Ärzte ein, die das neue Medikament auch verschrieben.

---

[5] Für die einzelnen Ableitungsschritte vgl. Cramer 1991: 40.

Diese Entwicklung setzte sich in der zweiten Diffusionsphase (ab 5. Monat) fort, in der die soziale Stellung in einem durch Arztberufe geprägten Freundesnetzwerk für die weitere exponentielle Schubkraft hinsichtlich der kumulativen Akzeptanz des Medikaments sorgte.
Erst in der dritten und letzten Diffusionsphase (ab 7. Monat) erlosch das exponentiale Steigungsmuster des kumulativen Anteils der innovativen Ärzte. Nunmehr war die Schubkraft der Ärzte mit einflußreichen Positionen in professionellen und informellen Kommunikationsnetzen erschöpft und zum Träger einer saturierten Diffusion mit sehr geringen Wachstumsraten wurden die sozial außerhalb dieser Netzwerke stehenden Fachvertreter.

Das logistische Wachstumsmuster von Diffusionsprozessen bei informationellen Innovationen hat Derek J. de Solla Price sogar als Grundgesetz für die Entwicklung des sozialen Systems der modernen Naturwissenschaften bestimmt (ders. 1974). Danach entwickeln sich so gut wie alle Indikatoren des quantitativen Wissenschaftswachstums (wie z.B. Publikations-, Entdeckungs- oder Graduierungsfrequenzen) zunächst einmal exponential.

Bei näherer Analyse stellt sich das exponentielle Wachstum des Wissenschaftssystems jedoch als Beginn einer logistischen Kurve dar, mit der die wissenschaftliche Entwicklung einem Sättigungszustand entgegenstrebt. Denn auch das Sozialsystem der Wissenschaft besitzt eigene repressive Effekte, die deren stetiges Wachstum abbremsen müssen. Dazu gehören z.B. Informationsverarbeitungsgrenzen sowie wachstumshemmende Spezialisierungen im Forschungsbetrieb.

4.3 Das entscheidungstheoretisch begründete Logit-Modell

In vielen verhaltenstheoretisch orientierten Wissenschaftsdisziplinen (z.B. in der Ökonomie, Verkehrsforschung oder Sozialgeographie) wird das Handeln von Menschen (Akteuren) als Ergebnis eines rationalen Entscheidungsprozesses thematisiert. Nach den Annahmen des dafür zugrundeliegenden Theoriemodells der rationalen Handlungswahl (= rational choice model = RC-Modell) unterziehen potentielle Akteure die Komponenten einer Handlungssituation zunächst einer subjektiven Kosten- und Nutzenbewertung, um dann hinsichtlich des universellen Ziels einer weitestgehenden Realisierung der individuellen Nutzenerwartung darüber zu entscheiden, ob gehandelt werden soll oder nicht (mehr dazu in den folgenden Ausführungen).

Auch in der Praxis der empirisch-quantitativen Sozialforschung hat die Suche nach einem erklärungskräftigen Theorieansatz, der sowohl von universeller Gültigkeit als auch von empirischem Gehalt ist, zu einer weitverbreiteten Rezeption von RC-Modellen geführt.

Dabei ist es sicherlich nicht allein die konzeptionelle Nähe zur empirischen Forschung, die das Rational-Choice-Modell zu einem attraktiven Theorieansatz gemacht hat. Es gibt auch gute Gründe inner- und außerhalb der sozialwissenschaftlichen Diskussion, die für den RC-Ansatz sprechen können:
Wenn sich die funktionale Differenzierung der Gesellschaft radikalisiert und damit auch die Individualisierung der sozialen Lebenswelten zunimmt, müssen normativ-integrationstheoretische sowie funktionalistische Theoreme zwangsläufig an Bedeutung verlieren. Dann muß (und kann) die verhaltenstheoretische Erklärung nicht mehr die externe Determination von bestimm- und

4.3 Das entscheidungstheoretisch begründete Logit-Modell

erwartbaren Handlungsvollzügen thematisieren, sondern sollte stattdessen den individuellen Umgang mit einem Überschuß an kommunikativen Anschlußmöglichkeiten zu ihrem Erklärungsgegenstand machen. Zwangsläufig wird dann die theoretische Aufmerksamkeit auf die Mechanismen und Bedingungen von Selektionsstrategien für rationales d.h. "richtiges" Handeln gelenkt, für dessen Analyse der RC-Ansatz ein theoretisches Instrumentarium bereitstellt.[6]

Zwischen den zentralen Grundannahmen des rationalen Handlungsmodells (RC-Modell) und dem Grundmodell der in Kap. 2 und 3 beschriebenen Logit-Analyse bestehen weitreichende strukturelle Ähnlichkeiten. Diese ermöglichen es, solche empirisch orientierten Handlungsmodelle, die in der Logik und Begrifflichkeit des RC-Ansatzes theoretisch spezifiziert wurden, in ein formales Modell zu übersetzen und die Parameter des Modells mittels statistischer Verfahren und entsprechender Survey-Daten zu berechnen. Dieser Zusammenhang wird vor allem in der Ökonometrie und Biometrie unter den Bezeichnungen "discrete/qualitative choice analysis" bzw. "qualitative response models" behandelt. Die entsprechenden Analysetechniken wurden dort bereits Anfang der achtziger Jahre als "one of the most important developments in econometrics in the past ten years ... " (Amemiya 1981: 1843) gefeiert.

Leider werden die statistischen Modelle diskreter Entscheidungsprozesse im engeren sozialwissenschaftlichen Forschungsbereich (z.B. in der Soziologie oder der Politikwissenschaft) kaum eingesetzt. In der Lehrbuch-Literatur zur empirischen Sozialforschung tauchen sie m.W. überhaupt nicht auf.

Dies ist umso überraschender, als die Voraussetzungen, die die theoretische Modell-Spezifikation für solcherart Analyse erfüllen muß, derart grundsätzlich gehalten sind, daß sie wohl von jeder theoretischen Variante des RC-Ansatzes erfüllt werden können. Denn ob Präferenzen als konstant oder variabel, als "hart" oder "weich" (im Sinne von allein materiellen oder auch sozialen Handlungsmotivationen) definiert werden, oder ob die Rationalität von Entscheidungsprozessen einigen allgemein gültigen Standards oder nur der Orientierung an individuellen subjektiven Wertschätzungen entsprechen soll, all dies ist für die Umsetzung von theoretischen RC-Modellen in formale, statistisch zu berechnende Logit-Modelle unerheblich. Von methodologischem Belang für die Spezifikation des Statistik-Modells sind einige Grundannahmen, die im folgenden benannt werden:

1. Zentrale Analyseeinheit für die Konstruktion des empirisch-orientierten Erklärungsmodells ist ein individueller Entscheidungsträger (im folgenden "Akteur" oder "A_i" genannt). Auf ihn ruht der analytische Primat unabhängig davon, ob der theoretische Primat (der z.B. für soziologische Analysen immer im Gesellschaftlichen liegt) mikro- oder makrotheoretisch ausgerichtet ist.[7]

---

[6] Vgl. Esser 1985, 1987; Wiesenthal 1987.

[7] Zur Unterscheidung zwischen analytischem und theoretischem Primat vgl. Wippler/Lindenberg 1987.

2. Jeder Entscheidungsträger kennt mindestens zwei Handlungsalternativen (HA_j), unter denen er eine bestimmte Alternative "HA_w" auswählen kann oder muß. Alle HA's eines bestimmten Akteurs "A_i" ergeben die Menge seiner Entscheidungsmöglichkeiten "J_i".

   Ob diese Menge für jeden Akteur die gleiche Anzahl von identischen HA's enthalten muß, wird für verschiedene Varianten des Logit-Modells in unterschiedlicher Weise entschieden (wir werden darauf zurückkommen). Allerdings muß die Anzahl aller Alternativen endlich bleiben. So ist z.B. die Höhe eines Geldbetrags, der für eine beliebige Ware ausgegeben werden kann, keine zugelassene HA. Handlungsalternativen können jedoch auch quantitativ sein (z.B. wenn eine bestimmte Ware allein für 1, 2, 3 oder 4 DM zu erhalten ist).[8]

3. Die Handlungsalternativen haben bestimmte Eigenschaften, die für die Entscheidung der Akteure zugunsten einer bestimmten HA relevant sind. Z.B. können unterschiedliche Studiengänge, zwischen denen eine Person wählen kann, unterschiedliche Studienzeiten erfordern, unterschiedliche Schwierigkeitsgrade aufweisen und unterschiedliche Verdienstmöglichkeiten versprechen. Somit ergibt sich ein Vektor, der aus allen relevanten Attributen einer j-ten HA für einen i-ten Akteur besteht (Z_{ij}). Entscheidungstheoretisch formuliert, handelt es sich bei dem Z-Vektor um das Gesamt all derjenigen externen Anreize, die überhaupt erst ein Entscheidungsproblem entstehen lassen.

4. Jeder Akteur weist bestimmte entscheidungsrelevante Merkmale auf. Dies können seine Werthaltungen, Wünsche und Erwartungen bezüglich der Folgen einer bestimmten Entscheidung sein. Diese können aber auch seine Ressourcenlage (verstanden als materielle und/oder immaterielle Lage) betreffen. In diesem Sinne sind z.B. individuell verfügbare Informationen und Fähigkeiten/Fertigkeiten, aber auch erlebte oder erwartete Kontroll- und Sanktionsmaßnahmen (z.B. bei abweichendem Verhalten) als entscheidungsrelevante Merkmale des Akteurs zu betrachten.

   Entscheidungstheoretisch formuliert, werden in der RC-Analyse alle individuellen Präferenzen und Restriktionen als Merkmale/Attribute des Entscheidungsträgers "A_i" angesehen. Zusammengenommen machen alle diese Merkmale den Eigenschaftsvektor "X" einer i-ten Person (X_i) aus.

5. Ein Entscheidungsträger (A_i) bewertet die externen Anreize einer Handlungsalternative (Z_{ij}) unter Berücksichtigung seiner Eigenschaften und Handlungsmöglichkeiten (X_i) dahingehend, daß er den Nutzen (U), den eine bestimmte HA_j für ihn persönlich aufweist

---

[8] Weitere Anforderungen gegenüber den HAs sind: a) die wechselseitige Exklusivität von HAs (es muß entweder HA_1 oder HA_2 gewählt werden, beide HAs können nicht gleichzeitig verfolgt werden) und b) die Möglichkeit, alle HAs einer bestimmten Person in das Analysemodell einbeziehen zu können. Beide Bedingungen lassen sich jedoch auch dadurch erfüllen, daß die Alternativen für eine bestimmte Statistikanwendung umdefiniert werden (z.B. kann man in Fällen, in denen es mehr HAs gibt als das Statistikverfahren sinnvollerweise behandeln kann, ähnliche HAs zu einer neuen HA zusammenfassen und so die Exhaustion gewährleisten).

4.3 Das entscheidungstheoretisch begründete Logit-Modell

(U_{ij}, mit j=w=Wahlalternative)[9], erkennen und diesen Nutzen mit demjenigen einer anderen Handlungsalternative (U_{ij}, mit j=r=Referenzalternative) vergleichen kann.

Dabei benutzt er die Nutzenfunktion "$U(Z_{ij}, X_i)$", die der HA_j in Abhängigkeit von Z und X bestimmte Nutzenwerte zuordnet.

6. In der Entscheidung für eine bestimmte HA_w und gegen eine andere HA_r bevorzugt der Akteur diejenige HA mit dem für ihn relativ höchstem Nutzenwert.

Ob es sich bei einer derart durchgeführten Entscheidung um eine rationale Wahl im Sinne diverser zu definierender Rationalitätsstandards handelt und ob dieses Entscheidungsverfahren als subjektive Nutzenmaximierung, Nutzensatifizierung (nach Simon) oder erlernte Entscheidungsheuristik zu verstehen ist, bleibt für die spätere Logit-Analyse wiederum irrelevant. Für sie ist allein die Annahme zu akzeptieren, daß jeder Akteur zur Lösung seines Entscheidungsproblems diejenige HA mit dem für ihn größten subjektiven Nutzen vor allen anderen HA's auswählt.

Diese sechs Grundannahmen muß ein Theorie-Modell beinhalten, wenn es in einer theorielogisch begründeten Weise mit den div. Modellen der Logit-Analyse verknüpft werden soll. Sind sie vorhanden, können Theoriekonstruktion und Datenanalyse aufeinander bezogen werden und kann deshalb auch gerade die theoretische Forschungsarbeit von der formalen Strenge und differenzierten Konstruktionslogik der Logit-Modelle profitieren.

Welche inhaltlichen Konsequenzen daraus im konkreten entstehen können, wird unten zu zeigen sein. Zunächst muß aber noch die Grundstruktur des Entsprechungsverhältnisses zwischen den oben aufgeführten, sechs theoretischen Grundannahmen und dem in den Kapiteln 2 und 3 beschriebenen Logit-Modell verdeutlicht werden. Dazu beschränken wir uns auf einige wenige, zentrale Hinweise:

Die oben genannte 5. Grundannahme besagt für jede Handlungsalternative eines beliebigen Entscheidungsträgers (d.h. für jedes j in J_i):

(4.8) $$U_{ij} = U(Z_{ij}, X_i)$$

Wird auch die 6. Grundannahme hinzugezogen, so entscheidet sich der Akteur immer für HA_w (und gegen HA_r), wenn die Nutzenbewertung von HA_w für ihn günstiger ausfällt, als diejenige von HA_r (wobei dies für jede j in J_i gilt):

(4.9) $$U(Z_{iw}, X_i) > U(Z_{ir}, X_i)$$

Aus Ungl.(4.9) folgt: Wüßte der Sozialforscher die empirischen Werte aller entscheidungs-

---

[9] Entsprechend der in Kap. 3.1 eingeführten Notation unterscheiden wir zwischen einer Wahlalternative (dort: Wahlkategorie) und einer Referenzalternative (dort: Referenzkategorie). Ist in einem Entscheidungsprozeß die Wahlalternative gemeint, ist j=w und damit $HA_j = HA_w$, ist hingegen die Referenzalternative gemeint, ist j=r und damit $HA_j = HA_r$.

relevanten Elemente der Vektoren Z und X, so könnte er mit absoluter Sicherheit (d.h. mit einer Wahrscheinlichkeit von 1 oder 0) vorhersagen, ob sich A_i für HA_j entschiede oder nicht.

Da jedoch der Sozialforscher im Regelfalle nicht alle Elemente von Z und X kennen wird, müssen wir zwischen beobachtbaren Z- und X-Elementen unterscheiden.

Wir definieren dazu die Z- und X-Vektoren als Sub-Vektoren von zwei umfassenden Gesamt-Vektoren $^*Z$ und $^*X$, welche sowohl die beobachtbaren als auch die nicht zu beobachtenden Z- und X-Elemente beinhalten. Somit enthalten nunmehr die Sub-Vektoren Z und X nur noch die beobachtbaren Elemente des jeweiligen, übergeordneten Gesamt-Vektors. Daraus ergeben sich auch die folgenden Unterscheidungen:

$^*Z_j$ wird unterteilt:

a) in einen Sub-Vektor, der alle beobachtbaren Elemente der Handlungsalternative beinhaltet: Z_{ij}

b) in einen Sub-Vektor, der die unbekannte Differenz zwischen $^*Z$ und Z beinhaltet und dessen Elemente nicht beobachtbar sind: ε_{ij}.

In gleicher Weise wird auch $^*X_i$ unterteilt:

a) in einen Sub-Vektor, der alle beobachtbaren Elemente des Handlungsakteurs beinhaltet: X_i

b) in einen Sub-Vektor, der die unbekannte Differenz zwischen $^*X$ und X beinhaltet und dessen Elemente nicht beobachtbar sind: ε_i.

Um nunmehr trotz des beschränkten sozialwissenschaftlichen Wissens auf das Entscheidungsverhalten von A_i schließen und Prognosen darüber abgeben zu können, werden an dieser Stelle zwei neue Vektoren benötigt. Der Vektor "Γ" (Gamma) enthält für jedes Element von Z einen Gewichtungsfaktor "γ", der Vektor "B" (Beta) enthält für jedes Element von X einen Gewichtungsfaktor "β".

Diese Gewichtungsfaktoren werden später in der Logit-Analyse als Logit-Koeffizienten geschätzt und erlauben Vorhersagen über den Ausgang einer Entscheidung von A_i, auch wenn Informationen über das komplette Entscheidungskalkül von A_i fehlen.

Somit entsteht durch die Erweiterung um die Vektoren "B" und "Γ" aus Gl.(4.8) die folgende Gl.(4.10), in der nun auch nicht mehr eine Nutzenfunktion "U(...)" den Nutzen der HA_j bestimmt, sondern eine Präferenzfunktion "V(...)", die um die additiven Fehlergrößen "ε" von der wahren, aber unbekannten Nutzenfunktion abweicht. Sie wird auch als RC-Grundaxiom bezeichnet:

4.3 Das entscheidungstheoretisch begründete Logit-Modell

(4.10) $\quad U_{ij} = V(Z_{ij}, X_i, B_i, \Gamma_j) + \varepsilon_{ij}$

$\quad\quad\quad = V(Z_{ij}, X_i, B_i, \Gamma_j) + \varepsilon_{ij}$

$\quad\quad\quad = V_{ij} + \varepsilon_{ij}$

Entsprechend Gl.(4.10) besteht der Nutzen von HA_j für A_i also nur noch aus zwei Komponenten:

a) aus einem systematischen (oder "repräsentativ" genannten) Anteil, der sich aus einer Präferenzfunktion "V_{ij}" ergibt, die als deterministisch angesehen wird, und

b) aus einem zufälligen Anteil "ε_{ij}", der aus unbeobachteten Merkmalen von HA_j und A_i sowie aus äußerst eigenwilligen, sehr persönlichen (d.h. idiosynkratischen) Vorlieben von A_i besteht.

Dementsprechend kann nunmehr auch die Ungl.(4.9) in Ungl.(4.11) umformuliert werden:

HA_w wird im Vergleich zu HA_r gewählt, wenn:

$\quad\quad V_{iw} + \varepsilon_{iw} > V_{ir} + \varepsilon_{ir}$

$\quad\quad$ oder:

(4.11) $\quad\quad V_{iw} - V_{ir} > \varepsilon_{ir} - \varepsilon_{iw}$

Ungl.(4.11) zeigt, daß HA_w immer dann gewählt wird, wenn sie höhere Präferenzwerte als HA_r erhält, und wenn gleichzeitig die unbeobachteten Nutzenanteile von HA_r nicht unverhältnismäßig groß ausgeprägt sind.

Um bei all diesen Definitionen die Orientierung zu erleichtern, faßt die folgende Tabelle 4.1 noch einmal die wichtigsten, hier beschriebenen Kenngrößen zusammen.

Tabelle 4.1: Zusammenstellung der wichtigsten, allgemeinen Kenngrößen zur Analyse von Logit-Modellen

A	Entscheidungsakteur
	A_i: ein bestimmter Akteur
	insgesamt: N Akteure
HA	Handlungsalternative
	HA_j: eine bestimmte Alternative
	HA_w: die gewählte Alternative
	HA_r: die Referenz-Alternative
	insgesamt: J Alternativen
Z	Attribut von HA
	Z_{ij}: Attribut einer best. Alternative (j) für einen best. Akteur (i)
γ	Logit-Koeffizient von Z
	γ_j: Logit-Koeffizient für ein best. Attribut der Alternative (j)
X	Attribut eines Akteurs
	X_i: ein bestimmtes Attribut für einen best. Akteur (i)
β	Logit-Koeffizient von X
	β_i: Logit-Koeffizient für ein best. Attribut des Akteurs (i)
U	Nutzen
	U_j: Nutzen einer best. HA (j)
	U_{ij}: Nutzen einer best. HA (j) für einen best. Akteur (i)
V	systematischer Teil des Nutzens U
	V_j: system. Nutzen einer best. HA (j)
	V_{ij}: system. Nutzen einer best. HA (j) für einen best. Akteur (i)
	V_{iw}: wie oben, aber mit gewählter HA (w)
	V_{ir}: wie oben, aber mit Referenz-HA (r)

4.3 Das entscheidungstheoretisch begründete Logit-Modell

Unsere bisherige Argumentation basierte auf der Analyse des Entscheidungsverhaltens eines einzigen Akteurs. Nun werden aber in der empirischen Forschung üblicherweise nicht Einzelpersonen, sondern eine große Anzahl von Akteuren beobachtet. Diese Akteure können in der Regel bestimmten sozialen Gruppen mit gleichen sozialen Merkmalen zugeordnet werden. Im Entscheidungsverhalten der jeweiligen Gruppenmitglieder wird dann der Anteil der Nutzenbewertung, der nicht beobachtbar ist, von Akteur zu Akteur unterschiedlich sein, d.h. er wird über alle Gruppenmitglieder hinweg variieren. Das wiederum wird dazu führen, daß obwohl der beobachtete und deterministische Anteil der Nutzenbewertung für alle Gruppenmitglieder gleich ist (denn sie wurden u.a. aufgrund von gleichen Merkmalen und gleichen sozio-ökonomischen Eigenschaften den jeweiligen Gruppen zugeordnet), dennoch die verschiedenen Akteure verschiedene HA's wählen werden (je nach Ausprägung der unsystematischen Komponente ihrer jeweiligen Nutzenfunktionen).

Aus diesem Grunde empfiehlt es sich, die RC-Analyse auf eine wahrscheinlichkeitstheoretische Argumentationsbasis zu stellen (als "probabilistic choice theory" oder als "random utility approach"). Danach ist die zu erwartende Wahrscheinlichkeit, mit der eine Person eine bestimmte Alternative auswählt, gleich der Wahrscheinlichkeit, mit der der Nutzen dieser HA größer ist als der Nutzen jeder anderen HA.

Diese Überlegung läßt sich in allgemeiner Form durch eine wahrscheinlichkeitstheoretische Umformulierung von Ungl.(4.9) ausdrücken:

$$(4.12) \qquad P_{iw} = \text{Prob} \left[U(Z_{iw}, X_i) > U(Z_{ir}, X_i) \right]$$

In Gl.(4.12) ist P_{iw} die Wahrscheinlichkeit für die Wahl der w-ten Handlungsalternative durch mehrere Personen, die alle aufgrund gleicher Merkmalkonstellationen einer bestimmten sozialen Gruppe zugerechnet werden können. Diese Wahrscheinlichkeit ist identisch mit dem Wert, gegen den eine dementsprechende Wahrscheinlichkeit konvergieren würde, wenn die Größe der Gruppe ins Unendliche anwüchse. Dies gilt selbstverständlich auch für die wahrscheinlichkeitstheoretische Umformulierung von Gl.(4.10), die hier aber nicht aufgeführt wird, sowie für die wahrscheinlichkeitstheoretische Umformulierung von Ungl.(4.11):

$$(4.13) \qquad P_{iw} = \text{Prob} \left[V_{iw} - V_{ir} > \varepsilon_{ir} - \varepsilon_{iw} \right]$$

Nach Gl.(4.13) wählen Personen die w-te Handlungsalternative, wenn ihr Präferenzwert für diese Alternative größer ist als für die Referenzalternative und dies auch relativ zur Differenz der individuellen Nutzen-Unsicherheit (Fehler) gilt. Mithin vergleichen Individuen die Alternativen-Paare:

- ▸ hinsichtlich von Eigenschaften, die alle Alternativen aufweisen,
- ▸ mittels Differenz-Bildung der wahrgenommenen Eigenschaften von Alternativen-Paaren,
- ▸ wobei die Präferenzbewertung am individuell wahrgenommenen Nutzen von Handlungsalternativen festgemacht wird.

Damit die Gl.(4.13) einer Logit-Analyse zugeführt und mit empirischen Werten rechentechnisch aufgelöst werden kann (dazu unten mehr), müssen einige Annahmen über die Verteilung der Fehlergrößen ε_w und ε_r (bzw. die Verteilung ihres Differenzwertes) getroffen werden. Diese Annahmen fordern insbesondere, daß alle Fehler für jedes betrachtete Paar von Wahl- und Referenzalternative:

1.) unabhängig voneinander verteilt sind,
2.) identisch verteilt sind,
3.) eine bestimmte Verteilungsform aufweisen.

Was bedeuten diese Annahmen und welche Konsequenzen haben sie?

ad 1.) Nach der ersten Annahme soll jeder Akteur für jede Alternative einen ganz bestimmten Präferenzwert erarbeitet haben. Damit gäbe es auch eine alternativenspezifische Fehlergröße (berechnet als Differenz zwischen systematischer und zufälliger Nutzen-Komponente), die typisch für die Wahl gerade dieser und nicht irgendeiner anderen Alternative ist. Präferenzwert und damit auch die Fehlergröße sollten also unabhängig davon sein, welche anderen HA's noch zur Auswahl stehen, denn jede HA hat, für sich alleine genommen, einen bestimmten Präferenzwert und damit auch eine eigene, unabhängige Fehlergröße (Annahme einer "independence of irrelevant alternatives")[10].

ad 2.) Entsprechend der zweiten Annahme sollte die Fehlergröße aus einer Wahrscheinlichkeitsverteilung entstammen, deren Form für alle HA's identisch ist. Daraus folgt z.B., daß auch die Varianzen der Fehler identisch sein sollten (vgl. Wrigley 1985: 317f).

ad 3.) Die Festlegung der Verteilungsform ist entscheidend dafür, in welches Statistikmodell die RC-Analyse einmündet. In der Forschungspraxis hat sich als Verteilungsform die Weibull-Verteilung[11] durchgesetzt.

---

10) Eine ausführliche Vorstellung und Diskussion dieser Annahme erfolgt in Kap. 5.1.1.

11) Auch bekannt als Gumbel-Verteilung oder als Extremwert-Verteilung vom Typ I oder als doppelte Exponential-Verteilung. Ihre kumulierte Verteilungsfunktion ergibt sich aus: $F(x) = \exp(-\exp(-(x-\mu)/\lambda))$, wobei μ einen Lage- und λ einen Skalierungsparameter bezeichnet. In ihrer standardisierten Form ist $\mu=0$ und $\lambda=1$. Die standardisierte Form der kumulierten Weibull-Verteilung verkürzt sich dann zu: $F(x) = \exp(-\exp(-x))$ und hat einen Erwartungswert von 0.57 und eine Standardabweichung von 1.65.

4.3 Das entscheidungstheoretisch begründete Logit-Modell

Empirisch ist es schwer zu begründen, warum gerade die Weibull-Verteilung ein gutes Modell abgibt, um die Verteilungsform der Fehler in Gl.(4.13) zu repräsentieren. Sie bietet allerdings gegenüber anderen Verteilungen (z.B. der Normalverteilung) vor allem drei Vorteile:

I. Mit ihrer Hilfe können zwei grundsätzliche Theoriemodelle der axiomatischen Entscheidungsforschung (das Thurstone- und das Luce-Modell) zusammengeführt werden (Yellott 1977).

II. In ihrer standardisierten Form (mit Lageparameter $\mu=0$ und Skalierungsparameter $\lambda=1$) hat der Erwartungswert einer Weibull-verteilten Variablen eine Größe von 0.57 und ihre Standardabweichung ein Ausmaß von 1.28. Damit unterscheidet sich die Dichtefunktion der Weibull-Verteilung nicht wesentlich von derjenigen einer Standard-Normalverteilung (vgl. Cramer 1991: 52).

III. Da wir es nach Gl.(4.13) mit einer Fehler-Differenz zu tun haben und da die Differenz zwischen zwei Weibull-verteilten Zufallsvariablen einer logistischen Verteilungsfunktion folgt (vgl. Judge et al. 1980: 596), erhält man das allgemeine Logit-Modell, wenn jede Fehlervariable als Weibull-verteilt angenommen wird.[12]

Die einzelnen Ableitungsschritte, die gemäß der III. Eigenschaft von Gl.(4.13) zum Logit-Modell führen (wenn die o.g. Annahmen getroffen werden), sind komplex und müssen hier nicht referiert werden.[13] Sie ergeben letztlich die unten aufgeführte Gl.(4.14).

$$(4.14) \qquad P_{iw} = \frac{1}{\sum_{j=1}^{J} \exp(V_{iw} - V_{ij})}$$

Gl.(4.14) kann als Grundgleichung der RC-Analyse betrachtet werden. Gleichzeitig spezifiziert sie das allgemeine Logit-Modell für mehr als nur zwei Handlungsalternativen (= multinomiales Logit-Modell = MNL-Modell). Trotz der etwas ungewöhnlichen Schreibweise[14] ist sie in ihrer Struktur identisch mit der in Kap. 3.1 rein datenlogisch abgeleiteten Gleichung für das MNL-Modell (Gl.3.8). Formal betrachtet unterscheidet sie sich von Gl.(3.8) allein dadurch, daß V nunmehr als Nutzendifferenz zwischen zwei Handlungsalternativen verstanden wird.

---

12) Vgl. dazu Ben-Akiva/Lerman 1985: 64-74. Eine andere Ableitung des allgemeinen Logit-Modells aus der Standardform der Weibull-Verteilung nimmt Cramer vor (des. 1991: 51).

13) Die Ableitung basiert auf einem Beweis von McFadden 1978: 77f. Ausführliche Darstellungen geben Amemiya 1981: 1516, Hensher/Johnson 1981: 38-42, Train 1986: 53f.

14) Diese Schreibweise wurde auch bereits in Kap. 2.1 bei der Bestimmung des binären Logit-Modells in Gl.(2.9) benutzt.

Das MNL-Modell verkürzt sich zum binären Logit-Modell, wenn dem Akteur ausschließlich zwei Handlungsalternativen zur Verfügung stehen.

In Gl.(4.15) wird die Grundgleichung der multinomialen RC-Analyse für den binomialen Anwendungsfall spezifiziert:

$$(4.15) \qquad P_{iw} = \frac{1}{1 + \exp(V_{iw} - V_{ir})}$$

Die oben aufgeführten Grundgleichungen der RC-Analyse (4.14) und (4.15) zeigen, daß in der RC-Analyse die Wahrscheinlichkeit für die Entscheidung zugunsten einer bestimmten Handlungsalternative allein aufgrund der nunmehr als deterministische Komponente in der Nutzenfunktion bestimmten Größe "V" berechnet wird. Dieses V wird auch hier (analog zu V in Kap. 2 und 3) als Linearkombination von entscheidungsrelevanten Kovariaten empirisch bestimmt, wenn es um die statistische Schätzung der Einflußparameter "β" und "γ" im Logit-Modell geht. Mithin muß im RC-Modell angenommen werden, daß die Funktion des Erwartungsnutzens in den Parametern linear ist.

Wie wir in diesem Kapitel gezeigt haben, interpretiert die RC-Analyse den Ausgang eines individuellen Entscheidungsprozesses zwischen mindestens zwei Handlungsalternativen als ein Wahrscheinlichkeitsmodell, in dem mit Hilfe von bestimmten Verteilungsannahmen die Wahrscheinlichkeit für die Auswahl einer speziellen HA in logistischer Abhängigkeit von Veränderungen in einer deterministischen Komponente der subjektiven Nutzenfunktion festgelegt wird. Diese deterministische Komponente ist eine Präferenzfunktion $V(Z,X,B,\Gamma)$, deren Werte durch die Vektor-Elemente der Handlungsalternativen (Z), des Entscheidungsträgers (X) sowie bestimmter Gewichtungsparameter (β, γ) bestimmt werden.

In welchem Ausmaß die einzelnen Elemente den jeweiligen Präferenzwert bestimmen, ist die eigentliche Frage der empirischen Sozialforschung. Sie wird durch die statistische Spezifikation und Schätzung von Logit-Modellen beantwortet.

4.3 Das entscheidungstheoretisch begründete Logit-Modell

Im einzelnen lassen sich die Vorteile einer am RC-Modell orientierten Interpretation der Logit-Analyse noch einmal wie folgt zusammenfassen:

➡ Die Interpretation von Logit-Modellen im Lichte der RC-Analyse verknüpft die hypothesengeleitete Spezifikation von Theorie-Modellen mit der empirie-orientierten Spezifikation diesbezüglicher Statistik-Modelle. Einfacher ausgedrückt: sie verknüpft theoretische und statistische Analyse, oder: sie verknüpft die Theorie der rationalen Handlungswahl mit der Statistik von Logit-Modellen.

➡ Die RC-Analyse verweist auf die Systematik des Alternativenvergleichs im individuellen Entscheidungsprozeß. Sie interpretiert die erklärende Komponente im Logit-Modell (V) als Nutzengröße, welche durch den Vergleich zweier Handlungsalternativen entsteht. Da dieser Vergleich auf Differenzbildung basiert, kann die Nutzengröße im Logit-Modell auch direkt als Nutzendifferenz bezeichnet werden. Ein Wert von $V=0$ markiert somit eine Indifferenz zwischen zwei Alternativen (vgl. dazu z.B. Abb. 2.1).

➡ Die RC-Interpretation kann die Explikation von ansonsten verborgen gebliebenen Zusatzannahmen erzwingen, wie z.B. die Abhängigkeit oder Unabhängigkeit der subjektiven Alternativenbewertung von Umfang der zur Verfügung stehenden Alternativenmenge bzw. von den Relationen, die zwischen den Elementen dieser Menge bestehen (vgl. dazu Kap. 5.1.1).

➡ Die RC-Analyse thematisiert Merkmale von Entscheidungsprozessen, die in der bisherigen theoretischen Diskussion unbekannt geblieben sind oder die darin nicht adäquat berücksichtigt wurden. Dazu gehören z.B. solche Entscheidungseffekte, die von den Attributen der Handlungsalternativen und nicht von Merkmalen der Entscheidungsträger ausgehen (und die somit nicht mit Personenmerkmalen kovariieren müssen).

Gerade weil die oben genannten Vorteile einer Kombination von RC- und Logit-Analyse auf den ersten Blick recht überzeugend sind, soll an dieser Stelle noch einmal darauf hingewiesen werden:
Der Zusammenhang zwischen Rational-Choice-Analyse und Logit-Modellen basiert auf einer integrierenden Interpretation. Für die Logit-Analyse als Modell der statistischen Datenanalyse ist es nicht erforderlich, daß der RC-Überbau akzeptiert wird.
Denn Annahmen über nutzenmaximierende Verhaltensgrundsätze mögen als Erklärungsmuster in Sozialsystemen ihre heuristische Bedeutung haben. Für die Analyse der Wahrscheinlichkeit, an Krebs zu erkranken, sind sie jedoch bestimmt irrelevant, obwohl auch dieses Ereignis in einer Logit-Analyse untersucht werden kann.

5 Konditionale Logit-Analyse

Die in Kapitel 3 und 4 vorgestellten Logit-Analysen beinhalten allein solche Prädiktor-Variablen, die bestimmte Merkmale der Entscheidungsakteure thematisieren. Diese sind unabhängig von den Eigenschaften der zur Auswahl stehenden Handlungsalternativen (z.B. bestimmte Einstellungshaltungen wie die LR-Variable oder die Zugehörigkeit zu einer Gewerkschaft als GEW_F-Variable).

Die Logit-Analyse kann aber auch den Einfluß von Eigenschaften der Handlungsalternativen auf den Entscheidungsausgang analysieren. Die dabei interessierenden Variablen messen nicht mehr Merkmale der Entscheidungsakteure, sondern Attribute der Handlungsalternativen selbst. Dazu gehören z.B. im Falle politischer Wahlentscheidungen solche Variablen wie die Glaubwürdigkeit oder die Sachkompetenz der verschiedenen politischen Parteien. Diese Variablen sind somit nur in Abhängigkeit von der Existenz bestimmter Handlungsalternativen zu begreifen. Sie werden deshalb auch als **konditionale Variablen** und das dementsprechende Statistik-Modell als **konditionale Logit-Analyse**[1] bezeichnet.

Im folgenden wird zunächst das statistische Grundmodell der konditionalen Logit-Analyse vorgestellt. Daran anschließend werden einige wichtige Erweiterungen dieses Modells aufgezeigt.

5.1 Das rein konditionale Logit-Modell

Die methodologischen Grundlagen der konditionalen Logit-Analyse werden in Kapitel 4.3 ausführlich dargelegt. Dort wird auch der Z- und der Gamma-Vektor vorgestellt. Der Z-Vektor enthält als entscheidungsdeterminierende Prädiktor-Variablen die alternativenabhängigen Meßwerte Z_{ij} während der Gamma-Vektor (Γ-Vektor) die geschätzten Einflußparameter (Logit-Koeffizienten) γ_j dieser Prädiktor-Variablen enthält.

Die Z-Variablen betreffen entscheidungsrelevante Attribute/Merkmale der verschiedenen Handlungsalternativen einer jeweiligen Entscheidungssituation. Zu ihnen gehören z.B. im Falle der bereits oben erwähnten politischen Wahl die Attribute von politischen Parteien wie etwa die Qualität der Führungspersonen einer Partei oder die Aussagekraft einzelner Partei-Programme. Konditionale Variablen variieren prinzipiell über die verschiedenen Handlungsalternativen (hier: die politischen Parteien) und, eventuell, zu gleicher Zeit über die verschiedenen Entscheidungsakteure.

---

1) Statt der Bezeichnung "konditionales Logit-Modell" werden in der Literatur auch noch andere Namensgebungen benutzt wie z.B. "**logistisches Zufallsnutzenmodell**" (Kühnel 1992), "**random utility model**" (Greene 1992) oder "**discrete choice model**" (Greene 1992, Steinberg/Colla 1991).
In einigen statistischen Lehrbüchern wird auch jede der J-1 Logit-Gleichungen der multinomialen Logit-Analyse (vgl. Kap. 3.1) als konditionales Logit-Modell bezeichnet. Dort bezieht sich die Namensgebung aber allein auf die Relevanz der Referenz-Kategorie "HA$_r$" zur Interpretation der geschätzten Logit-Koeffizienten. Wie aus den obigen Erläuterungen ersichtlich, ist im vorliegenden Lehrbuch eine solche Bedeutung mit der Begriffswahl "konditionale Logit-Analyse" nicht impliziert.

5.1 Das rein konditionale Logit-Modell

Letzteres gilt vor allem für den sozialwissenschaftlichen Anwendungsbereich. Dort werden die Alternativen-Attribute in aller Regel deshalb individuell variieren,[2] weil:

a) nicht die Attribute selbst, sondern die Bewertungen dieser Attribute durch die Akteure entscheidungsrelevant sind (z.B. bei politischen Wahlen als individuell wahrgenommene Qualität von Politikern),

oder weil:

b) die Attribute unterschiedliche Konsequenzen für die einzelnen Akteure haben (z.B. bei der Wahl eines Verkehrsmittels als unterschiedlich lange Fahrzeiten zur Arbeitsstätte).

Im Unterschied dazu variieren die Prädiktor-Variablen des X-Vektors, wie z.B. die Links/Rechts-Orientierung eines Entscheidungsakteurs, nicht in Abhängigkeit von den zur Verfügung stehenden Handlungsalternativen, sondern über alle "N" beobachteten Einzelakteure. Für sie ist irrelevant, ob bestimmte Handlungsalternativen mit bestimmten Attributen gegeben sind oder nicht.

Wie durch die obige Kontrastierung von Z- und X-Variablen deutlich zu erkennen, sind Logit-Modelle nicht nur dann ein geeignetes statistisches Instrumentarium zur Analyse von Entscheidungsprozessen, wenn allein die Merkmale des Entscheidungsträgers und dessen sozialer Umwelt (= X-Variablen) in einem Theorie-Modell spezifiziert werden. Sie können in Form von konditionalen Modellen auch dann eingesetzt werden, wenn die strukturellen Kennzeichen der Entscheidungssituation in Gestalt bestimmter Entscheidungsalternativen und deren Atttribute (= Z-Variablen) als die zentralen Größen eines Theorie-Modells bestimmt werden.

In welcher Weise dies zu erreichen ist, wollen wir im folgenden an mehreren Beispielen veranschaulichen.

Bevor eine spezielle konditionale Logit-Analyse durchgeführt wird, sollten zunächst anhand der folgenden Check-Liste die Eigenschaften des entsprechenden Modells festgelegt werden. Alle Punkte dieser Liste beziehen sich auf Merkmale der zu analysierenden Alternativen und deren Einflußparameter:

1. Ist die Anzahl der zur Verfügung stehenden Alternativen für alle Akteure gleich, oder gibt es für unterschiedliche Akteure unterschiedlich große Alternativenmengen?
   (konstante vs. variierende HA-Menge)

2. Sollen die gleichen Attribute für alle oder nur für einige ausgewählte Alternativen analysiert werden? Letzteres ist immer dann zwingend, wenn die Anzahl der Attribute

---

[2] Vgl. dazu auch Amemija 1981: 1491.

zwischen den einzelnen Alternativen variiert. Im ersten Falle werden die Z-Variablen als "generische" im zweiten Fall als "alternativenspezifische" Variablen bezeichnet.[3]
(generische vs. alternativenspezifische Z-Variablen)

3. Weisen die gleichen Attribute über alle Alternativen hinweg konstante Einflußparameter auf, oder variieren die Einflußparameter zwischen verschiedenen Untergruppen von Handlungsalternativen?
(konstante vs. variierende Einflußparameter)

4. Wird der Entscheidungsprozeß allein von Z-Variablen oder auch noch zusätzlich von X-Variablen beeinflußt? Wenn beide Arten von Variablen existieren, so muß ein sog. "mixed" Logit-Modell geschätzt werden (vgl. dazu Kap. 5.3).
(rein konditionales vs. "mixed" konditionales Logit-Modell)

Im folgenden werden wir uns zunächst auf Modelle konzentrieren, die sowohl generische als auch alternativenspezifische Prädiktoren enthalten. Auch sollen solche Modelle vorgestellt werden, die zur Analyse von Entscheidungssituationen mit variierenden Alternativenmengen eingesetzt werden können. Im Anschluß daran wird es um Modell-Variationen der konditionalen Logit-Analyse wie z.B. das "nested" und das "mixed" Logit-Modell gehen.

Eine rein konditionale Logit-Schätzung ergibt anders als das multinomiale Logit-Modell nur eine einzige Schätzgleichung (also z.B. auch bei 3 HA's nur eine Logit-Gleichung). Sie enthält also nur einen einzigen Logit-Koeffizienten "g" für jeden zu schätzenden Einflußparameter "γ".
Zum Beispiel könnte im Falle einer Entscheidungssituation zwischen den drei Verkehrsmitteln: privater PKW (=HA_1), öffentlicher Bus (=HA_2) und privates Fahrrad (=HA_3) sowie der generischen Z-Variablen "Fahrzeit" (ZEIT) die folgende Gleichung geschätzt werden (alle Zahlen sind in diesem Beispiel rein fiktiv, zur Interpretation s.u.):

$$V = 0.19(ZEIT)$$

Man erhält also im konditionalen Logit-Modell nur eine einzige Parameterschätzung pro Z-Variable (im oberen Beispiel: g=0.19), was dadurch möglich wird, daß die Nutzendifferenz, die nach Gl.(4.14) und Gl.(4.15) allein einen Einfluß auf die Auswahlwahrscheinlichkeit $P(HA_w)$ hat, als Differenz zwischen alternativenabhängigen Z-Werten multipliziert mit einem konstanten Einflußparameter verstanden wird:[4]

---

[3] Für eine Erläuterung der konditionalen Logit-Analyse mit alternativenspezifischen Z-Variablen vgl. Guadagni/Little 1983, Kühnel 1992.

[4] Analog dazu müßte im multinomialen Logit-Modell mit ausschließlich X-Variablen die Nutzendifferenz als Differenz zwischen zwei alternativenabhängigen Einflußeffekten und ein und derselben X-Variablen behandelt werden:

(Fortsetzung...)

5.1 Das rein konditionale Logit-Modell

$$(5.1) \qquad P_{iw} = \frac{1}{\sum_{j=1}^{J} \exp[(Z_{ij}-Z_{iw})\gamma]}$$

Konditionale Logit-Modelle weisen aufgrund ihrer speziellen Nutzendefinition und der damit verbundenen Schätzung eines einzigen, konstanten Einflußparameters für jedes Attribut von beliebig vielen Handlungsalternativen zwei ganz besondere Vorteile auf:

1. sie reduzieren die Anzahl der zu schätzenden und damit auch der zu interpretierenden Modell-Parameter im Vergleich zu den klassischen, multinomialen Logit-Modellen um ein Vielfaches: statt (J-1)∗(K) werden nunmehr nur noch (K) Schätzungen erzeugt,

2. sie erfordern keine für jeden Akteur konstante Anzahl von Handlungsalternativen, da die Parameter nicht für eine bestimmte HA geschätzt werden und deshalb auch nicht jede HA für jeden Akteur gleichermaßen zur Verfügung stehen muß.

Wie Gl.(5.1) zeigt, variiert bei konditionalen Variablen das Ausmaß des Z-Einflusses mit der spezifischen Ausprägung einer jeden Z-Variablen. Mithin können im konditionalen Logit-Modell auch nur solche Variablen den Entscheidungsausgang erklären, die für verschiedene HA's unterschiedliche Werte annehmen: die Z's müssen zwischen de HA's variieren können. Wenn sie das nicht tun, können sie auch keinen Einfluß auf $P(HA_w)$ haben.[5]

Diese Variation wird in der praktischen Logit-Analyse in der Regel dadurch erzeugt, daß die Attribute der HA's als solche betrachtet werden, die individuell variieren. D.h., daß prinzipiell das gleiche Attribut von Akteur A anders bewertet wird als von Akteur B und diese unterschiedliche Bewertung auch in zwei unterschiedliche Z-Werte eingeht (vgl. Amemiya 1981: 1431).

Im Schätzresultat unseres fiktiven Beispiels (s.o.) wird die Differenz der Z-Werte mit einem konditionalen Logit-Wert von "g = 0.19" gewichtet. Diese Gewichtung ist entscheidungstheore-

---

[4] (...Fortsetzung)

$$(5.1b) \qquad P_{iw} = \frac{1}{\sum_{j=1}^{J} \exp[(\beta_j-\beta_w)X_i]}$$

[5] Zudem muß jeder beobachtete Z-Wert auch auf jeder einzelnen HA variieren können (was z.B. dann nicht möglich ist, wenn als Z-Variablen die Ausprägungen einer Dummy-Variable benutzt werden und damit die Dummy-Variable ein perfekter Prädiktor für die Alternativen-Wahl ist). Bei fehlender Varianz kann das ML-Schätzverfahren keine sinnvollen Ergebnisse liefern. Vgl. dazu auch die Argumentation von Caudill 1988.

tisch als ein Relevanzkriterium zu verstehen, mit dem ein Akteur die unterschiedlichen HA-Attribute innerhalb seines Entscheidungsprozesses bewertet.

Die Gewichtung entspricht in unserem Beispiel einem Effekt-Koeffizienten von exp(.19)=1.21. Wenn also die Z-Differenz um eine Einheit größer wird, z.B. wenn eine PKW-Fahrt nur eine Stunde Fahrtzeit und eine Fahrrad-Fahrt hingegen zwei Stunden Fahrtzeit erfordert, so verschiebt sich die Wahrscheinlichkeitsrelation zwischen HA_1 (PKW-Fahrt) und HA_3 (Fahrrad-Fahrt) um das 1.21fache zugunsten von HA_1 (gleiches gilt für die Relation zwischen HA_2 und HA_3).

Ist die Differenz jedoch negativ, z.B. wenn Z_1 um +1 größer ist als Z_3, so würde sich die Wahrscheinlichkeitsrelation zuungunsten von HA_1 um den Faktor von exp(−.19)=0.83 verschieben.[6] Auf diese Weise kann auch im Falle eines niedrigen g-Wertes aufgrund von großen Z-Differenzen eine Entscheidung nachhaltig beeinflußt werden.

Im folgenden soll eine konditionale Logit-Analyse mit dem in Kap. 6.1 beschriebenen Datensatz durchgeführt werden.[7] Dazu formulieren wir zunächst ein neues Theorie- und Meß-Modell:[8]

H_{Th}(II): Wenn eine politische Partei ein hochbewertetes Image in einem generellen, unspezifischen Sinne aufweist, so wird dadurch ihre Attraktivität positiv beeinflußt.

H_{Th}(III): Die Attraktivität einer politischen Partei wird durch eine ihr eigene politische Grundorientierung in parteispezifischer Weise beeinflußt.

H_M(II,III.1): Die Attraktivität einer politischen Partei kann durch die Simulation einer Bundestagswahl im Rahmen einer mündlichen Befragung ermittelt werden.

H_M(II.2): Das allgemeine Image einer politischen Partei kann über deren Fremdeinstufung auf einer 11-stufigen, unspezifischen Bewertungsskala im Rahmen einer mündlichen Befragung ermittelt werden (zu den benutzten Fragen vgl. Kap. 6.1).

H_M(III.3): Die politische Grundorientierung einer politischen Partei kann über deren Fremdeinstufung auf einer Links-Rechts-Skala gemessen werden (zu den benutzten Fragen vgl. Kap. 6.1).

---

6) Da der Nullpunkt des Effekt-Koeffizienten bei "1" liegt, entspricht das relative Ausmaß einer Verschiebung zugunsten von HA_1 um 1.21 derjenigen zuungunsten von HA_1 um 0.83, denn 1/0.83=1.21 (vgl. Kap. 2.1.1).

7) Weitere empirische Beispiele zur konditionalen Logit-Analyse finden sich in Boskin 1974, Domencich/McFadden 1975, Elliott/Hollenhorst 1981, Punji/Staeling 1978.

8) Die bislang benutzten Theorie- und Meß-Modelle I.x werden in ihrer ursprünglichen Form in Kap. 1.3 vorgestellt.

5.1 Das rein konditionale Logit-Modell

Die oben referierten Hypothesen II und III enthalten eine generische und eine alternativenspezifische Variable: Das Image einer Partei, gemessen als Parteien-Bewertung (generische Variable: BEW), und die parteienspezifische Grundorientierung einer Partei, gemessen als Links/Rechts-Orientierung für jede Partei (alternativenspezifische Variablen: LR_CDU, LR_SPD usw.).

Zur Schätzung des konstanten Einflusses dieser konditionalen Variablen auf die Kriteriumsvariable "Parteiwahl" muß für jede analysierte Entscheidungsalternative jeweils ein Meßwert pro Variable vorliegen.

Im folgenden Beispiel benutzen wir als Kriteriumsvariable den Indikator WAHL123 mit den Ausprägungen:

WAHL123 = 1 = CDU-Wahl
WAHL123 = 2 = SPD-Wahl
WAHL123 = 3 = FDP-Wahl

Mithin besteht dieses Modell aus drei Handlungsalternativen, einer generischen und drei alternativenspezifische Variablen (vgl. dazu Kap. 6.1). Die Unterschiede zwischen generischen und alternativenspezifischen Variablen kann man in SYSTAT-Ausgabe 5.1a gut erkennen: arithmetische Mittelwerte können für die generische Variable BEW zu jeder der drei Alternativen berechnet werden, während für alle drei alternativenspezifischen Prädiktoren nur jeweils ein Mittelwert für eine ganz bestimmte Alternative möglich ist.

SYSTAT-Ausgabe 5.1a (Ausschnitt)

INDEPENDENT VARIABLE MEANS

PARAMETER	1	2	3	OVERALL
1 BEW	9.535	9.182	8.036	.
2 LR_CDU	8.219	0.000	0.000	.
3 LR_SPD	0.000	4.320	0.000	.
4 LR_FDP	0.000	0.000	7.164	.

Die Schätzergebnisse der Logit-Analyse für das oben beschriebene Wahl-Beispiel sind in SYSTAT-Ausgabe 5.1b enthalten:

SYSTAT-Ausgabe 5.1b (Ausschnitt)

PARAMETER	ESTIMATE	S.E.	T-RATIO	P-VALUE
1 BEW	0.767	0.035	21.849	0.000
2 LR_CDU	0.537	0.049	10.952	0.000
3 LR_SPD	-0.489	0.047	-10.415	0.000
4 LR_FDP	-0.071	0.062	-1.147	0.251

SYSTAT-Ausgabe 5.1b zeigt die im Modell spezifizierten Einfußparameter als geschätzte Logit-Koeffizienten (z.B. $g_1 = 0.767$), die die Stärke eines Z-Effekts auf WAHL123 (in dessen Logit-Form) signalisieren.

Die SYSTAT-Ausgabe 5.1b enthält jedoch keine Konstanten-Schätzwerte. Zwar hätte, wie im nicht-konditionalen, multinomialen Logit-Modell auch in diesem konditionalen Modell eine Konstante spezifiziert werden können. Jedoch wären dann als Konstanten-Schätzungen stets J-1 Schätzwerte ausgegeben worden, die die unspezifizierte Attraktivität einer jeden Alternative zu einer Referenzalternative ausdrücken.[9]

Konditionale Logit-Modelle werden im vorliegenden Text in der Regel ohne Konstante geschätzt. Aufgrund der spezifischen Alternativen-Relation, die mit jeder geschätzten Konstanten aber eben nicht mit jedem generischen Logit-Koeffizienten verbunden ist, erbringen solche Modelle Schätzergebnisse, die empirisch einfacher zu interpretieren sind. Zudem können nicht in allen Modell-Varianten der konditionalen Logit-Analyse auch Konstanten geschätzt werden.

Ein Nachteil von Modellen ohne geschätzter Konstanter besteht darin, daß für sie kein Pseudo-R^2-Wert berechnet werden kann. Zur Bewertung der Anpassungsgüte muß deshalb auf Maße des Prognoseerfolgs zurückgegriffen werden.

Nach SYSTAT-Ausgabe 5.1b hat die Variable BEW einen ganz erheblichen Einfluß auf die Attraktivität einer Partei und damit auch auf die Wahlentscheidung. Die Einflüsse der alternativenspezifischen Z-Variablen sind unterschiedlich stark und reichen von 0.537 bis $-0{,}071$ (nicht signifikant!). Deutlich zu erkennen sind die unterschiedlichen Richtungen des LR-Effektes für die Attraktivität von CDU und SPD. Ein zunehmendes Rechtsprofil nützt der CDU aber schadet der SPD.

Um die Stärke der einzelnen Effekte untereinander zu vergleichen, ist eine Betrachtung der Elastizitäten besonders hilfreich (vgl. dazu Kap. 2.1.1). Sie werden in SYSTAT-Ausgabe 5.1c abgedruckt.

SYSTAT-Ausgabe 5.1c (Ausschnitt)

```
INDIVIDUAL VARIABLE ELASTICITIES
AVERAGED OVER ALL OBSERVATIONS
```

PARAMETER	1	2	3
1 BEW	0.960	0.632	3.787
2 LR_CDU	0.579	0.000	0.000
3 LR_SPD	0.000	-0.189	0.000
4 LR_FDP	0.000	0.000	-0.314

---

9) Die Konstante, die zur Referenzkategorie gehört (hier: FDP-Wahl), wird stets zu 0 normalisiert und nicht geschätzt.

5.1 Das rein konditionale Logit-Modell

Nach SYSTAT-Ausgabe 5.1c hat ein Sprung von 1.00% auf der 11-stufigen Bewertungsskala eine Steigerung der CDU-Wahlaussichten von 0.96% zur Folge. Am kräftigsten kann die FDP ihre Attraktivität durch Imagegewinne verbessern: jeder Prozentpunkt an Imagezuwachs steigert ihre Attraktivität um 3.8%.

Die prozentualen Attraktivitätssteigerungen aufgrund von Links/Rechts-Verschiebungen fallen bei der CDU am deutlichsten auf. Der diesbezügliche Wert bei der FDP basiert auf einer nicht signifikanten Schätzung und sollte nur mit äußerster Vorsicht interpretiert werden.

Informationen über die Qualität der oben interpretierten, konditionalen Logit-Schätzung enthält SYSTAT-Ausgabe 5.1d. Sie zeigt eine sehr gute Rate von 84.1% richtig geschätzter Wahl-Entscheidungen. Nach der hier nicht abgedruckten Klassifikationstabelle ergibt sich sogar ein Anteil richtig geschätzter Entscheidungen von 89.8% (vgl. die Erläuterungen zu SYSTAT-Ausgabe 2.1j). Für ein Modell mit drei Entscheidungsalternativen verweisen diese Resultate auf eine sehr befriedigende Anpassungsgüte und damit auf eine gute Qualität der Schätzung.

SYSTAT-Ausgabe 5.1d (Ausschnitt)

```
MODEL PREDICTION SUCCESS TABLE

            ACTUAL      PREDICTED CHOICE                           ACTUAL
            CHOICE         1           2           3               TOTAL

               1        708.273      34.209      78.518           821.000
               2         35.893     723.962      46.145           806.000
               3         61.801      24.311      53.888           140.000

PRED. TOT.              805.968     782.481     178.551          1767.000
CORRECT                   0.863       0.898       0.385
SUCCESS IND.              0.398       0.442       0.306
TOT. CORRECT              0.841
```

Wie bereits oben erwähnt, kann die konditionale Logit-Analyse auch dann benutzt werden, wenn die Menge der zur Verfügung stehenden Alternativen über alle Akteure nicht konstant bleibt. Dies ist z.B. für die Analyse von Berufswahlprozessen von Relevanz, in denen die Entscheidungsträger sicherlich eine jeweils unterschiedliche Anzahl von Berufsmöglichkeiten in Erwägung ziehen.[10] Im Logit-Modell werden dann einige Akteure als Stichprobenfälle mit weniger bzw. mehr Ausprägungen auf der Kriteriumsvariablen behandelt, jedoch wird jeder Fall zur Schätzung aller für ihn relevanten Alternativen-Parameter herangezogen.

Im folgenden soll das oben geschätzte Parteienwahl-Beispiel zur Analyse von Entscheidungsprozessen mit variierenden Alternativen-Mengen eingesetzt werden. Dazu wird der Datensatz um die Unterstichprobe der bayrischen Befragten erweitert, die zwar die Eigenschaften aller

---

10) Einen solchen Anwendungsfall analysieren Punji/Staelin 1978.

oben genannten Parteien einstufen können, deren Alternativenmenge aber um die CDU-Alternative reduziert ist. Das analysierte Netto-Sample erhöht sich dadurch von 1767 auf 1913 Fälle.

SYSTAT-Ausgabe 5.2a zeigt die Ergebnisse der konditionalen Logit-Analyse für das modifizierte Beispiel 5.1 mit variierenden Alternativenmengen (wie oben beschrieben).

Für die Interpretation ist zu beachten, daß in solchen Anwendungsfällen nicht alle Alternativen für alle Befragten zur Verfügung stehen und deshalb generell auch keine Konstanten geschätzt werden können.[11] Ferner müssen für diese Analyse einige Variablen aus Beispiel 5.1 neu definiert werden. Dazu geben die Erläuterungen zur Programm-Gestaltung von Beispiel 5.2 nähere Informationen (vgl. Kap. 6.2).

SYSTAT-Ausgabe 5.2a (Ausschnitt)

	PARAMETER	ESTIMATE	S.E.	T-RATIO	P-VALUE
1	BEW	0.804	0.035	22.822	0.000
2	LR_CDU	0.543	0.050	10.817	0.000
3	LR_SPD	-0.433	0.041	-10.697	0.000
4	LR_FDP	-0.048	0.062	-0.767	0.443

Ein Vergleich von SYSTAT-Ausgabe 5.2a mit Ausgabe 5.1b zeigt, daß sich die Koeffizientenschätzungen nicht wesentlich verändert haben. Tabelle 5.1 macht einen direkten Vergleich möglich. Darin wird Modell 5.2 mit der Schätzung von Modell 5.1 kontrastiert.

Tabelle 5.1 zeigt, daß alle Resultate und Kennwerte der Modelle 5.1 und 5.2 nur unwesentlich voneinander abweichen. Es ist also möglich, mit ungleich großen Alternativenmengen eine stabile konditionale Logit-Schätzung durchzuführen.

---

11) Das gilt auch für die Einflußparameter von X-Variablen, die in gemischt konditionalen Logit-Modellen zusätzlich einbezogen werden können (vgl. Kap. 5.3).

Tabelle 5.1: Vergleich von zwei Logit-Modellen
(mit und ohne ungleiche Alternativenmengen)

(1)		Modell 5.2 mit ungleichen Alternativenmengen	Modell 5.1 mit gleich großen Alternativenmengen
(2)	Netto-N	SPD-Wahl: 932 FDP-Wahl: 160 CDU-Wahl: 821 inges.: 1913	SPD-Wahl: 806 FDP-Wahl: 140 CDU-Wahl: 821 insges.: 1767
(3)	Alternativenmengen	$J_1 = 3$ $J_2 = 2$	$J = 3$
(4)	kleinster Log.-Likelihood-Wert	537.147	513.977
(5)	Anteil korrekt prognostizierter Fälle	84.6%	84.1%
(6)	Anteil korrekt klassifizierter Fälle	90.2%	89.8%
(7)	konditionale Logit-Koeffizienten: (Sign. Niveau)		
(8)	BEW	0.804 (0.000)	0.767 (0.000)
(9)	LR_CDU LR_SPD LR_FDP	0.543 (0.000) −0.433 (0.000) −0.048 (0.440)	0.537 (0.000) −0.489 (0.000) −0.071 (0.250)
(10)	Elastizitäten:		

(11)	BEW:
	  für SPD-Wahl
	  für FDP-Wahl
	  für CDU-Wahl
		
		0.66%
		3.71%
		0.97%
			
			0.63%
			3.79%
			0.96%

(12)	LR_SPD für SPD-Wahl LR_FDP für FDP-Wahl LR_CDU für CDU-Wahl	−0.17% −0.19% 0.56%	−0.19% −0.31% 0.58%

In der folgenden Tabelle 5.2 fassen wir noch einmal einige wesentliche Unterschiede zwischen nicht-konditionalen und rein konditionalen Logit-Modellen (mit generischen Prädiktor-Variablen) zusammen.

Tabelle 5.2: Systematischer Vergleich der wichtigsten Eigenschaften von nicht-konditionalen und rein konditionalen Logit-Modellen

	nicht-konditionale Logit-Modelle	rein konditionale Logit-Modelle (generische Prädiktor-Variablen)
theoretische Fragestellung	In welche Richtung und mit welcher Stärke beeinflussen best. Attribute von Entscheidungsträgern die Auswahlwahrscheinlichkeit für bestimmte Handlungsalternativen?	In welche Richtung und mit welcher Stärke beeinflussen best. Attribute von Alternativen deren Auswahlwahrscheinlichkeit?
Kennzeichen der Prädiktor-Variablen	Prädiktor-Variablen (X) sind Eigenschaften der Handlungsakteure.	Prädiktor-Variablen (Z) sind Attribute von Handlungsalternativen, die akteursspezifisch variieren können.
entscheidungstheoretische Interpretation der Logit-Schätzung	Der Einfluß von X auf die Auswahlwahrscheinlichkeit ergibt sich aus der Differenz zwischen zwei alternativenspezifischen Logit-Koeffizienten (b) und dem Attribut eines Akteurs als Gewichtungsfaktor, das alternativenunspezifisch ist. Vgl. dazu Gl.(5.1b).	Der Einfluß von Z auf die Auswahlwahrscheinlichkeit ergibt sich aus der Differenz zwischen alternativenspezifischen Z-Variablen und einem (generischen) Logit-Koeffizienten (g) als Gewichtungsfaktor. Der Einfluß dieses Koeffizienten ist alternativenabhängig, aber auch konstant für alle Alternativen mit identischen Attributen. Vgl. dazu Gl.(5.1).
spezifische Vorteile		Umfang und Menge der alternativenabhängigen Attribute können für jeden Akteur variieren.

5.1.1 Die IIA-Annahme im konditionalen Logit-Modell

Wie in Kap. 4.3 beschrieben, erfordert die konditionale Logit-Analyse drei Annahmen über die Verteilung der Fehlergrößen in der Präferenzfunktion. Diese Annahmen verlangen, daß alle Fehler für jedes Alternativen-Paar:

1.) unabhängig voneinander verteilt sind,
2.) identisch verteilt sind,
3.) eine Extremwert-Verteilung (Weibull-Verteilung) aufweisen.

Nach der ersten Modell-Annahme müssen die Fehler in den Präferenzfunktionen wechselseitig voneinander unabhängig sein, d.h. sie dürfen nicht durch die Anwesenheit dritter Alternativen beeinflußt werden, oder (anders formuliert): das gegenseitige Verhältnis von zwei Alternativen darf nur von ihren eigenen Attributen abhängen.

Diese Annahme wird auch als Unabhängigkeitsannahme hinsichtlich der Anwesenheit von dritten Alternativen (= independence of irrelevant alternatives) oder als "IIA-Annahme" bezeichnet.

Wenn die IIA-Annahme in bestimmten empirischen Entscheidungssituationen keine Gültigkeit besitzt, können konditionale Logit-Modelle keine zuverlässigen Ergebnisse liefern. Dann werden u.U. Wahrscheinlichkeitswerte prognostiziert, die weit überschätzt sind und häufig schon auf den ersten Blick nicht stimmen können (vgl. Sheffi 1979).

Im folgenden wollen wir zunächst die Implikationen der IIA-Annahme verdeutlichen und einen Test zur Diagnose von Verstößen gegen die Annahme beschreiben. Daran anschließend werden wir einen möglichen Ausweg zur Rettung der Logit-Analyse bei einer Verletzung der IIA-Annahme vorstellen (Kap. 5.2).

Nehmen wir an, es gäbe in einem Staat nur zwei politische Parteien: die oppositionelle Partei "A" und die regierende Partei "B". Nehmen wir ferner an, daß Partei A in einer Wahl 40% und Partei B 60% aller abgegebenen Stimmen erhalten hätte (Wahl-Situation 1). Die Relation der beiden Wahl-Wahrscheinlichkeiten liegt also bei 0.4/0.6=0.66, d.h. die Gewinnchancen (oder die "odds") von Partei A (im Verhältnis zu Partei B) liegen bei 1.00:1.52 (oder: 0.66).

Nehmen wir nun an, daß in einer erneuten Wahl eine dritte Partei "C" aufgetreten sei, die auf Anhieb 14% aller abgegebenen Stimmen erwerben konnte. Dadurch fallen die Stimmenanteile für Partei A auf 34.3% und für Partei B auf 51.7% (Wahl-Situation 2). Auch in diesem, um eine Partei erweiterten Wahlgang betragen die Gewinnchancen für Partei A (im Verhältnis zu Partei B) 34.3/51.7=0.66 oder: 1.00:1.52.

In Abbildung 5.1 werden diese beiden Wahl-Situationen 1 und 2 graphisch veranschaulicht.

Im beschriebenen Beispiel ist die IIA-Annahme berechtigt: durch eine dritte Alternative verändert sich die Auswahl-Wahrscheinlichkeit für HA_A (im Verhältnis zu HA_B) nicht. Sie bleibt deshalb konstant, weil die dritte Alternative mit beiden anderen HA's in fast gleicher Weise konkurriert. Das muß aber nicht so sein:

Konstruieren wir noch eine weitere Wahl-Situation, in der sich eine dritte Partei C zur Wahl stellt, die zuvor mit Partei B ein Regierungsbündnis eingegangen war. Sie erhält 30% aller abgegebenen Stimmen, die aber alle ausschließlich von ehemaligen B-Wählern stammen. Dadurch reduziert sich das Wahlergebnis für Partei B von 60% auf 30%, während Partei A bei einem konstanten Stimmenanteil von 40% verbleibt (Wahl-Situation 3).

Abbildung 5.1: Veranschaulichung der IIA-Annahme

a) Beispiel mit gültiger IIA-Annahme

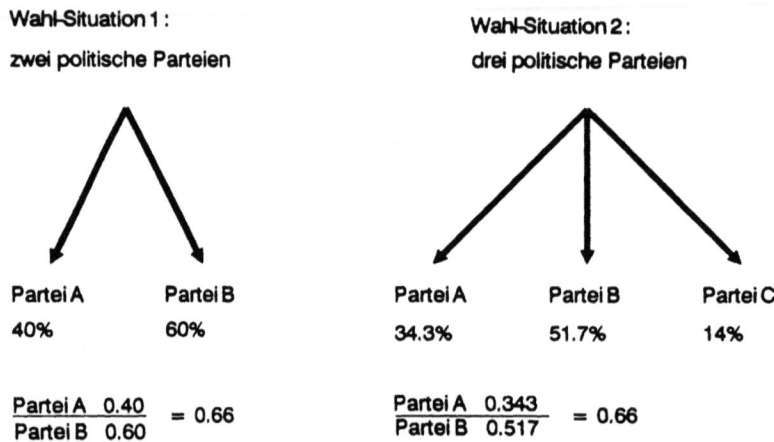

b) Beispiel mit ungültiger IIA-Annahme

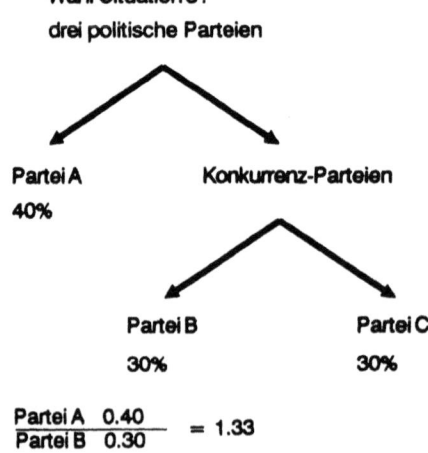

5.1.1 Die IIA-Annahme im konditionalen Logit-Modell

In der Wahl-Situation 3 betragen die Gewinnchancen für Partei A (relativ zu Partei B) nicht mehr 0.66 sondern 0.40/0.30=1.33 oder 1.33:1.00 (vgl. Abb. 5.1).

Wie Abbildung 5.1 besonders gut zeigen kann, konkurriert nach der IIA-Annahme jede neue Alternative in gleicher Weise mit allen vorhandenen Alternativen. Sie erhält ihren Prozentanteil allein dadurch, daß sie Anteile von den Wahrscheinlichkeiten der vorhandenen Alternativen in proportionalem Ausmaß zu deren Wahrscheinlichkeitsgrößen abzieht, so daß die Relationen zwischen den Alternativen nicht verändert werden.

Verändern sich jedoch die Wahrscheinlichkeitsrelationen zwischen den alten Alternativen, wie in Abb. 5.1b aufgezeigt, ist die IIA-Annahme nicht mehr gültig und man muß davon ausgehen, daß u.U. auch im Logit-Modell die Fehler der verschiedenen Präferenzfunktionen nicht mehr unabhängig voneinander sind.

Das gilt insbesondere immer dann, wenn sich zwei oder mehrere HA's sehr ähnlich sind und aufgrund von Spezifikationsfehlern wichtige Z- oder X-Variablen im Logit-Modell nicht vertreten sind. In diesen Fällen, kann das (falsch) spezifizierte Logit-Modell nicht genügend Variation im Entscheidungsausgang auffangen und die Ähnlichkeit zwischen den Präferenzfunktionen verschiebt sich auf eine Ähnlichkeit zwischen den unbeobachteten Alternativen-Eigenschaften, die dann sogar sehr hoch untereinander korrelieren können. Als Folge wird die ML-Schätzung (im Rahmen von Logit-Modellen) falsche bzw. verzerrte (biased) Schätzergebnisse liefern und deshalb werden auch die prognostizierten Wahrscheinlichkeitsanteile falsch geschätzt sein.

Um bei so viel Unsicherheit über einen tatsächlichen Verstoß oder Nicht-Verstoß gegen die IIA-Annahme dennoch die Gültigkeit geschätzter Logit-Modelle bewerten zu können, werden verschiedene Testverfahren eingesetzt, mit denen das Ausmaß eines möglichen Verstoßes zu ermitteln ist.

Aus der Fülle des Angebots[12] stellen wir hier einen einfachen, aber dennoch leistungsfähigen Test vor: den sog. Hausman-Test.

Die Logik des Hausman-Tests beruht darauf, daß er als Spezifikations-Test arbeitet. D.H.: der Hausman-Test überprüft die angemessene Spezifikation eines Logit-Modells, welche im wesentlichen von der Notwendigkeit aller im Modelle integrierten Prädiktoren bestimmt wird.

Da nun (wie oben gezeigt) die IIA-Annahme immer dann zutreffend ist, wenn das Ergebnis einer Modellschätzung auch bei reduzierter Alternativenzahl nicht systematisch von einem kompletten Modell abweicht,[13] läßt sich durch einen systematisierten Vergleich zwischen einer kompletten Logit-Schätzung L(k) und einer Schätzung mit reduzierter Alternativenzahl L(r) ermitteln, ob die Logit-Resultate von der jeweiligen Spezifikation des Modells in statistisch signifikanter Weise beeinflußt werden. Werden sie es, so muß auch die Berechtigung der IIA-

---

12) Vgl. z.B. Ben-Akiva/Lerman 1985: 183-194, Hausman/McFadden 1984, Tse 1987. Dabei sind vor allem die Ergebnisse von Residuentests inhaltlich sehr einfach nachvollziebar. Vgl. dazu Guadagni/Little 1983 McFadden et al. 1977.

13) Vgl. McFadden et al. 1977, Wrigley 1985: 346f.

Annahme bezweifelt und nach einer alternativen Spezifikation des Modells gesucht werden.

Die Null-Hypothese des Hausman-Tests lautet deshalb: es gibt keine bedeutsamen, systematischen Differenzen "d" zwischen L(k) und L(r):

(5.3) $$H_0: d = L(k) - L(r) = 0$$

Kann die Null-Hypothese nicht verworfen werden, so sollte angenommen werden, daß die IIA-Annahme zutrifft. Muß H_0 jedoch verworfen werden, so ist anzunehmen, daß die IIA-Annahme ungültig und/oder die Z-Variablen im Modell falsch spezifiziert wurden.

Als Test-Statistik wird im Hausman-Test die Testgröße "h" definiert, die asymptotisch chi-quadrat verteilt ist und deshalb einem Signifikanz-Test unterworfen werden kann. Sie wird bestimmt als (in Matrix-Schreibweise):[14]

(5.4) $$h := N\,[b(k)-b(r)]'\,Q^{-1}\,[b(k)-b(r)]$$

wobei "b" die jeweilige Matrix der geschätzten Logit-Koeffizienten ist und sich "Q" aus der Differenz von deren Kovarianz-Matrizen cov[b(k)]−cov[b(r)] ergibt.

Im folgenden wollen wir mit Hilfe des Hausman-Tests herausfinden, ob die IIA-Annahme für das in Kap. 5.1 geschätzte, rein konditionale Logit-Modell gültig ist. Dazu wählen wir die Handlungsalternative "FDP-Wahl" als diejenige Alternative aus, die im Test aus dem kompletten Modell herausgenommen werden soll.

Natürlich wird das Testergebnis von der Auswahl der im reduzierten Modell nicht mehr vorhandenen Alternativen beeinflußt. Die Auswahl sollte deshalb begründet sein.[15] Im vorliegenden Beispiel gehen wir davon aus, daß es eine substanzielle Nähe zwischen den Attributen von CDU- und FDP-Alternative gibt, die in ihrem Ausmaß von keinem anderen möglichen Alternativen-Paar (also nicht von SPD:CDU oder SPD:FDP) erreicht wird. Ob die FDP im Modell vertreten ist, könnte also die Wahlchancen der inhaltlich benachbarten Partei stark beeinflussen und damit möglicherweise auch die Einflußstärke der spezifizierten Prädiktoren variieren. Dies darf nach der IIA-Annahme nicht der Fall sein, wenn die Modell-Schätzung ein zuverlässiges Ergebnis erbringen soll.

Der Hausman-Test ist in den hier vorgestellten EDV-Paketen allein in LIMDEP enthalten. Um ihn dort durchführen zu können, muß die bislang benutzte Daten-Matrix modifiziert werden. Im folgenden verdeutlichen wir die Modifikation am Beispiel und können auch auf ein EDV-

---

14) Vgl. Hausman/McFadden 1984: 1225.

15) Wenn keine inhaltliche Begründung zum Ausschluß einer bestimmten Alternative möglich erscheint, kann die Selektion auch nach dem Zufallsprinzip erfolgen (vgl. McFadden 1976).

5.1.1 Die IIA-Annahme im konditionalen Logit-Modell

Steuerprogramm verweisen, mit dem die Daten-Matrix der alten Form in die neue Form gebracht werden kann (SYSTAT-Programm 5.3pre in Kap. 6.2).

Zur Veranschaulichung der beiden Matrix-Typen vergleichen wir die beiden Tabellen 5.3 und 5.4.

Tabelle 5.3 verdeutlicht die Daten-Matrix M1, wie sie bislang in allen hier berechneten Beispielprogrammen benutzt wurde. Sie zeigt die ersten vier Fälle des Datensatzes "herbst86" (vgl. Kap. 6.1). Jede Zeile enthält die Variablenwerte eines bestimmten Akteurs, der auch gleichzeitig als ein System-Fall behandelt wird (es gibt in der Stichprobe so viele Fälle wie es Akteure gibt).

Tabelle 5.3: Modell der Datenmatrix DM1 für den Einsatz in Statistik-EDV-Programmen

	Fall-No.	wahl123	c_lrcdu	c_lrspd	c_lrfdp	bewcdu	bewspd	bewfdp
1. Akteur	1	1	11	3	10	10	8	8
2. Akteur	2	2	0	0	0	5	9	5
3. Akteur	3	1	10	4	7	9	9	1
4. Akteur	4	1	8	4	6	6	6	6

Tabelle 5.4: Modell der Datenmatrix M2 für den Einsatz in Statistik-EDV-Programmen

	Fall-No.	wahl	lr_cdu	bew
1. Akteur, CDU	1	1	11	10
SPD	2	0	3	8
FDP	3	0	10	8
2. Akteur, CDU	4	0	0	5
SPD	5	1	0	9
FDP	6	0	0	5
3. Akteur, CDU	7	1	10	9
SPD	8	0	4	9
FDP	9	0	7	1
4. Akteur, CDU	10	1	8	6
SPD	11	0	4	6
FDP	12	0	6	6

Tabelle 5.4 verdeutlicht die Daten-Matrix M2, wie sie für den Hausman-Test und für einige weitere Modell-Variationen in LIMDEP erforderlich ist. Sie enthält alle Variablenwerte, die

auch Tabelle 5.3 aufweist. Jedoch betrifft jede Datenzeile nunmehr die Variablenwerte einer bestimmten Alternative eines bestimmten Akteurs. Da jedem Akteur in unserem Beispiel drei Alternativen zur Verfügung stehen, existieren also pro Akteur drei Datenzeilen. Und da jede Datenzeile identisch mit einem System-Fall ist, werden aus einem einzigen Fall in M1 nunmehr 3 Fälle in M2 und das analysierte Netto-Sample steigt von 1767 auf 5301 Fälle an.

Auch die Variablen werden in M2 anders definiert als in M1: Die Variable "wahl" kann nunmehr die Werte 1 oder 0 aufweisen, je nachdem, ob die betreffende Partei gewählt wurde oder nicht. Und die Variablen "lr_cdu" und "bew" enthalten jetzt nicht mehr nur die Bewertung für eine bestimmte Partei (wie es z.B. in M1 bei "c_lrcdu" oder "bewcdu" der Fall war), sondern für alle Parteien. Sie variieren aber die Bewertungen für bestimmte Parteien dadurch, daß es pro Partei einen System-Fall gibt.

Beginnen wir nun mit der Anwendung des Hausman-Tests auf das oben beschriebene Programmbeispiel. LIMDEP-Ausgabe 5.3a zeigt die Logit-Schätzungen für das komplette und für das reduzierte Modell.[16] Wie man sieht, sind die geschätzten konditionalen Logit-Koeffizienten nicht allzu unterschiedlich. Z.B. beträgt der g-Koeffizient für die Z-Variable BEW im kompletten Modell 0.7638 und im reduzierten Modell 0.6970. Ob der Unterschied zwischen beiden geschätzten Modellen statistisch signifikant ist, wird mit dem Hausman-Test überprüft.

LIMDEP-Ausgabe 5.3a (Ausschnitt)

```
Discrete Choice Model
Maximum Likelihood Estimates
Log-Likelihood..............   -514.6171
Restricted (Slopes=0) Log-L.  -1941.248
Chi-Squared ( 3)............   2853.262
Significance Level..........      0.0000000
N[0,1] used for significance levels.
Variable   Coefficient   Std. Error    t-ratio  Prob|t|≥x  Mean of X  Std.Dev.of X
-------------------------------------------------------------------------------
BEW         0.76380      0.3488E-01     21.901   0.00000
LR_CDU      0.53618      0.4889E-01     10.967   0.00000
LR_SPD     -0.48837      0.4683E-01    -10.428   0.00000
*******************************************************************************
Discrete Choice Model
Maximum Likelihood Estimates
Log-Likelihood..............   -166.7303
Restricted (Slopes=0) Log-L.  -1127.750
Chi-Squared ( 3)............   1922.040
Significance Level..........      0.0000000
N[0,1] used for significance levels.
Variable   Coefficient   Std. Error    t-ratio  Prob|t|≥x  Mean of X  Std.Dev.of X
-------------------------------------------------------------------------------
BEW         0.69702      0.5109E-01     13.643   0.00000
LR_CDU      0.51050      0.5806E-01      8.792   0.00000
LR_SPD     -0.44257      0.5006E-01     -8.842   0.00000
```

---

16) In beiden Modellen mußte die LR_FDP-Variable herausgenommen werden, weil dieses Attribut durch den Ausschluß der FDP-Alternativen im reduzierten Modell nicht mehr über die restlichen Alternativen variieren kann und zur Konstanten wird. Dies muß aber nicht zu ernsthaften Verzerrungen des Testergebnisses führen, da der Effekt eines jedes Attributs für jede Alternative konstant sein sollte (vgl. Hausman/-McFadden 1984).

5.1.1 Die IIA-Annahme im konditionalen Logit-Modell

LIMDEP-Ausgabe 5.3b enthält das Ergebnis des Hausman-Tests für den Vergleich der oben abgedruckten Logit-Schätzungen. Die Test-Statistik "h" hat eine Größe von 6.78. Da der kritische Chi-Quadrat Wert mit df=3 und α=5% bei 7.82 liegt,[17] muß die H_0 nicht verworfen werden. Man kann deshalb davon ausgehen, daß die IIA-Annahme zutrifft.

Allem Anschein nach werden die Präferenzfunktionen potentieller CDU-Wähler von stabilen Attributen der CDU-Alternative bestimmt, welche unabhängig davon sind, ob die FDP ebenfalls zur Wahl steht oder nicht. Das statistische Ergebnis wird also nicht davon beeinflußt, wieviele der spezifizierten Alternativen im Logit-Modell berücksichtigt werden.

LIMDEP-Ausgabe 5.3b (Ausschnitt)

```
              6. Matrix -> H

              <<<< Result   >>>>   COLUMN
                              1
         ROW  1   6.77777

              7. Matrix -> D

              <<<< Result   >>>>   COLUMN
                              1
         ROW  1  -0.667737E-01
         ROW  2  -0.256743E-01
         ROW  3   0.457975E-01
```

Ein Testausgang, wie er oben erzielt wurde, ist nicht immer möglich. Oftmals wird sich die IIA-Annahme auch nicht bestätigen lassen.

Das ist z.B. dann der Fall, wenn statt des zuvor analysierten Wahlbeispiels ein identisches Modell spezifiziert wird, in dem die Alternative "FDP-Wahl" gegen die neue Alternative "Grünen-Wahl" ausgetauscht wird. Statt des oben berichteten Testwertes von h=6.78 beträgt der Testwert für dieses neue Modell nunmehr h=9.04 und führt damit zu einer Ablehnung der Null-Hypothese. In diesem Beispiel scheint die Verwandtschaft zwischen den Attributen von SPD- und Grünen-Alternative derart stark zu sein, daß die Effekte der Prädiktoren von der Anwesenheit der einen oder anderen HA nicht unberührt bleiben können.

Was ist dann zu tun?

---

[17] Die Anzahl der Freiheitsgrade (df) ergibt sich dabei aus der Anzahl der Reihen in der Kovarianz-Differenzen-Matrix Q, die in LIMDEP-Ausgabe 5.4b als D-Matrix erscheint.

Welche Strategien zum Umgang mit Logit-Modellen, in denen die IIA-Annahme verletzt wird, zur Verfügung stehen, hängt davon ab, welche Ursachen für die Ungültigkeit der IIA-Annahme verantwortlich zu machen sind:

➥ Hohe Korrelationen zwischen den Fehler-Termen von Alternativen (d.h. zwischen den "unobserved components of utility"), die zu Problemen mit der IIA-Annahme führen müssen, können dann entstehen, wenn zentrale Attribute von Alternativen unbeobachtet bleiben, fehlerhaft gemessen wurden oder im Modell nicht spezifiziert werden.
Dann kann eine verbesserte Messung oder eine fehlerkorrigierte Neu-Spezifikation des Modells die Gültigkeit der IIA-Annahme wieder herstellen.

➥ Die IIA-Annahme kann aufgrund einer sehr hohen Ähnlichkeit zwischen mindestens zwei Alternativen unzutreffend werden. Das ist z.B. dann der Fall, wenn eine der beiden Alternativen einen Attraktivitätswert von V=2.0 und die andere Alternative einen Attraktivitätswert von 2.15 aufweist. Dann kann es zu Korrelationen zwischen den benachbarten Alternativen kommen, obwohl möglicherweise fehlerfreie Messungen und keinerlei Spezifikationsfehler vorliegen.
In solchen Fällen ermöglicht eine spezielle Modell-Variante, das sog. "nested" Logit-Modell, eine stabile Logit-Analyse durchzuführen. Dazu mehr im folgenden Kapitel 5.2.

➥ Unberücksichtigt gebliebene X-Prädiktoren, also individuelle Eigenschaften der Entscheidungsakteure, können auch zu einer Ungültigkeit der IIA-Annahme führen.
Eine zusätzliche Spezifikation von X-Variablen im konditionalen Logit-Modell kann immer dann die Gültigkeit der IIA-Annahme wieder herstellen, wenn sich die HA's zwar sehr ähnlich sind, aber die Präferenz-Werte über alle Akteure hinweg variieren und diese Heterogenität im Modell eingefangen werden kann.[18]
In solchen Fällen ermöglicht die spezielle Modell-Variante des sog. gemischten oder "mixed" Logit-Modells eine stabile Logit-Analyse durchzuführen. Dazu werden im folgenden Kapitel 5.3 weitere Informationen vorgelegt.

---

[18] Am Beispiel verdeutlichen dies: McFadden et al. 1977, Ben-Akiva/Lerman 1985: 110.

5.2 Das "nested" Logit-Modell

In Kap. 5.1.1 haben wir auf die Folgen eines Verstoßes gegen die IIA-Annahme aufmerksam gemacht. Wenn dieser Verstoß aufgrund einer hohen Ähnlichkeit zwischen mehreren Alternativen geschieht, bietet die Logit-Analyse die besondere Möglichkeit, unter Verwendung von sog. "nested" Logit-Modellen trotz ungültiger IIA-Annahme ein stabiles Schätzmodell zu errechnen.[19]

In "nested" Logit-Modellen wird die IIA-Annahme dadurch außer Kraft gesetzt, daß aus der Menge aller zur Verfügung stehender Entscheidungsalternativen mehrere Unter-Gruppen gebildet werden. So kann z.B. aus der Menge der vier Verkehrsmittel-Alternativen "Bahn, Bus, PKW, Fahrrad" die Unter-Gruppe "öffentliche Verkehrsmittel" mit den Alternativen "Bahn, Bus" und die Unter-Gruppe "private Verkehrsmittel" mit den Alternativen "PKW, Fahrrad" gebildet werden.

Die Bildung von Unter-Gruppen im Logit-Modell bietet den Vorteil, daß nach einer Aufteilung von Entscheidungsalternativen in mehrere solcher Cluster die Korrelation zwischen den Fehlergrößen eines Clusters zwar weiter bestehen wird, die Fehlergrößen zwischen den Clustern aber nicht zu korrelieren brauchen.

Für solche ausdifferenzierten Cluster hat McFadden nachgewiesen, daß deren Fehlergrößen eine spezielle Verteilung, die sog. generalisierte Extremwert-Verteilung (GEV-Verteilung), aufweisen, die eine Verallgemeinerung der Eigenschaften der Extremwert-Verteilung vom Typ I ist (vgl. Kap. 4.3), und deshalb auch mit Hilfe des klassischen, konditionalen Logit-Models zu analysieren ist.[20]

Im "nested" Logit-Modell kann also ein gegebenes Entscheidungsproblem mehrstufig betrachtet werden und dadurch unabhängig von der Existenz einer zutreffenden IIA-Annahme geschätzt werden. Z.B. läßt sich unser oben beschriebenes Entscheidungsproblem auch folgendermaßen umformulieren:

Die Verkehrsmittelwahl besteht aus einer Entscheidung zwischen öffentlichen und privaten Transportern (oberste von zwei Stufen, oder: Stufe 2) und je nach gewähltem Cluster aus der Wahl zwischen Bahn und Bus oder zwischen PKW und Fahrrad (unterste von zwei Stufen, oder: Stufe 1).

Abbildung 5.2 verdeutlicht diese neue Sicht des Entscheidungsproblems. Allerdings impliziert die Mehrstufigkeit des Logit-Modells nicht auch automatisch eine zeitliche Abfolge von mehreren Entscheidungsprozessen (wie sie z.B. in einem Entscheidungsbaum dargestellt

---

19) "Nested" Logit-Modelle werden auch als "strukturierte", "sequentielle", "tree" oder "hierarchische" Modelle bezeichnet. Allgemein betrachtet können sie als Spezialfall des "generalized-value models" (GEV-Modell) bestimmt werden (vgl. Manski 1981). Die hier vorgestellte Analyse von "nested" Logit-Modellen ist nicht zu verwechseln mit einer auch als "nested" bezeichneten Modell-Technik, mit der multinomiale Theorie-Modelle in eine Vielzahl von binären Logit-Modellen aufgelöst und geschätzt werden sollen (vgl. Fox 1984).

20) Vgl. McFadden 1977: Kap. 5.15 (Theorie), Kap. 5.22 (Anwendung).

werden).[21] Abbildung 5.2 veranschaulicht allein die neue Struktur eines "nested" Logit-Modells, die später in eine (auch) mehrstufige Logit-Schätzung übersetzt wird.

Natürlich ist die "Tiefe" eines "nested" Logit-Modells, d.h. die Anzahl der spezifizierten Modell-Stufen, variabel. Wieviele Stufen zu einer theoriegerechten Modellierung notwendig sind, kann dabei u.a. über verschiedene formale Tests zu ermitteln versucht werden.[22] Allerdings wäre es sicherlich zu bevorzugen, wenn die Tiefe aufgrund von theoretischem Vorwissen schon vor der Modell-Spezifikation festgelegt werden könnte und dann erst im nachhinein auf ihre statistische Relevanz überprüft wird.

Abbildung 5.2: Beispiel eines zweistufigen, "nested" Logit-Modells

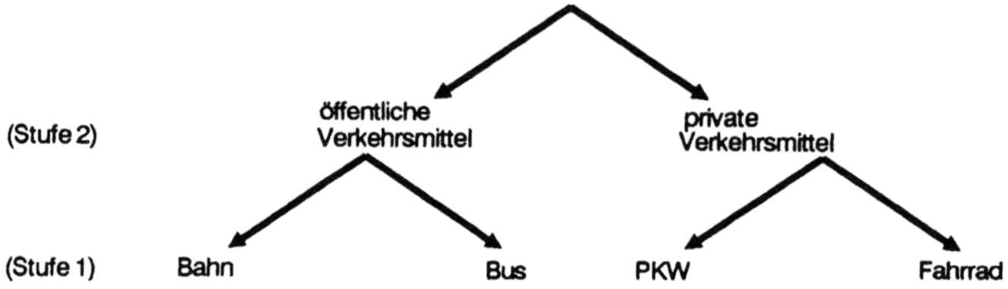

(Stufe 2)   öffentliche Verkehrsmittel   private Verkehrsmittel

(Stufe 1)   Bahn   Bus   PKW   Fahrrad

Wir wollen im folgenden anhand der in Abbildung 5.2 dargestellten Entscheidungsstruktur die formale Logik von "nested" Logit-Modellen näher erläutern:[23]

Im "nested" Logit-Modell gibt es zunächst mehrere Alternativen-Cluster, die wir durch den Index $c=1,2,...,C$ kenntlich machen. In jedem Cluster gibt es mehrere Alternativen, die durch den Index $j=1,2,...,J_c$ unterscheidbar werden. Folglich ist der Nutzen einer jeden Alternative für jeden Entscheidungsakteur vom Ausmaß U_{cj} und läßt sich wiederum in einen systematischen und einen stochastischen Teil zerlegen: $U_{cj}=V_{cj}+\epsilon_{cj}$.

Die Wahrscheinlichkeit für eine bestimmte Alternative ergibt sich als Produkt aus den Wahrscheinlichkeiten der für jede Ebene spezifischen Alternativen-Wahrscheinlichkeiten:

(5.5) $$P_{cj} = P_{j|c} * P_c$$

---

21) Diese Struktur ist allerdings kompatibel zu einem kognitiven Konzept des Entscheidungshandelns, nach welchem die Auswahlprozesse zwischen verschiedenen Handlungsalternativen als "strategy of elimination by aspects" (EBA-Modell) definiert werden. Vgl. dazu Tversky 1972.

22) Vgl. dazu die Anwendung von Bolton/Chapman 1986.

23) Eine ausführlichere Ableitung des "nested" Logit-Modells findet man in Maier/Weiss 1990: 152-164.

5.2 Das "nested" Logit-Modell

was etwa in unserem Beispiel für die HA "Fahrrad" bedeuten kann:

(5.5a) P(Fahrrad) = P(Fahrrad | private Verk.mittel) * P(private Verk.mittel)

Die bedingte Wahrscheinlichkeit $P_{j|c}$ ist in einem Logit-Modell nach der mittlerweile bekannten Gleichungsform zu schätzen als:

$$(5.6) \qquad P_{j|c} = \frac{e^{V_{cj}}}{\sum_{j=1}^{J_c} e^{V_{cj}}}$$

Komplizierter wird es bei der Schätzung von P_c, weil es sich dabei um eine marginale Entscheidung (über die Verkehrsmittel-Gruppe) unter Berücksichtigung von bedingten Wahrscheinlichkeiten (bedingte Verkehrsmittelwahl) handelt. Die dementsprechende Formel zeigt Gl.(5.7):

$$(5.7) \qquad P_c = \frac{e^{(V_c + I_c)}}{\sum_{c=1}^{C} e^{(V_c + I_c)}}$$

Gleichung (5.7) enthält den sog. Inklusivwert "I_c". Inklusivwert deshalb, weil mit ihm die bedingte Entscheidung in die übergeordnete Entscheidung eingefügt wird. Er wirkt als verbindendes Glied zwischen den zwei Entscheidungsstufen in Abb. 5.2 und sorgt dafür, daß Entscheidungen auf einer übergeordneten Stufe auch die Entscheidungen auf einer jeweils untergeordneten Stufe berücksichtigen können.

Die Formel in Gl.(5.8) zeigt, in welcher Weise der Inklusivwert gebildet wird.[24] Der Inklusivwert ergibt sich aus dem logarithmierten Nenner des Logit-Modells nach Gl.(5.6).

$$(5.8) \qquad I_c = \ln \sum_{j=1}^{J_c} e^{V_{cj}}$$

Der Schätzwert des Inklusivwert-Parameters g(I) kann beliebige Werte annehmen. Bei mehr als nur zwei Entscheidungsstufen kann er allerdings nicht kleiner werden, wenn die Analyse von den unteren zu höheren Stufen der Entscheidungshierarchie aufsteigt.

Wenn der Inklusivwert-Parameter g(I) einen Wert von 1 annimmt, erbringt das "nested" Logit-

---

[24] Vgl. Cramer 1991: 80. Eine formale Ableitung bieten Maier/Weiss 1990: 159f.

Modell die gleichen Ergebnisse, die auch ein einfaches, konditionales Logit-Modell erzeugen würde, in welchem die Gültigkeit der IIA-Annahme und damit die Nicht-Korrelation der Fehlergrößen unterstellt wird.

Um dies zu verdeutlichen, benutzen wir ein Entscheidungsmodell wie es Abb. 5.3 darstellt. Darin gibt es insgesamt nur drei Alternativen, von denen eine einzige Alternative ein erstes Cluster bildet ($HA_{1,1}$) und die beiden anderen HA's im zweiten Cluster enthalten sind ($HA_{2,1}$ und $HA_{2,2}$). Daraus ergibt sich für den Nenner von Gl.(5.7) nach statistischer Schätzung von γ_I und Einfügen von Gl.(5.6):

(5.9) $\quad \exp(V_{1,1}) + \exp(I_2) = \exp(V_{1,1}) + \exp[\, \gamma_I * \ln(\exp(V_{2,1}) + \exp(V_{2,2}))\,]$

Ist $\gamma_I = 1$, so verkürzt sich die rechte Seite von Gl.(5.9) und es entsteht Gl.(5.10.1):

(5.10.1) $\quad \exp(V_{1,1}) + \exp(I_2) = \exp(V_{1,1}) + \exp[\, \ln(\exp(V_{2,1}) + \exp(V_{2,2}))\,]$

die sich neu formulieren läßt als Gl.(5.10.2), da gilt: $\exp[\ln(\exp(a))] = \exp(a)$

(5.10.2) $\quad \exp(V_{1,1}) + \exp(I_2) = \exp(V_{1,1}) + \exp(V_{2,1}) + \exp(V_{2,2})$

Mit der Entwicklung von Gl.(5.9) zu Gl.(5.10.2) wurde recht deutlich aufgewiesen, daß, wie dort für den Nenner von Gl.(5.9) gezeigt, bei einem geschätzten Inklusivwert-Parameter von $\gamma(I)=1$ aus einem "nested" Logit-Modell ein klassisches, konditionales Logit-Modell entsteht.

Nach der zuvor beschriebenen Logik des "nested" Logit-Modells wird nun auch erkennbar, in welcher Weise ein solches Modell statistisch zu schätzen ist:

1. Schritt: Die Schätzung wird stets auf der untersten Stufe begonnen. Dort ist zunächst ein klassisches, konditionales Logit-Modell für die Entscheidung zwischen den ähnlichen Handlungsalternativen zu berechnen.

2. Schritt: Nach der ersten Schätzung ist ein Inklusivwert zu berechnen. Dieser übernimmt die Funktion einen neuen, künstlichen Alternativen, zu der die ähnlichen Alternativen aggregiert werden.

3. Schritt: Die Schätzung auf jeder übergeordneten Stufe hat im Rahmen einer klassischen, konditionalen Logit-Analyse den in Schritt 2 berechneten Inklusivwert einzubeziehen. Es wird also die Entscheidung zwischen den unähnlichen Alternativen und der neuen, aggregierten Alternative geschätzt.

5.2 Das "nested" Logit-Modell

Im folgenden soll ein "nested" Logit-Modell für ein Wahlbeispiel geschätzt werden, in welchem die Entscheidung zwischen den drei Handlungsalternativen:

CDU-Wahl
SPD-Wahl
Grünen-Wahl

entsprechend des in Kap. 5.1 vorgestellten Theorie- und Meßmodells analysiert wird.[25]

Eine Entscheidungsanalyse mit der o.g. Alternativen-Menge erfordert ein "nested" Logit-Modell, weil allem Anschein nach zwischen den drei Wahloptionen die IIA-Annahme keine Gültigkeit besitzt. Wie oben bereits erwähnt (vgl. Kap. 5.1.1) erbringt der Hausman-Test bei Ausschluß der Grünen-Alternative einen Testwert von h=9.04 (kritischer Chi-Quadrat-Wert: 7.82), was zur Ablehnung der entsprechenden Null-Hypothese führen muß.

Vermutlich besteht eine enge Verwandtschaft zwischen den Attributen der SPD- und der Grünen-Alternative, so daß diese beiden in einem "nested" Logit-Modell zum Cluster "Oppositionsparteien" zusammengefaßt werden sollten. Abbildung 5.3 verdeutlicht das dafür spezifizierte Logit-Modell.

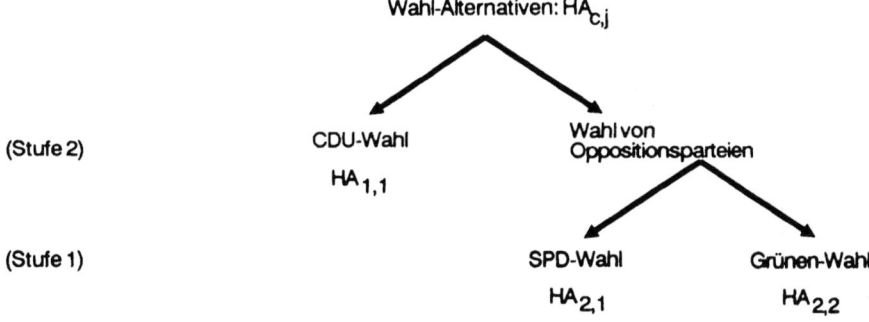

Abbildung 5.3: Darstellung der Wahlentscheidung zwischen drei Parteien als zweistufiges, "nested" Logit-Modell

Die SYSTAT-Ausgabe 5.4 zeigt die Logit-Schätzung für die erste Entscheidungsstufe. Demnach haben alle drei Alternativen-Attribute einen bedeutenden Einfluß auf die Parteienwahl. Die Anpassungsgüte des Modells ist mit einer Erfolgsquote korrekt prognostizierter Wahlentscheidungen von 85.6% als gut zu bewerten.

---

25) Andere praktische Anwendungen der "nested" Logit-Analyse sind in folgenden Studien zu finden: Duhin 1986, Falaris 1987, Fischer/Aufhauser 1988, Liaw 1990, Liaw/Ledent 1987.

SYSTAT-Ausgabe 5.4 (Ausschnitt)

PARAMETER	ESTIMATE	S.E.	T-RATIO	P-VALUE
1 BEW	0.980	0.069	14.298	0.000
2 LR_SPD	0.446	0.067	6.687	0.000
3 LR_GR	-0.865	0.128	-6.763	0.000

Im zweiten Arbeitsschritt muß nun nach Gl.(5.8) der Inklusivwert berechnet werden. Das im Anhang (Kap. 6.2) beschriebene SYSTAT-Programm 5.5pre zeigt die diesbezügliche programmtechnische Umsetzung. Darin werden für die Alternative "CDU-Wahl" und für die Alternative "Oppositions-Wahl" die beiden benötigten Inklusivwerte als Variablen IV1 und IV2 kalkuliert.

Im dritten Arbeitsschritt wird die zweite Stufe des "nested" Logit-Modells unter Hinzuziehung der generischen Inklusivwertvariablen und zwei alternativenspezifischen Pädiktor-Variablen geschätzt. SYSTAT-Ausgabe 5.5 zeigt die Resultate. Darin schätzt der Logit-Koeffizient der Variablen LR_CDU die Attraktivität des LR-Attributs der CDU-Wahl im Verhältnis zur Oppositionspartei "SPD" und der Logit-Koeffizient der Variablen LR-CDU2 die Attraktivität des LR-Attributs im Verhältnis zur Oppositionspartei "Die Grünen".[26] Wie man sieht, ist allein der Schätzwert für die zweite Einflußbeziehung statistisch signifikant.

Der g(I)-Koeffizient ist nicht so groß, wie aufgrund des Hausman-Tests zu erwarten gewesen wäre. Aber immerhin weicht er noch immer sehr deutlich vom Normalwert von 1.00 ab.

Auch die Logit-Schätzungen für das unabhängige und das "nested" Logit-Modell zeigen, daß beträchtliche Unterschiede zwischen diesen beiden Modell-Spezifikationen bestehen (vgl. Tabelle 5.5). Ein Vergleich der Log-Likelihood-Werte beider Modelle (Tabelle 5.4) macht dabei auch ohne Berechnung des LR-Tests (vgl. Kap. 2.3.1) sofort klar, daß das Modell der Stufe 2 (mit Inklusivwert) eine wesentlich bessere Anpassungsleistung aufweist als das unabhängige Logit-Modell.[27] Allerdings ist bei der Interpretation der Logit-Koeffizienten beider Modelle darauf zu achten, daß die Koeffizienten nicht direkt miteinander verglichen werden dürfen, da die spezifizierten Modelle sehr unterschiedlich sind.[28]

SYSTAT-Ausgabe 5.5 (Ausschnitt)

PARAMETER	ESTIMATE	S.E.	T-RATIO	P-VALUE
1 IV	0.853	0.048	17.639	0.000
2 LR_CDU	0.172	0.106	1.631	0.103
3 LR_CDU2	0.426	0.092	4.610	0.000

---

26) Diese Aufspaltung in zwei LR_CDU-Effekte ist notwendig, da für das Cluster "Oppositionsparteien" kein eigentlicher LR-Meßwerte zur Verfügung steht. Ein solcher hätte allein als Mittelwert von beiden Oppositionsparteien gebildet werden können.

27) Zur Interpretation des LR-Tests in der "nested" Logit-Analyse vgl. auch Buckley 1988: 142f.

28) Vgl. dazu auch die gelungene Gegenüberstellung der beiden Modell-Varianten in Hoffman/Duncan 1988a.

Die Schätzergebnisse von "nested" Logit-Modellen weisen einige Tücken auf, die in der Literatur zumeist verschwiegen werden. Diese können u.U. vom Gebrauch dieser Modelle eher abhalten. Insbesondere ist auf die beiden folgenden Probleme der "nested" Logit-Analyse hinzuweisen:

1. Die Schätzungen von sequentiell analysierten "nested" Logit-Modellen sind nicht mehr effizient, da Informationen über das Gesamt-Modell auf der untersten Stufe der Modell-Schätzung unbenutzt bleiben. So sind die mit dieser Modelltechnik erzielten Ergebnisse weniger akkurat als sie eigentlich sein müßten.

2. Da in der Schätzung auf einer zweiten Stufe des "nested" Logit-Modells die Schätzergebnisse der ersten Stufe benutzt werden, produziert das Modell inkonsistente Schätzungen des Standardfehlers, die u.a. das Ergebnis von Signifikanz-Tests verfälschen können.

Beide benannten Probleme sind Folgen der oben beschriebenen, sequentiellen Schätztechnik zur Analyse von "nested" Logit-Modellen. Zur Zeit werden in der Forschung alternative Schätztechniken diskutiert, die alle Ebenen von "nested" Modelle nicht mehr mehrstufig sondern simultan schätzen, und so keine ineffizienten und inkonsistenten Schätzergebnisse mehr liefern müssen. Diese Schätzverfahren, sog. "full information maximum likelihood (FIML) methods", wurden u.W. bislang (März 1993) in noch keinem standardisierten Statistik-Software-Paket implementiert.[29] Solange dies nicht geschieht, bleibt dem Anwender nur der Trost,

a) daß die sequentiell ermittelten Schätzwerte zwar inkonsistente Schätzungen für die Standardfehler aber konsistente Parameter-Schätzwerte liefern, daß sich also die Koeffizienten-Schätzungen den "wahren" Parametern nähern, wenn die die analysierte Datenbasis anwächst.

b) daß bei beabsichtigten Wahrscheinlichkeitsschätzungen mittels Logit-Analyse ein Verstoß gegen die IIA-Annahme wesentlich weitreichendere Probleme erzeugen kann, als sie bei Vermeidung der IIA-Problematik in Form von "nested" Modellen durch den Einsatz von sequentiellen Schätzverfahren entstehen können.

---

29) Vgl. dazu die Argumentation von Brownstone/Small (1989). Diese stellen auch eine effiziente Schätzmethode für "nested" Logit-Modelle vor. Weitere Hinweise zu FIML-Verfahren geben: Daly 1987, Hensher 1986, Horowitz 1987.

Tabelle 5.5: Gegenüberstellung der Logit-Schätzwerte eines Modells mit unabhängigen und eines Modell mit "nested" Alternativen.

	unabhängiges Logit-Modell	"nested" Logit-Modell	
		Stufe 1	Stufe 2
BEW			
CDU, SPD, Grüne	.532 (0.00)		
SPD, Grüne		.980 (0.00)	
LR_CDU			
CDU, SPD, Grüne	.517 (0.00)		
CDU, Opposition (SPD)			.172 (0.10)
CDU, Opposition (Grüne)			.426 (0.00)
LR_SPD			
CDU, SPD, Grüne	-.121 (0.00)		
SPD, Grüne	.446 (0.00)		
LR_GR			
CDU, SPD, Grüne	-1.556 (0.00)		
SPD, Grüne	-.865 (0.00)		
IV			0.853 (0.00)
Log-Likelihood-Wert	-679.381		-250.990

5.3 Das gemischte Logit-Modell

Bislang wurde in der vorliegenden Darstellung zwischen zwei Typen von Logit-Modellen strikt unterschieden. Der klassische Typ des Logit-Modells analysiert den Ausgang von Entscheidungsprozessen aufgrund von Effekten, die durch Eigenschaften der Entscheidungsakteure ausgelöst werden (binäre und multinomiale Logit-Modelle). Der zweite Modell-Typ analysiert demgegenüber Effekte, die durch die Attribute von Entscheidungsalternativen entstehen (konditionale Logit-Modelle).

Werden beide Modell-Typen zu einem einzigen Modell verschmolzen, so spricht man von sog. **gemischten** oder **"mixed" Logit-Modellen**.

Gemischte Logit-Modelle können durch die Spezifikation von alternativenabhängigen Effekten (Z-Effekte) und zugleich von akteursspezifischen Effekten (X-Effekte), die Heterogenität einer Population auch im konditionalen Logit-Modell berücksichtigen. Dadurch ist nicht nur zu erreichen, daß Statistik- und Theorie-Modell noch enger aufeinander zu beziehen sind. Dadurch besteht auch die Chance, daß durch die zusätzliche Berücksichtigung sozio-ökonomischer Variablen evtl. korrelierende Fehlergrößen wieder unabhängig voneinander werden, nämlich immer dann, wenn die eng verwandte Attraktivität von zwei Alternativen eine Folge von gruppenspezifischen Perzeptionen ist und eben diese Gruppenzugehörigkeit als zusätzliche X-Variable im Modell spezifiziert werden kann.

Die Grundgleichung des gemischten Logit-Modells unterscheidet sich nur wenig von der Grundgleichung des konditionalen Logit-Modells. Es ist allein darauf zu achten, daß die spezifizierten Effekte als γ- oder β-Parameter ausgewiesen werden. Gleichung (5.11) zeigt die Grundgleichung des gemischten Logit-Modells.[30]

$$(5.11) \quad P_{iw} = \frac{\exp(\gamma Z_{ij} + \beta X_i)}{\sum_{j=1}^{J} \exp(\gamma Z_{ij} + \beta X_i))}$$

Wie nach Gl.(5.11) leicht zu erkennen, ist das multinomiale Logit-Modell (vgl. Gl.3.8 und Gl.3.8b) ein Sonderfall des gemischten Logit-Modells. Wir wollen deshalb im folgenden das konditionale Anwendungsbeispiel aus Kap. 5.1 wieder aufnehmen und es um die akteursspezifischen Variablen aus dem multinomialen Beispiel in Kap. 3.1 erweitern.[31] Dadurch beinhaltet das neue, gemischte Logit-Modell die folgenden Variablen:

---

30) Vgl. Maddala 1983: 44f.

31) Weitere Anwendungen der gemischten Logit-Analyse benutzen z.B. Akin/Schwartz 1988, Hoffman/Duncan 1988.

Y-Variable:	Z-Variablen:	X-Variablen:
WAHL123 1: CDU-Wahl 2: SPD-Wahl 3: FDP-Wahl		
	BEW	LR
	LR-CDU	RG
	LR-SPD	GEW-F
	LR-FDP	

Die Struktur des neuen Logit-Modells mit den oben genannten Variablen wird durch SYSTAT-Ausgabe 5.6a verdeutlicht. Sie zeigt die deskriptiven Mittelwerte aller Prädiktoren für jede einzelne Wählergruppe (Partei: 1, 2 oder 3) und für alle befragten Personen insgesamt (OVER-ALL). Dabei kann natürlich für die vier Z-Variablen kein Mittelwert über alle Befragte ausgegeben werden. Auch ist für die drei alternativenspezifischen Z-Variablen nur jeweils ein Mittelwert für eine bestimmte Wählergruppe möglich.

SYSTAT-Ausgabe 5.6a (Ausschnitt)

```
INDEPENDENT VARIABLE MEANS

    PARAMETER              1          2          3        OVERALL
 1  BEW                 9.535      9.183      8.036         .
 2  LR_CDU              8.222      0.000      0.000         .
 3  LR_SPD              0.000      4.320      0.000         .
 4  LR_FDP              0.000      0.000      7.164         .
 5  LR                  7.850      5.011      7.157       6.493
 6  RG                  0.549      0.451      0.486       0.499
 7  GEW_F               0.173      0.358      0.129       0.254
```

Die geschätzten Logit-Koeffizienten werden in SYSTAT-Ausgabe 5.6b abgedruckt. Ein Vergleich der g-Koeffizienten dieser gemischten Schätzung mit denen des rein konditionalen Logit-Modells (Modell 5.1 in Tabelle 5.1) zeigt keine Unterschiede, die zu substanziell anderen Interpretationen führen müssen. Die größte Differenz besteht zwischen den beiden Schätzwerten der BEW-Variablen von 0.707 für das gemischte und 0.804 für das rein konditionale Modell.

Die nicht-konditionalen b-Koeffizienten werden auch in SYSTAT-Ausgabe 5.6b wieder wie im multinomialen Modell für paarweise Alternativen-Relationen ausgegeben (vgl. Kap. 3.1). Als jeweilige Referenz-Alternative ist stets die höchst numerierte Alternative, hier also die FDP-Wahl mit einem Y-Wert von 3, vorgesehen.

Unter den X-Variablen ist die GEW-F-Variable die einzige, die einen konstant signifikanten Effekt für jedes der beiden Alternativen-Paare aufweist. Eine Gewerkschaftsverbundenheit bei

5.3 Das gemischte Logit-Modell

Entscheidungsakteuren schächt also die FDP-Wahlchancen unabhängig davon, mit welcher anderen Partei die FDP konkurriert. Allerdings ist die GEW-F-Variable nicht die einflußstärkste unter allen X-Variablen. Sie weist zwei standardisierte Effekt-Koeffizienten (vgl. Formel 2.14 in Kap. 2.1.1) von 0.67 bzw. 1.19 auf, während ein entsprechender Wert für die einflußstärkste Variable, die LR-Variable, bei der SPD/FDP-Relation eine Größe von 2.44 besitzt.[32]

SYSTAT-Ausgabe 5.6b (Ausschnitt)

PARAMETER	ESTIMATE	S.E.	T-RATIO	P-VALUE
1 BEW	0.707	0.038	18.541	0.000
2 LR_CDU	0.540	0.050	10.715	0.000
3 LR_SPD	-0.459	0.048	-9.545	0.000
4 LR_FDP	-0.019	0.061	-0.303	0.762
CHOICE GROUP : 1				
5 LR	0.002	0.023	0.089	0.929
6 RG	0.308	0.221	1.396	0.163
7 GEW_F	0.701	0.326	2.151	0.031
CHOICE GROUP : 2				
5 LR	0.066	0.030	2.211	0.027
6 RG	-0.009	0.261	-0.034	0.973
7 GEW_F	1.009	0.358	2.818	0.005

Betrachtet man das Gesamt-Schätzergebnis des gemischten Logit-Modells im Vergleich zu alternativen Modell-Spezifikationen, so werden seine Qualitäten deutlich:

Während z.B. das entsprechende rein konditionale Modell einen Log-Likelihood-Wert von 537.147 erbringt (vgl. Tab. 5.1), beträgt dieser im gemischten Modell 498.382, kann also um 7.2% verringert werden.

Noch deutlicher werden die Vorzüge des gemischten Modells, wenn es über den Pseudo-R^2-Koeffizienten (vgl. Formel 2.31 in Kap. 2.3.2) mit dem rein multinomialen Modell verglichen wird. Dieser Vergleich ist anders als mit dem Schätzergebnis des rein konditionalen Modells hier möglich, weil das gemischte Modell (wie auch das multinomiale Modell) mit einer Konstanten spezifiziert und geschätzt werden kann.

Der Pseudo-R^2-Koeffizient beträgt im rein multinomialen Modell 0.26 und im gemischten Modell 0.70 (vgl. SYSTAT-Ausgabe 5.6c). Die Signifikanz und Anpassungsgüte des gemischten Logit-Modells liegen also weit oberhalb des nicht-konditionalen Modells.

SYSTAT-Ausgabe 5.6c (Ausschnitt)

```
LOG LIKELIHOOD OF CONSTANTS ONLY MODEL = LL(0) = -1608.461
2*[LL(N)-LL(0)] = 2241.641 WITH 10 DOF, CHI-SQ P-VALUE = 0.000
MCFADDEN'S RHO-SQUARED = 0.697
```

---

[32] Der standardisierte Effekt-Koeffizient von LR für das erste Alternativen-Paar "CDU vs. FDP" beträgt 2.29, ist aber, wie aus SYSTAT-Ausgabe 5.6b ersichtlich, nicht signifikant.

Eine interessante Variante des gemischten Logit-Modells besteht darin, die Effekte von Alternativen-Attributen als akteurspezifische, d.h. speziell für die Angehörigen einer bestimmten Akteursgruppe zu schätzen. Der Vorteil dieser Spezifikation liegt darin, daß in diesem Fall der Einfluß von X-Variablen nicht für bestimmte, paarweise Alternativen-Relationen aufgeschlüsselt, sondern über alle Alternativen hinweg berechnet wird.

Rein programmtechnisch ist diese Variante des gemischten Modells recht einfach zu realisieren, wenn die Attributs-Variablen als Interaktionsvariablen zwischen Z- und X-Variablen gebildet werden können.

In unserem oben berechneten Beispiel ließe sich etwa die Frage stellen, ob die Attraktivität von Parteien je nach der Gewerkschaftszugehörigkeit des Wählenden unterschiedliche Bedeutung für die Wahlentscheidung hat. Es müßte dann die folgende Interaktionsvariable gebildet werden:

$$ZX := Z\text{-Variable} * X\text{-Variable (1/0 codiert)}$$
$$\text{oder:}$$
$$BEW\text{-}GEW := BEW * GEW\_F$$

Solche ZX-Interaktionsvariablen können mit oder ohne den daran beteiligten Z- und X-Variablen ins gemischte Logit-Modell aufgenommen werden.

SYSTAT-Ausgabe 5.7 zeigt die Koeffizienten-Schätzungen des gemischten Logit-Modells, das um die oben beschriebene ZX-Interaktionsvariable erweitert wurde. Danach hat die neue Variable BEW-GEW einen kleinen und nicht signifikanten Einfluß auf den Entscheidungsprozeß. Anscheinend wird die gesamte, auf GEW_F zurückführbare Variation in WAHL123 bereits von den Einzel-Prädiktoren BEW und GEW_F ausgeschöpft.

Um dies zu überprüfen, schätzen wir ein neues Modell, das diese Einzel-Prädiktoren nicht enthält aber noch immer die Interaktionsvariable BEW-GEW beinhaltet. SYSTAT-Ausgabe 5.8 zeigt die dafür gültige Schätzung.

SYSTAT-Ausgabe 5.7 (Ausschnitt)

PARAMETER	ESTIMATE	S.E.	T-RATIO	P-VALUE
1 BEW	0.687	0.042	16.214	0.000
2 BEW_GEW	0.087	0.091	0.963	0.336
3 LR_CDU	0.542	0.051	10.707	0.000
4 LR_SPD	-0.462	0.049	-9.476	0.000
5 LR_FDP	-0.018	0.061	-0.294	0.769
CHOICE GROUP : 1				
6 LR	0.005	0.024	0.223	0.823
7 RG	0.311	0.221	1.411	0.158
8 GEW_F	0.598	0.349	1.713	0.087
CHOICE GROUP : 2				
6 LR	0.067	0.030	2.270	0.023
7 RG	0.000	0.262	0.001	0.999
8 GEW_F	0.947	0.372	2.550	0.011

5.3 Das gemischte Logit-Modell

SYSTAT-Ausgabe 5.8 (Ausschnitt)

PARAMETER	ESTIMATE	S.E.	T-RATIO	P-VALUE
1 BEW_GEW	0.827	0.082	10.049	0.000
2 LR_CDU	0.649	0.045	14.513	0.000
3 LR_SPD	-0.578	0.039	-14.684	0.000
4 LR_FDP	0.145	0.040	3.580	0.000
CHOICE GROUP : 1				
5 LR	0.149	0.020	7.550	0.000
6 RG	0.342	0.201	1.705	0.088
CHOICE GROUP : 2				
5 LR	0.172	0.023	7.331	0.000
6 RG	0.246	0.218	1.127	0.260

Wie SYSTAT-Ausgabe 5.8 verdeutlicht, hat das Modell mit der Interaktionsvariablen BEW-GEW und ohne die Einzel-Prädiktoren BEW und GEW_F eindeutige Vorteile gegenüber dem Logit-Modell, das alle drei Prädiktoren enthält. Auch im Vergleich zum Modell ohne Interaktionsvariable schneidet diese Schätzung besser ab. Darin ist nur noch ein geschätzter Effekt nicht signifikant, während es vorher vier (Ausgabe 5.6b) bzw. sechs (Ausgabe 5.7) nicht signifikante Parameter-Schätzungen gab. Das gilt auch ganz besonders für den LR_FDP-Effekt, der bislang in allen Modellen stets ohne Signifikanz war.

Allerdings ist zu beachten, daß allen drei Statistik-Modellen unterschiedliche Theorie-Modelle zugrunde liegen, die es möglicherweise verbieten, allein aufgrund des formal-statistischen Schätzergebnisses das beste Statistik-Modell auszuwählen.

5.4 Das geordnete Logit-Modell

In den vorangehenden Kapiteln werden konditionale Logit-Modelle zur Analyse der Auswahl-Wahrscheinlichkeit einer ganz bestimmten Handlungsalternativen unter mehreren anderen Alternativen vorgestellt. Theoretische Entscheidungsmodelle können aber auch die Plazierung einer bestimmten Handlungsalternativen in einer Präferenzordnung mehrerer Alternativen thematisieren.

Z.B. kann es in einem Entscheidungsmodell darum gehen, den Rangplatz einer bestimmten politischen Partei unter vier zur Auswahl stehenden Parteien zu erklären, wobei diese vier Parteien für jeden Entscheidungsakteur in einer bestimmten Rangordnung zueinander stehen. Dann müßte die Kriteriumsvariable eines diesbezüglichen Logit-Modells Informationen über die Rangreihe aller in Erwägung gezogenen Alternativen berücksichtigen können.

In solch einer Rangreihe wäre die höchstplazierte Handlungsalternative identisch mit der gewählten Handlungsalternativen.

Ein Logit-Modell, das die Rangordnung von Alternativen berücksichtigen soll, enthält also die bislang analysierte Information über eine bestimmte und gewählte Alternative als Untermenge einer umfassenderen Informationsmenge, in der auch noch die Ordnungsrelationen zwischen allen zur Verfügung stehenden Optionen abgespeichert sind.

Logit-Modelle zur Analyse von geordneten Alternativenmengen werden als "ranked", "ordered" oder "geordnete" Logit-Modelle bezeichnet. Entscheidungstheoretisch betrachtet analysieren solche Modelle nicht mehr die Wahrscheinlichkeit, mit der ein Akteur eine bestimmte Alternative vor jeder anderen Alternativen entsprechend ihres größeren Nutzens auswählt (vgl. Gl. 4.12), sondern sie analysieren als abhängige Größe die Wahrscheinlichkeit der geordneten Menge aller alternativenspezifischen Nutzengrößen:

$$(5.12) \qquad \text{Prob}(U_1 > U_2 > \ldots > U_H) = \prod_{h=1}^{H} \left(\frac{\exp(V_h)}{\sum_{m=h}^{H} \exp(V_m)} \right) \qquad \text{für } H \leq J$$

Gl.(5.12) kann aus der allgemeinen Gleichung des rein konditionalen Logit-Modells abgeleitet werden, wenn eine angepaßte Version der IIA-Annahme benutzt wird, nach der die Wahrscheinlichkeit für die Plazierung einer bestimmten HA in einer Rangordnung unabhängig von der Ordnung der weniger hoch plazierten HA's ist.[33] Diese Annahme entspricht dem sog. "ranking choice"-Theorem, wonach die Nutzenbewertung zwischen den Elementen einer jeden Menge geordneter HA's in insgesamt J-1 voneinander unabhängige Entscheidungen aufgelöst werden kann.[34]

Im geordneten Logit-Modell wird (wie in allen konditionalen Logit-Modellen) der systematische Teil von Gl. 5.12, das ist die "repräsentative" Präferenzfunktion V_{ij}, als Linearkombination von Alternativenattributen geschätzt, deren Gewichtungsfaktoren bzw. Einflußparameter als konstant für alle Alternativen angesehen werden.

Im folgenden soll ein geordnetes Logit-Modell wiederum anhand des mittlerweile bekannten Wahlbeispiels und mittels der Variablen des in Kap. 6.1 beschriebenen Datensatzes berechnet werden. Dazu muß zunächst auch wiederum ein neues Theorie- und Meß-Modell formuliert werden:[35]

---

[33] Eine formal-statistische Ableitung und Begründung dieser Gleichung geben Beggs et al. 1981. In unserer Darstellung des geordneten Logit-Modells folgen wir den Ausführungen dieser Autoren.

[34] Vgl. dazu Ben-Akiva/Lerman 1985: 125f, Chapman/Staelin 1982.

[35] Die bislang benutzten Theorie- und Meß-Modelle I, II und III werden in den Kapiteln 1.3, 2.1 und 5.1 vorgestellt.

5.4 Das geordnete Logit-Modell

H_{Th}(IV): Die Positionierung einer politischen Partei in einer Rangordnung mehrerer, zur Wahl stehender Parteien wird durch deren eigene, politische Grundorientierung in parteispezifischer Weise beeinflußt.

H_M(IV.1): Die Rangordnung mehrerer politischer Parteien kann über deren Fremdeinstufung auf einer 11-stufigen, unspezifischen Bewertungsskala im Rahmen einer mündlichen Befragung ermittelt werden, indem aufgrund der Höhe der jeweiligen Bewertungen parteispezifische Rangplätze vergeben werden.

H_M(IV.2): Die politische Grundorientierung einer politischen Partei kann über deren Fremdeinstufung auf einer Links-Rechts-Skala gemessen werden.

Die o.g. theoretische Hypothese IV postuliert einen parteispezifischen Einfluß auf die Rangeinstufung einer Partei. Da jedoch, wie oben erwähnt, das geordnete Entscheidungsmodell alternativenkonstante Einflußparameter voraussetzt, muß dieser Widerspruch zwischen Theorie- und Entscheidungsmodell dadurch aufgelöst werden, daß im zu schätzenden Logit-Modell keine generischen sondern allein alternativenspezifische Prädiktoren benutzt werden. Eine nähere Betrachtung von Tabelle 5.6 kann dies verdeutlichen:

Tabelle 5.6 zeigt im unschraffierten Tabellenbereich einen Ausschnitt aus der Datenmatrix M3, die zur Analyse des geordneten Logit-Modells in LIMDEP eingesetzt wird. Die Datenmatrix enthält für die Meßwerte eines jeden Akteurs vier Systemfälle (entsprechend der Anzahl der zu bewertenden Parteien). Sie wird programmtechnisch in gleicher Weise wie die Datenmatrix D2 aus der ursprünglichen Matrix D1 entwickelt, in welcher die Meßwerte eines jeden Akteurs einen einzigen Fall des Systemfiles darstellen (vgl. dazu die Ausführungen zu den Tabellen 5.3 und 5.4 in Kap. 5.1.1).

In Tabelle 5.6 enthält die Variable O-BEW die Rangplätze der Kriteriumsvariablen. Diese Rangplätze werden aus der ursprünglichen Bewertung (Variable: BEW) abgeleitet.[36]

Deutlich zu erkennen ist auch die alternativenspezifische Konstruktion aller Prädiktoren (in der Tabelle: LR-CDU und LR-SPD). Für sie liegen nur dann Meßwerte vor, wenn die entsprechende Partei gewählt wurde und somit davon auszugehen ist, daß in diesem Falle die Links/Rechts-Ausrichtung der betreffenden Partei alternativenspezifisch auf die Bewertung der jeweiligen Partei Einfluß nehmen kann.

---

36) Substanziell betrachtet ist dies sicherlich alles andere als ein sinnvolles Vorgehen, da hier die metrische Information der Variablen BEW auf die Ordinal-Information der Variablen O-BEW zurückgeschraubt wird. Zu rechtfertigen ist dieses Verfahren allein aufgrund didaktischer Überlegungen: auf diese Weise müssen keine neue Variablen in das hier durchgängig benutzte Programmbeispiel eingeführt werden, so daß der Leser weiterhin der Argumentation im mittlerweile vertrauten Entscheidungsbeispiel folgen kann.

Tabelle 5.6: Modell der Datenmatrix M3 für den Einsatz in Statistik-EDV-Programmen zur Analyse von geordneten Logit-Modellen

	Fall-No.	wahl	bew	o-bew	lr-cdu	lr-spd
1. Akteur, CDU	1	0	4	4	0	10
SPD	2	1	9	1	0	7
FDP	3	0	6	3	0	9
Grüne	4	0	7	2	0	3
2. Akteur, CDU	5	0	3	4	0	11
SPD	6	1	8	1	0	5
FDP	7	0	6	3	0	8
Grüne	8	0	7	2	0	3
3. Akteur, CDU	9	1	11	1	6	0
SPD	10	0	8	3	5	0
FDP	11	0	9	2	5	0
Grüne	12	0	6	4	7	0

Die Schätzung des geordneten Logit-Modells zeigt LIMDEP-Ausgabe 5.9. Demnach signalisieren alle konditionalen Logit-Koeffizienten einen substanziell bedeutsamen und statistisch signifikanten Einfluß der jeweiligen Prädiktor-Variablen auf die Präferenzwerte der dazugehörigen Wahlalternativen.

Dieser alternativenspezifische Einfluß ist für die SPD- und Grünen-Präferenz negativ, so daß mit zunehmenden Rechtsdifferenzen auf dem L/R-Attribut dieser Parteien deren Präferenzwerte sinken und damit auch die Wahrscheinlichkeiten für eine obere Positionierung auf der Rangskala aller vier Parteien geringer werden.

LIMDEP-Ausgabe 5.9 (Ausschnitt)

```
Variable   Coefficient   Std. Error    t-ratio   Prob|t|≥x
-----------------------------------------------------------
LR_CDU      0.52262      0.6981E-02    74.864    0.00000
LR_SPD     -0.16397      0.5262E-02   -31.164    0.00000
LR_FDP      0.34922      0.1417E-01    24.651    0.00000
LR_GR      -0.45978      0.1155E-01   -39.806    0.00000
```

6 Anhang

6.1 Beschreibung des Datensatzes

Zur Berechnung der Programm-Beispiele im vorliegenden Buch wird die Systemdatei "herbst86" verwendet.

Alle Variablen und Fälle der Datei "herbst86" sind dem Datensatz No. 1811 des Zentralarchivs für empirische Sozialforschung, Universität Köln, entnommen. Von dort kann auch der vollständige Datensatz (im ASCII-Format) unter der o.g. Nummer bezogen werden.

Der Datensatz enthält die Antworten (in kodierter Form) auf eine Vielzahl von Fragen, die 3009 westdeutsche Erwachsene (Netto-Sample) in einer repräsentativen Stichprobe im Herbst 1986 gegeben haben. Diese Befragung wurde von der Konrad-Adenauer-Stiftung veranlaßt und wird in halbjährlichen Abständen wiederholt. Aktuellere Datensätze dieser Befragung sind ebenfalls beim Zentralarchiv (s.o.) erhältlich.

Im folgenden werden die Variablen der Beispielsprogramme mit ihrer jeweiligen Kodierung und der Original-Fragenummer aufgelistet. Zusätzlich wird bei vielen Variablen der Original-Fragetext abgedruckt.

"Hier ist ein Stimmzettel, auf dem die Namen von Parteien stehen. Bitte kreuzen Sie einmal geheim die Partei an, die Sie bei einer Bundestagswahl jetzt wählen würden. Danach stecken Sie bitte den Stimmzettel in den Umschlag und verschießen diesen." (No. 17)

1.1	CDU	Fiktive Wahl der CDU. 1: CDU-Wahl 0: Wahl einer anderen Partei

1.2	CDU_PROB	Wahrscheinlichkeit einer fiktiven CDU-Wahl, logisch gebildet aus den Variablen CDU und NEIGUNG (s.u.).
		.: missing = keine CDU-Wahl
		   (if cdu=0)
		0: CDU-Wahl mit sehr geringer Wahrscheinlichkeit
		   (if cdu=1 and neigung=0)
		1: CDU-Wahl mit schwacher Wahrscheinlichkeit
		   (if cdu=1 and neigung=3)
		2: CDU-Wahl mit mäßiger Wahrscheinlichkeit
		   (if cdu=1 and neigung=2)
		3: CDU-Wahl mit großer Wahrscheinlichkeit
		   (if cdu=1 and neigung=1)

Fragetext wie oben (vgl. Frage-No. 17).

2.1	WAHL123a	Fiktives Wahlergebnis für vier Alternativen. 1: CDU-Wahl 2: SPD-Wahl 3: FDP-Wahl 4: Wahl einer anderen Partei
2.2	WAHL12a	Fiktives Wahlergebnis für drei Alternativen. 1: CDU-Wahl 2: SPD-Wahl 3: Wahl einer anderen Partei
2.3	WAHL123	Fiktives Wahlergebnis für drei Alternativen. 1: CDU-Wahl 2: SPD-Wahl 3: FDP-Wahl
2.4	WAHL124	Fiktives Wahlergebnis für drei Alternativen. 1: CDU-Wahl 2: SPD-Wahl 3: Grünen-Wahl
2.5	WAHL231	Fiktives Wahlergebnis für drei Alternativen. 1: SPD-Wahl 2: FDP-Wahl 3: CDU-Wahl
2.5.1	NVAR	Anzahl der wählbaren Parteien auf WAHL231 incl. bayrischer Befragter. 2: zwei wählbare Parteien (SPD, FDP) 3: drei wählbare Parteien (SPD, FDP, CDU)
2.6	WAHL24	Fiktives Wahlergebnis für zwei Alternativen. 1: SPD-Wahl 2: Grünen-Wahl
2.7	WAHL1_24	Fiktives Wahlergebnis für zwei Alternativen. 1: SPD-Wahl 2: SPD-Wahl oder Grünen-Wahl

"Wie stark oder wie schwach neigen Sie - alles zusammengenommen - dieser Partei zu: Würden Sie sagen eher stark, mäßig oder eher schwach?" (No. 10)

3.	NEIGUNG	Partei-Neigung 0: keine besondere Parteineigung 1: eher stark 2: mässig 3: eher schwach

6.1 Beschreibung des Datensatzes

"Wie denken Sie heute über die Parteien und Politiker, die ich Ihnen im folgenden vorlese? Bitte sagen Sie es mir anhand dieser Skala: −5 heißt, daß Sie überhaupt nichts von der Partei bzw. dem Politiker halten, +5 heißt, daß Sie sehr viel von ihr halten. Mit den Werten dazwischen können Sie Ihre Meinung wieder abstufen." (No. 32)

       01: gar nichts
       ...
       11: sehr viel

4.1	BEWCDU	Generelle Bewertung der CDU.
4.2	BEWSPD	Generelle Bewertung der SPD.
4.3	BEWFDP	Generelle Bewertung der SPD.
4.4	BEWGR	Generelle Bewertung der Grünen.

"Man spricht in der Politik immer wieder von 'rechts'und 'links'. Bitte kreuzen Sie selbst einmal auf dieser Seite an, wo Ihrer Meinung nach die Parteien in der Bundesrepublik stehen." (No.28)

       LR-Einstufung einer Partei auf der Links/Rechts-Skala von den Wählern, die bei einer fiktiven Wahl diese Partei auch wählen würden (Variablen werden durch logische Verknüpfung gebildet).

       00: entspr. Partei nicht gewählt
       01: links u. entspr. Partei gewählt
       ...
       11: rechts u. entspr. Partei gewählt

5.1.1	C_LRCDU	LR-Einstufung der CDU durch CDU-Wähler.
5.1.2	C_LRSPD	LR-Einstufung der SPD durch CDU-Wähler.
5.1.3	C_LRFDP	LR-Einstufung der FDP durch CDU-Wähler.
5.1.4	C_LRGR	LR-Einstufung der Grünen durch CDU-Wähler.
5.2.1	S_LRCDU	LR-Einstufung der CDU durch SPD-Wähler.
5.2.2	S_LRSPD	LR-Einstufung der SPD durch SPD-Wähler.
5.2.3	S_LRFDP	LR-Einstufung der FDP durch SPD-Wähler.
5.2.4	S_LRGR	LR-Einstufung der Grünen durch SPD-Wähler.
5.3.1	F_LRCDU	LR-Einstufung der CDU durch FDP-Wähler.
5.3.2	F_LRSPD	LR-Einstufung der SPD durch FDP-Wähler.
5.3.3	F_LRFDP	LR-Einstufung der FDP durch FDP-Wähler.
5.3.4	F_LRGR	LR-Einstufung der Grünen durch FDP-Wähler.
5.4.1	G_LRCDU	LR-Einstufung der CDU durch Grünen-Wähler.
5.4.2	G_LRSPD	LR-Einstufung der SPD durch Grünen-Wähler.
5.4.3	G_LRFDP	LR-Einstufung der FDP durch Grünen-Wähler.
5.4.4	G_LRGR	LR-Einstufung der Grünen durch Grünen-Wähler.

"Ich habe hier einige (sechs, D.U.) Kärtchen über Dinge, die einem in der Gesellschaft wichtig sein können. Bitte ordnen Sie diese Kärtchen einmal danach, wie wichtig diese Dinge Ihnen persönlich sind. Das heißt, was für Sie am allerwichtigsten ist, liegt ganz oben; das zweitwichtigste darunter usw. An letzter Stelle liegt dann das Kärtchen mit der Aussage, die Ihnen am wenigsten wichtig ist.
'Ich möchte in einer Gesellschaft leben, in der Recht und Gesetz geachtet werden'". (No. 23)

6. RG   Rangreihe "Wichtigkeit v. Recht u. Gesetz".
              1: Rang 1 und Rang 2.
              0: Rang 3 bis Rang 6.

"Man spricht in der Politik immer wieder von 'rechts' und 'links'. Bitte kreuzen Sie selbst einmal auf dieser Seite an, wo Ihrer Meinung nach die Parteien in der Bundesrepublik stehen. Und wo würden Sie sich selbst auf dieser Skala einstufen?" (No.28)

7. LR   Links/Rechts-Selbsteinstufung.
              01: links.
              ...
              11: rechts.

"Was würden Sie im allgemeinen zu der Demokratie in der Bundesrepublik Deutschland bzw. zu unseren politischen Parteien und zu unserem ganzen politischen System sagen: Sind Sie damit sehr zufrieden, einigermaßen zufrieden oder nicht zufrieden?" (No. 25)

8. ZUFR   Demokratie-Zufriedenheit:
              0: nicht zufrieden
              1: einigermaßen zufrieden
              2: sehr zufrieden

"Sind Sie selbst oder jemand anderes in Ihrem Haushalt Mitglied einer Gewerkschaft?" (No.937)

9. GEW_F   Gewerkschaftsmitgliedschaft incl. Familienmitglieder.
              1: ja - ich und/oder andere Familienmitglieder.
              0: nein - niemand.

10. KONF   Konfessionszugehörigkeit (No. 903).
              1: ev.
              2: kath.
              3: andere
              4: keine

10.1 KATH   Katholische Konfessionszugehörigkeit.
              1: ja
              0: nein

6.2 Beschreibung der EDV-Steuerprogramme

Die im folgenden aufgelisteten Steuerprogramme erzeugen die in den Kapiteln 2 bis 5 abgedruckten Programm-Ausgaben. Alle Programm-Numerierungen entsprechen den Ausgabe-Numerierungen in den entsprechenden Kapiteln.

Die Programme können problemlos als Command- oder Steuer-Files in die folgenden Statistik-Programm-Pakete (DOS-Versionen) eingelesen werden. Ob sie auch in früheren oder neueren Versionen lauffähig sind, muß im einzelnen ausgetestet werden:

SYSTAT 5.1 (mit Zusatz-Modul LOGIT 2.0)
LIMDEP 6.0
SPSS/PC 4.01

Zum Aufruf der Programme sind in den einzelnen EDV-Paketen die folgenden Anweisungen zu benutzen:

in SYSTAT: `SUBMIT "xyz.CMD"`
in LIMDEP: `OPEN; INPUT=xyz.in $`
in SPSS/PC: `INCLUDE "xyz.inc".`

Alle Zeichenketten, die in den hier abgedruckten Programmen in Kleinschrift dargestellt werden, können vom Benutzer frei verändert werden (sollten in aller Regel aber nicht mehr als acht Zeichen umfassen). Alle Zeichenketten in Großschreibung dürfen nicht abgeändert werden, können aber mit gleicher Syntax in Kleinschreibung eingegeben werden.

SYSTAT-Programm 2.1
   (Schätzung eines binären Logit-Modells mit Konstanter und drei Prädiktoren)

```
1   LOGIT
2   USE herbst86
3   MODEL cdu = CONSTANT + lr + rg + gew_f
4   LOPTIONS MEANS,
5            PREDICT / BOTH,
6            DERIVATIVE / INDIVIDUAL,
7            ELASTICITY / INDIVIDUAL
8   ESTIMATE
9   SAVE fehler21
10  DC
```

1: Das SYSTAT-Modul "LOGIT" wird aufgerufen.

2: Der SYSTAT-Systemfile "herbst86" (mit der hier nicht anzuführenden, aber dennoch notwendigen Kennung "SYS") wird aufgerufen.

3: Eine binäre Logit-Analyse mit der Kriteriumsvariablen "cdu" und den drei Prädiktoren "lr, rg, gew_f" wird spezifiziert.

4: Es sollen auch die jeweiligen Mittelwerte aller Prädiktoren für die beiden Unter-Gruppen von "cdu=1" und "cdu=0" ausgegeben werden.

5: Zur Überprüfung der Anpassungsgüte des geschätzten Modells sollen Kennwerte zur Bewertung des Prognoseerfolgs (nach zwei verschiedenen Verfahren) ausgegeben werden.

Vgl. dazu die Erläuterungen zu den SYSTAT-Ausgaben 2.1h und 2.1j.

6: Zur Interpretation der Modellschätzung sollen für jeden Prädiktor mittlere Veränderungsraten ausgegeben werden (die als partielle Ableitung zu berechnen sind). Diese sollen nach Gl.(2.17) von allen Einzelfällen separat ermittelt und dann erst gemittelt werden.

7: Zur Interpretation der Modellschätzung sollen für jeden Prädiktor die entsprechenden Elastizitäten ausgegeben werden, vgl. Gl.(2.19). Diese sollen von allen Einzelfällen separat ermittelt und dann erst gemittelt werden.

8: Die Schätzung wird gestartet.

9: Im SYSTAT-Systemfile "fehler21.SYS" werden 14 berechnete Ergebnisvariablen (u.a. PROB, LEVERAGE(n), DELBETA(n), PREDICT) nebst den Variablen der Modell-Spezifikation (cdu, lr, rg, gew_f) und der Fall-No. (CASENO) abgespeichert.

10: Zur Beurteilung der Anpassungsgüte des geschätzten Modells werden versch. Kennwerte angefordert, z.B. die Devianz und die G-Statistik nach Gl.(2.34).

SPSS-Programm 2.1
(Schätzung eines binären Logit-Modells mit Konstanter und drei Prädiktoren)

```
1  GET FILE = "herbst86.sps".
2  LOGISTIC REGRESSION cdu WITH lr, rg, gew_f
3   /EXTERNAL
4   /SAVE=PRED(prog) RESID(res).
```

1: Der SPSS-Systemfile mit der frei zu wählenden Kennung (hier: "sps") wird aufgerufen.

2: Eine binäre Logit-Analyse mit der Kriteriumsvariablen "cdu" und den drei Prädiktoren "lr, rg, gew_f" wird angefordert.

3: Dieser Unterbefehl ist nur nötig, falls der Arbeitsspeicher des PCs zu klein ist, um einen während der Logit-Schätzung von SPSS selbständig erstellten, temporären File zu speichern. Dieser File wird dann auf die Festplatte ausgelagert.

4: Unter dem Namen "prog" werden die prognostizierten Wahrscheinlichkeiten als neue Variable an den Systemfile "herbst86" angehängt und dort abgespeichert. Gleiches gilt für die neue Variable "res", die die Differenzen zwischen den beobachteten und den prognostizierten Wahrscheinlichkeiten enthält.

SYSTAT-Programm 2.2
(Berechnung versch. Kennwerte eines geschätzten Logit-Modells)

```
1  DATA
2  NEW
3  SAVE test
4  INPUT lr
5  RUN
6  1
7  2
8  3
```

6.2 Beschreibung der EDV-Steuerprogramme

```
 9 | 4
10 | 5
11 | 6
12 | 7
13 | 8
14 | 9
15 | 10
16 | 11
17 | USE test
18 | HOLD
19 | LET v = -4.672 + (0.659*lr)
20 | LET prob_cdu = exp(v) / (1+exp(v))
21 | LET prob_a = 1-prob_cdu
22 | LET odds = prob_cdu / prob_a
23 | LET odds2 = odds
24 | IF odds < 1.00 THEN LET odds2 = -1/odds
25 | LIST lr,prob_cdu, prob_a,odds,odds2
26 | SAVE test2
27 | RUN
28 | USE test2
29 | HOLD
30 | LET lag_odds = temp
31 | IF case = 1 THEN LET lag_odds = .
32 | LET temp = odds
33 | LET effekt = odds/lag_odds
34 | LIST effekt
35 | RUN
```

1: Aufruf des DATA-Moduls von SYSTAT.

2: Entleerung des Arbeitsspeichers.

3: Definition des Systemfiles "test.SYS", in dem die Ergebnisse abgespeichert werden sollen.

4-16: Definition der Variablen "lr", die die Werte 1 bis 11 für die System-Fälle 1 bis 11 zugewiesen bekommt.

17: Aufruf des oben definierten Systemfiles "test.SYS".

18: Befehl zum jeweils einmaligen Verbleib in einer Datenzeile, für die im folgenden neue Variablen unter Verwendung der oben definierten LR-Werte geschaffen werden.

19-20: Berechnung der geschätzten Wahrscheinlichkeit für eine CDU-Wahl "prob_cdu".

21-22: Berechnung der geschätzten Gewinnchance von CDU-Wahl vs. Wahl einer anderen Partei.

23-24: Berechnung der inversen Gewinnchance für odds kleiner als 1.00.

25: Ausgabe der berechneten Kennwerte.

26: Speichern der Kennwerte in Systemfile "test2.SYS".

27: Ausführungsanweisung für die oben definierten Programmschritte.

28-29: Vgl. die Erläuterungen zu den Programmzeilen 17 und 18.

30-35: Berechnung der Veränderungen der Gewinnchance bei Veränderungen auf der LR-Skala (vgl. Abbildung 2.5).

SYSTAT-Programm 2.3
(Ausgabe von deskriptiven Statistiken für versch. Variablen)

```
1   STATS
2   USE herbst86
3   SELECT cdu <> ., lr <>., rg <>., gew_f <>.
4   STATISTICS lr, rg, gew_f
```

1: Aufruf des STATS-Moduls von SYSTAT.

2: Laden des Systemfiles "herbst86.SYS"

3: Definition eines Filters, der für die vier benannten Variablen nur Fälle ohne missing values passieren läßt.

4: Anforderung von best. deskriptiven Statistik-Kennwerten (entspr. der Voreinstellung von SYSTAT) für die drei benannten Variablen.

SYSTAT-Programm 2.4
(Schätzung eines binären Logit-Modells ohne spezifizierte Prädiktoren aber mit Konstanter)

```
1   LOGIT
2   USE herbst86
3   SELECT lr <>., rg <>., gew_f <> .
4   MODEL cdu = CONSTANT
5   ESTIMATE
```

1-2: Vgl. die Erläuterungen zu SYSTAT-Programm 2.1.

3: Vgl. die Erläuterungen zu SYSTAT-Programm 2.3, Zeile 3.

4: Spezifikation des Logit-Modells mit Konstanter und ohne Prädiktoren.

5: Die Schätzung wird gestartet.

SYSTAT-Programm 2.5
(Berechnung eines Stem-and-Leaf-Diagramms)

```
1   GRAPH
2   USE fehler21
3   STEM PEARSON / LINES = 5
```

1: Aufruf des GRAPH-Moduls von SYSTAT.

6.2 Beschreibung der EDV-Steuerprogramme

2: Aufruf des Systemfiles "fehler21.SYS", in dem die Residuen aus der Logit-Analyse nach SYSTAT-Programm 2.1 (vgl. oben) abgespeichert wurden.

3: Anforderung eines Stem-and-Leaf-Steudiagramms für die Variable "pearson" (vgl. Kap. 2.3.3, Abb. 2.7 und Ausgabe 2.5).

SYSTAT-Programm 2.6
(Ausgabe von Variablen-Werten für eine Stichproben-Untergruppe)

```
1   DATA
2   USE herbst86
3   IF cdu=. OR lr=. OR rg=. OR gew_f=. THEN DELETE
4   SAVE temp
5   RUN
6   USE temp, fehler21
7   IF PEARSON < 5 THEN DELETE
8   RUN
9   LIST PEARSON, cdu, lr, rg, gew_f
10  RUN
```

1: Das DATA-Modul von SYSTAT wird geladen.

2: Der Systemfile "herbst86.SYS" wird aufgerufen.

3: Der aufgerufene Systemfile wird um Fälle mit missing values auf den Variablen des Logit-Modells bereinigt, damit er die gleiche Anzahl von Fällen in der gleichen Reihenfolge enthält wie der Residuen-File "fehler21.SYS" der Logit-Analyse (s.o.).

4: Der bereinigte Systemfile wird unter dem Namen "temp.SYS" abgespeichert.

5: Die oben definierten Programmschritte werden ausgeführt.

6: Der oben geschaffene Systemfile "temp.SYS" und der in Programm 2.1 geschaffene Residuen-File "fehler21.SYS" werden horizontal miteinander verbunden.

7-8: Alle Fälle mit Variablenwerten von "pearson" kleiner 5 werden ausgeblendet.

9-10: Die Werte der fünf benannten Variablen werden ausgegeben.

SYSTAT-Programm 3.1
(Schätzung eines multinomialen Logit-Modells mit Konstanter und drei Prädiktoren)

```
1   LOGIT
2   USE herbst86
3   NCAT=3
4   MODEL wahl = CONSTANT + lr + rg + gew_f
5   LOPTIONS MEANS
6   LOPTIONS PREDICT / BOTH
7   LOPTIONS DERIVATIVE / INDIVIDUAL
8   LOPTIONS ELASTICITY / INDIVIDUAL
9   PRINT LONG
```

```
10 | SAVE fehler31
11 | ESTIMATE
```

1-2: Vgl. die Erläuterungen zu SYSTAT-Programm 2.1.

3: Eingabe der Anzahl von Ausprägungen der Kriteriumsvariablen.

4-11: Vgl. die Erläuterungen zu SYSTAT-Programm 2.1., Zeile 3 bis 9.

LIMDEP-Programm 3.2
(Schätzung eines multinomialen Logit-Modells mit einer ordinalen Kriteriumsvariablen, Konstanter und drei Prädiktoren)

```
1 | LOAD; FILE=herbst86.dat $
2 | ORDERED PROBIT
3 |   ; LOGIT
4 |   ; LHS = cdu_prob
5 |   ; RHS = ONE, lr, rg, gew_f
6 |   ; PAR $
```

1: Ein LIMDEP-Systemfile soll eingelesen werden und der einzulesende Systemfile wird benannt. Der Systemfile "herbst86.dat" (die Bezeichnung "dat" ist frei gewählt) sollte auf allen, im folgenden aufgerufenen Variablen keine missing values besitzen. Falls er zuvor ausschließlich als SYSTAT-Systemfile existiert, so kann er zunächst im DATA-Modul von SYSTAT um die Fälle mit missing values bereinigt und dann als DIF-File exportiert werden:
DATA
USE herbst86
 IF cdu_prob=. or lr=. or rg=. or gew_f=. THEN DELETE
RUN
 EXPORT herbst86 / TYPE=DIF
Im zweiten Schritt muß er dann innerhalb von LIMDEP importiert werden:
READ
; FILE = herbst86.DIF
; FORMAT = DIF
; NAMES $
SAVE
herbst86.dat

2: Aufruf der Prozedur ORDERED PROBIT, in der die unten zu spezifizierende, ordinale Logit-Analyse geschätzt wird.

3: Mit diesem Modell-Befehl wird statt einer Probit-Analyse (Voreinstellung) eine Logit-Analyse angefordert.

4: Hier wird die Kriteriumsvariable des Modells spezifiziert.

5: Hier werden die Prädiktorvariablen des Modells spezifiziert.

6: Es sollen alle Parameter-Matrizen ausgegeben werden. Die Eingabe aller Prozedur-Befehle wird mit dem $-Zeichen abgeschlossen.

6.2 Beschreibung der EDV-Steuerprogramme   165

LIMDEP-Programm 3.3
(Schätzung eines multinomialen Logit-Modells mit einer ordinalen Kriteriumsvariablen, mit Konstanter und ohne Prädiktoren)

```
1   LOAD; FILE=herbst86.dat $
2   ORDERED PROBIT
3     ; LOGIT
4     ; LHS = cdu_prob
5     ; RHS = ONE
6     ; PAR $
```

1-4: Vgl. die Erläuterungen zu LIMDEP-Programm 3.2.

5:    Als Prädiktor-Variable wird hier nur eine Konstante spezifiziert.

6:    Vgl. die Erläuterungen zu LIMDEP-Programm 3.2.

SYSTAT-Programm 5.1
(Schätzung eines konditionalen Logit-Modells für drei abhängige Alternativen mit einer generischen und drei alternativenspezifischen Prädiktor-Variablen)

```
1    LOGIT
2    USE herbst86
3    MODEL wahl123 = bew    [ bewcdu, bewspd, bewfdp ] +,
4                    lr_cdu [ c_lrcdu, c_lrspd, c_lrfdp ] +,
5                    lr_spd [ s_lrcdu, s_lrspd, s_lrfdp ] +,
6                    lr_fdp [ f_lrcdu, f_lrspd, f_lrfdp ]
7    LOPTIONS MEANS,
8             PREDICT / BOTH,
9             DERIVATIVE / INDIVIDUAL,
10            ELASTICITY / INDIVIDUAL
11   ESTIMATE
```

1:    Das SYSTAT-Modul "LOGIT" wird aufgerufen.

2:    Der SYSTAT-Systemfile "herbst86" (mit der hier nicht anzuführenden, aber dennoch notwendigen Kennung "SYS") wird aufgerufen.

3-6: Ein konditionales Logit-Modell mit der Kriteriumsvariablen "wahl123" (enthält Handlungsalternativen: CDU-, SPD- oder FDP-Wahl), mit dem generischen Prädiktor "bew" und mit drei alternativenspezifischen Z-Prädiktoren wird spezifiziert. Die Namen für die generische und die alternativenspezifischen Variablen können hier frei gewählt werden. Die Reihenfolge der Indikatoren in den eckigen Klammern muß der Numerierungsordnung der Alternativen in der abh. Variablen entsprechen.

7:    Es sollen auch die jeweiligen Mittelwerte aller Prädiktoren für jede Kategorie der Kriteriumsvariablen ausgegeben werden.

8:    Zur Überprüfung der Anpassungsgüte des geschätzten Modells sollen Kennwerte zur Bewertung des Prognoseerfolgs (nach zwei verschiedenen Verfahren) ausgegeben werden. Vgl. dazu die Erläuterungen zu den SYSTAT-Ausgaben 2.1h und 2.1j.

9:    Zur Interpretation der Modellschätzung sollen für jeden Prädiktor mittlere Veränderungsraten ausgegeben werden (die als partielle Ableitung zu berechnen sind). Diese sollen nach Gl.(2.17) von allen Einzelfällen separat ermittelt und dann erst gemittelt werden.

10: Zur Interpretation der Modellschätzung sollen für jeden Prädiktor die entsprechenden Elastizitäten ausgegeben werden, vgl. Gl.(2.19). Diese sollen von allen Einzelfällen separat ermittelt und dann erst gemittelt werden.

11: Die Schätzung wird gestartet.

SYSTAT-Programm 5.2
(Schätzung eines konditionalen Logit-Modells für eine variierende Alternativen-Menge mit einer generischen und drei alternativen-spezifischen Prädiktor-Variablen)

```
1   LOGIT
2   USE herbst86
3   ALT = nwahl
4   MODEL wahl231 = bew    [ bewspd, bewfdp, bewcdu ] +,
5                   lr_cdu [ c_lrspd, c_lrfdp, c_lrcdu ] +,
6                   lr_spd [ s_lrspd, s_lrfdp, s_lrcdu ] +,
7                   lr_fdp [ f_lrspd, f_lrfdp, f_lrcdu ]
8   LOPTIONS MEANS,
9            PREDICT / BOTH,
10           DERIVATIVE / INDIVIDUAL,
11           ELASTICITY / INDIVIDUAL
12  ESTIMATE
```

1-2: Vgl. die Erläuterungen zu SYSTAT-Programm 5.1

3: Die frei zu benennende Variable "nwahl" enthält die Anzahl der für jeden Fall variierenden Alternativenmenge. Im vorliegenden Beispiel gilt also "nwahl=2" für bayrische Befragte und "nwahl=3" für alle anderen Befragten.

4: Im SYSTAT-Programm müssen die Ausprägungen der Kriteriumsvariablen derart numeriert werden, daß die höchste Zahl für die am seltensten vertretene Alternative vergeben wird. Anders als in Programm-Beispiel 5.1 bedeuten hier also die Ausprägungen:
wahl231 = 1 = SPD-Wahl
wahl231 = 2 = FDP-Wahl
wahl231 = 3 = CDU-Wahl
D.h., da eine CDU-Wahl in Bayern nicht möglich ist, muß diese Alternative den höchsten Variablenwert erhalten. Da eine SPD-Wahl oder FDP-Wahl im gesamten Bundesgebiet möglich ist, müssen ihre Werte kleiner als der Wert der CDU-Wahl sein. Die Reihenfolge der Numerierung zwischen SPD- und FDP-Wahl ist aber beliebig.
An dieser im Vergleich zu Programm 5.1 neuen Reihenfolge muß auch die Reihenfolge der Z-Variablen in den eckigen Klammern angepaßt werden.
Im Unterschied zu Programm 5.1 können in einem konditionalen Modell mit ungleichen Alternativenmengen keine Konstanten geschätzt werden.

4-12: Vgl. die Erläuterungen zu SYSTAT-Programm 5.1 (Programmzeilen 3 bis 11).

6.2 Beschreibung der EDV-Steuerprogramme

SYSTAT-Programm 5.3pre
(Transformation eines Datensatzes in eine neue Matrix-Form zur Schätzung von konditionalen Logit-Modellen in LIMDEP)

```
1   DATA
2   USE herbst86 (wahl123, c_lrcdu, c_lrspd, c_lrfdp,
3          s_lrcdu, s_lrspd, s_lrfdp,
4          f_lrcdu, f_lrspd, f_lrfdp, bewcdu, bewspd, bewfdp)
5   IF wahl123 =. OR,
6      c_lrcdu =. OR c_lrspd =. OR c_lrfdp =. OR,
7      s_lrcdu =. OR s_lrspd =. OR s_lrfdp =. OR,
8      f_lrcdu =. OR f_lrspd =. OR f_lrfdp =. OR,
9      bewcdu =. OR bewspd =. OR bewfdp =.,
10  THEN DELETE
11  SAVE temp
12  RUN

13  USE temp
14     LET wahl=0
15     IF wahl123=1 THEN LET wahl=1
16     LET lr_cdu=c_lrcdu
17     LET lr_spd=s_lrcdu
18     LET lr_fdp=f_lrcdu
19     LET bew=bewcdu
20     LET y=CASE
21     SAVE tempc
22  RUN
23     LET wahl=0
24     IF wahl123=2 THEN LET wahl=1
25     LET lr_cdu=c_lrspd
26     LET lr_spd=s_lrspd
27     LET lr_fdp=f_lrspd
28     LET bew=bewspd
29     LET y=CASE
30     SAVE temps
31  RUN
32     LET wahl=0
33     IF wahl123=3 THEN LET wahl=1
34     LET lr_cdu=c_lrfdp
35     LET lr_spd=s_lrfdp
36     LET lr_fdp=f_lrfdp
37     LET bew=bewfdp
38     LET y=CASE*2
39     SAVE tempf
40  RUN

41  SAVE tempcs1
42     APPEND tempc temps
43  USE tempcs1
44     SAVE tempcs2
45     SORT y
46  RUN

47  DOS "DEL temp.SYS"
48  DOS "DEL tempc.SYS"
49  DOS "DEL temps.SYS"
```

```
50 │ DOS "DEL tempcs1.SYS"
51 │ USE tempcs2
52 │   LET y=CASE
53 │   SAVE tempcs3
54 │ RUN

55 │ SAVE tempcsf1
56 │   APPEND tempcs3 tempf
57 │ USE tempcsf1
58 │   SORT y
59 │   SAVE l53csf
60 │ RUN

61 │ DOS "DEL tempf.SYS"
62 │ DOS "DEL tempcs2.SYS"
63 │ DOS "DEL tempcs3.SYS"
64 │ DOS "DEL tempcsf1.SYS"
```

1: Aufruf des SYSTAT-Moduls "DATA" zur Datentransformation.

2-12: Löschen aller Fälle in Systemdatei "herbst86.SYS", die auf den benannten Variablen (wahl123 ... bewfdp) missing values aufweisen, und Abspeichern des temporären Sytemfiles "temp.SYS".

13-40: Erstellung von drei temporären Systemfiles (tempc, temps, tempf), von denen jeder eine der drei Datenzeilen pro Akteur (entsprechend Tab. 5.2 in Kap. 5.1.1) enthält. Darin sind auch die neuen Variablen (wahl ... y) enthalten, die hier definiert und mit Werten aufgeladen werden.
In jedem der drei Systemfiles wird auch die neue Variable "y" definiert, die später als Sortierkriterium benutzt wird. Als Werte werden der neuen Variablen "y" die jeweiligen Fallnummern zugewiesen.

41-46: Im integrierten Systemfile "tempcs1" müssen die beiden Datenzeilen, die zu einer Person gehören, hintereinander gelegt werden. Dies geschieht, indem die beiden temporären Systemfiles "tempc" und "temps" zu einem einzigen Systemfile "tempcs1" verschmolzen und dann nach y sortiert werden. Der sortierte Systemfile wird als "tempcs2" abgespeichert.

47-50: Die vier oben abgespeicherten, temporären Systemfiles werden gelöscht.

51-54: Um nach der folgenden, zweiten Verknüpfung von zwei Files den endgültigen File auch richtig sortieren zu können, wird y neu definiert und im neuen File "tempcs3" mit den alten Variablen zusammen abgespeichert.

55-56: Die beiden Systemfiles "tempcs32 und "tempf" werden zum neuen Systemfile "tempcsf1" zusammengelegt.

57-60: Um die dritte Datenzeile für jede Person hinter die beiden ersten Datenzeilen legen zu können, wurde bereits oben (Zeile 38) die Variable y im File "tempf2" dementsprechend definiert. Jetzt erfolgt die Sortierung nach y und der endgültige Systemfile wird als "l53csf" abgespeichert.

61-64: Die vier oben abgespeicherten, temporären Systemfiles werden gelöscht.

LIMDEP-Programm 5.3
(Hausman-Test zur Überprüfung der IIA-Annahme)

```
1    LOAD; FILE=herbst86.dat $
2    DISCRETE
3    ; LHS=wahl
4    ; RHS = bew, lr_cdu, lr_spd
5    ; CHOICES = cdu, spd, fdp $
6    MATRIX; Bu=B; Vu=Varb $
7    DISCRETE
8    ; LHS=wahl
9    ; RHS= bew, lr_cdu, lr_spd
10   ; CHOICES = cdu, spd, fdp
11   ; IAS = 3 $
12   MATRIX; Br=B; Vr=Varb
13          ; D=br˜bu; Dv=vr˜vu
14          ; h=D'|sinv(Dv)|D
15          ; LIST; h
16          ; LIST; D $
```

1: Vgl. die Erläuterungen zu LIMDEP-Programm 3.2.

2-5: Aufruf der Programm-Prozedur zur Berechnung von konditionalen Logit-Modelle (Zeile 3) und Spezifikation des kompletten Logit-Modells.

6: Definition der beiden Matrizen für die Logit-Koeffizienten und deren Kovarianzen im nicht-reduzierten Logit-Modell.

7-10: Aufruf der Programm-Prozedur zur Berechnung von konditionalen Logit-Modelle (Zeile 8) und Spezifikation des reduzierten Logit-Modells.

11: Festlegung der Nummer der auszuschließenden Alternativen (hier: FDP-Wahl).

12: Definition der beiden Matrizen für die Logit-Koeffizienten und deren Kovarianzen im reduzierten Logit-Modell.

13: Berechnung der Matrix für die Differenzen von Logit-Koeffizienten und deren Kovarianzen zwischen komplettem und reduziertem Logit-Modell.

14: Berechnung der Test-Statistik "h" nach Gl.(5.4).

15-16: Ausgabe-Anforderung der Matrizen für die Test-Statistik "h" und die Kovarianz-Differenzen "D".

SYSTAT-Programm 5.4
(Schätzung der untersten Stufe eines zweistufigen, "nested" Logit-Modells mit einer generischen und zwei alternativenspezifischen Prädiktor-Variablen)

```
1    LOGIT
2    USE herbst86
3    NCAT=2
4    MODEL wahl24 =  bew [ bewspd, bewgr ] +,
5                    lr_spd [s_lrspd, s_lrgr ] +,
```

```
 6                    lr_gr   [g_lrspd, g_lrgr ]
 7       LOPTIONS MEANS,
 8         PREDICT/BOTH,
 9         DERIVATIVE/INDIVIDUAL,
10         ELASTICITY/INDIVIDUAL
11       ESTIMATE
```

1-2: Vgl. die Erläuterungen zu SYSTAT-Programm 5.1.

3: Angabe der Alternativen-Anzahl der Kriteriumsvariablen.

4-6: Spezifikation des Logit-Modells. Vgl. die Erläuterungen zu SYSTAT-Programm 5.2 (Z.4).

7-11: Vgl. die Erläuterungen zu SYSTAT-Programm 5.1 (Zeilen 7-11).

SYSTAT-Programm 5.5pre
(Berechnung der Inklusivwerte für eine Stufe des "nested" Logit-Modells mit zwei Alternativen)

```
 1   DATA
 2   USE herbst86
 3   LET iv1=LOG( EXP(.980*bewcdu)+,
 4              EXP(.446*s_lrcdu)+,
 5              EXP(-.865*g_lrcdu)   )
 6    LET iv2=LOG( EXP(.980*bewspd)+EXP(.980*bewgr) +,
 7              EXP(.446*s_lrspd)+EXP(.446*s_lrgr)+,
 8              EXP(-.865*g_lrspd)+EXP(-.865*g_lrgr)   )
 9   SAVE herb86b
10   RUN
```

1: Aufruf des DATA-Moduls von SYSTAT.

2: Laden des Systemfiles "herbst86.SYS".

3-5: Berechnung des Inklusivwertes "iv1" für die erste Alternative der entsprechenden Stufe des Logit-Modells mit einer generischen und zwei alternativenspezifischen Prädiktoren.

6-8: Berechnung des Inklusivwertes "iv2" für die zweite Alternative der entsprechenden Stufe des Logit-Modells mit einer generischen und zwei alternativenspezifischen Prädiktoren.

9: Die neuen Variablen sollen zusätzlich mit den alten Variablen im neuen Systemfile "herb86b.SYS" abgespeichert werden, der später zur weiteren Analyse wieder in "herbst86.SYS" umbenannt werden sollte.

10: Die Ausführung der Programmschritte wird gestartet.

SYSTAT-Programm 5.5
(Schätzung der zweiten Stufe eines zweistufigen, "nested" Logit-Modells mit einem generischen Inklusivwert-Prädiktor und zwei alternativenspezifischen Prädiktor-Variablen)

```
 1   LOGIT
```

6.2 Beschreibung der EDV-Steuerprogramme

```
2    USE herbst86
3    NCAT=2
4    MODEL wahl1_24 =        iv[iv1,iv2] +,
5                            lr_cdu[c_lrcdu, c_lrspd] +,
6                            lr_cdu2[c_lrcdu, c_lrgr]
7    LOPTIONS MEANS,
8      PREDICT/BOTH,
9      DERIVATIVE/INDIVIDUAL,
10     ELASTICITY/INDIVIDUAL
11   ESTIMATE
```

1-3   Vgl. die Erläuterungen zu SYSTAT-Programm 5.3.

4-6: Spezifikation des Logit-Modells der zweiten Stufe incl. generischer Inklusiv-Variablen "iv". Vgl. die Erläuterungen zu SYSTAT-Programm 5.2 (Zeile 4).

7-11: Vgl. die Erläuterungen zu SYSTAT-Programm 5.1 (Zeilen 7-11).

SYSTAT-Programm 5.6
   (Schätzung eines gemischten Logit-Modells)

```
1    LOGIT
2    USE herbst86
3    MODEL wahl123 =    bew [ bewcdu, bewspd, bewfdp ] +,
4                       lr_cdu [c_lrcdu, c_lrspd, c_lrfdp] +,
5                       lr_spd [s_lrcdu, s_lrspd, s_lrfdp] +,
6                       lr_fdp [f_lrcdu, f_lrspd, f_lrfdp] +,
7                       lr + rg + gew_f
8    LOPTIONS MEANS,
9      PREDICT/BOTH,
10     DERIVATIVE/INDIVIDUAL,
11     ELASTICITY/INDIVIDUAL
12   ESTIMATE
```

1-12: Vgl. die Erläuterungen zu SYSTAT-Programm 5.1.

SYSTAT-Programm 5.7
   (Schätzung eines gemischten Logit-Modells incl. einer ZX-Interaktionsvariablen)

```
1    LOGIT
2    USE herbst86
3    MODEL wahl123 = ,
4         bew [ bewcdu, bewspd, bewfdp ] +,
5         bew_gew [bewcdu*gew_f, bewspd*gew_f,bewfdp*gew_f] +,
6         lr_cdu [c_lrcdu, c_lrspd, c_lrfdp] + ,
7         lr_spd [s_lrcdu, s_lrspd, s_lrfdp] + ,
8         lr_fdp [f_lrcdu, f_lrspd, f_lrfdp] + ,
9         lr + rg + gew_f
10   LOPTIONS MEANS,
11     PREDICT/BOTH,
```

```
12 | DERIVATIVE/INDIVIDUAL,
13 | ELASTICITY/INDIVIDUAL
14 | ESTIMATE
```

1-14: Vgl. die Erläuterungen zu SYSTAT-Pogramm 5.1.

SYSTAT-Programm 5.8
(Schätzung eines gemischten Logit-Modells incl. einer ZX-Interaktionsvariablen)

```
1  | LOGIT
2  | USE herbst86
3  | MODEL wahl123 = ,
4  |       bew_gew [bewcdu*gew_f, bewspd*gew_f,bewfdp*gew_f] +,
5  |       lr_cdu  [c_lrcdu, c_lrspd, c_lrfdp] + ,
6  |       lr_spd  [s_lrcdu, s_lrspd, s_lrfdp] + ,
7  |       lr_fdp  [f_lrcdu, f_lrspd, f_lrfdp] + ,
8  |       lr + rg
9  | LOPTIONS MEANS,
10 |    PREDICT/BOTH,
11 |    DERIVATIVE/INDIVIDUAL,
12 |    ELASTICITY/INDIVIDUAL
13 | ESTIMATE
```

1-13: Vgl. die Erläuterungen zu SYSTAT-Pogramm 5.1.

LIMDEP-Programm 5.9
(Schätzung eines geordneten Logit-Modells mit drei alternativenspezifischen Prädiktoren)

```
1 | LOAD; FILE=herbst86.dat
2 | DISCRETE
3 | ; LHS = o_bew
4 | ; RHS = lr_cdu, lr_spd, lr_fdp, lr_gr
5 | ; CHOICES = cdu, spd, fdp, gr
6 | ; RANKS
7 | ; MAXIT = 60 $
```

1-5: Vgl. die Erläuterungen zu LIMDEP-Pogramm 5.3.

6: Anforderung einer Schätzung für geordnete Logit-Modelle.

7: Angabe der maximalen Iterationen im ML-Schätzverfahren.

6.3 EDV-Programm-Pakete zur Logit-Analyse

Die statistischen Analysen des vorliegenden Buches wurden mit den folgenden Programmpaketen (in deren DOS-Versionen) durchgeführt:

SYSTAT 5.1 (mit Zusatz-Modul LOGIT 2.0)
LIMDEP 6.0
SPSS/PC 4.01

Tabelle 6.1 gibt einen Überblick über die Leistungsfähigkeit dieser und anderer, allgemein zugänglicher Statistik-Programm-Pakete im Bereich der Logit-Analyse.

Ausgewählt wurden allein solche Programme/Prozeduren, die die Analyse von Individualdaten zulassen.

Es wurden nur Programme berücksichtigt, die auf Personal Computern lauffähig sind.

Weitere systematisierte Vergleiche von Programm-Paketen zur Logit-Analyse finden sich in: Aufhauser 1990, Arminger/Küsters 1986, Eymann/Kukuk 1990, Kühnel et al. 1989, Long 1987, Ludwig-Mayerhofer 1992.

Tabelle 6.1: Ausgewählte Statistik-Programm-Pakete zur Logit-Analyse

	Varianten des Logit-Modells							Sek.-Lit. Anwend. Lit.
	binär	multi-nomial	ordinal	rein kond.	"nested"	mixed	ordered	
SYSTAT 5.1 m. LOGIT 2	(+)	(+)		(+)		(+)		Urban 89,90, 92; Steinberg/-Colla 91
LIMDEP 6.0	(+)	(+)	(+)	(+)	(+)	(+)	(+)	Xie/Manski 89 Greene 92
SPSS/PC 4.01	(+)							Walsh 87 Hartmann 91
SAS 6	(+)	(+)	(+)	x[1]		x[1]		Long 87, Steinberg 87
BMDP/PC 90	(+)	(+)	(+)					Engelman 81

---

1) In SAS nur mit der externen Prozedur MLOGIT möglich.

I Literatur

Agresti, A., 1984: Analysis of Ordinal Categorical Data. New York: Whiley.

Agresti, A., 1989: Tutorial on modeling ordered categorical response data. Psychological Bulletin 105: 290-301.

Akin, J.S./Schwartz, J.B., 1988: The Effect of Economic Factors on Contraceptive Choice in Jamaica and Thailand: A Comparison of Mixed Multinomial Logit Results. Economic Development and Cultural Change 36: 503-528.

Aldrich, J.H./Cnudde, C., 1975: Probing the Bounds of Conventional Wisdom: A Comparison of Regression, Probit, and Discriminant Analysis. American Journal of Political Science 19: 571-608.

Aldrich, J.H./Nelson, F.D., 1984: Linear probability, logit, and probit models. London: Sage.

Allison, P.D., 1987: Introducing a Disturbance into Logit and Probit Regression Models. Sociological Methods and Research 15: 355-374.

Amemiya, T., 1981: Qualitative Response Models: A Survey. Journal of Economic Literature 19: 1483-1536.

Amemiya, T./Nold, F., 1975: A modified logit model. Review of Economics and Statistics 57: 255-257.

Anderson, J.A./Philips, P.R., 1981: Regression, Discrimination and Measurement Models for Ordered Categorial Variables. Applied Statistics 30: 22-31.

Arminger, G./Küsters, U., 1986: Statistische Verfahren zur Analyse qualitativer Variablen. Bergisch-Gladbach: Bundesanstalt für Straßenwesen.

Ashby, D. et al., 1986: Ordered Polytomous Regression: An Example Relating Serum Biochemistry and Haematology to Alcohol Consumption. Applied Statistics 35: 289-301.

Aufhauser, E., 1990: Discrete Response Models: Some Comments on Statistical Software. S. 31-38 in: Faulbaum, F. et al. (eds.), Softstat'89. Fortschritte der Statistik-Software 2. Stuttgart/New York: Gustav Fischer.

Beggs, J.J., 1988: A Simple Model for Heterogeneity in Binary Logit Models. Economic Letters 27: 245-250.

Beggs, S. et al., 1981: Assessing the Potential Demand for Electric Cars. Journal of Econometrics 16: 1-19.

Ben-Akiva, M./Lerman, S., 1985: Discrete Choice Analysis. Cambridge: MIT-Press.

Bolton R,N./Chapman, R.G., 1986: Searching for Positive Returns at the Track: A Multinominal Logit Model for Handicapping Horse Races. Management Science 32: 1040-1060.

Boskin, M.S., 1974: A Conditional Logit Model of Occupational Choice. Journal of Political Economy 82: 389-398.

Breslow, N.E./Day, N.E., 1980: Statistical Methods in Cancer Research. Vol.1 - The Analysis of Case-Control Studies. Lyon: WHO.

Brownstone, D./Small, K.A., 1989: Efficient Estimation of Nested Logit Models. Journal of Business & Economic Statistics 7: 67-74.

Buckley, P.G., 1988: Nested Multinominal Logit Analysis of Scanner Data for a Hierachical Choice Model. Journal of Business Research 17: 133-154.

I Literatur

Bunch, D.S./Batsell, R.R., 1989: A Monte-Carlo Comparison of Estimators for the Multinominal Logit Model. Journal of Marketing Research 26: 56-68.

Bye, B.V./Riley, G.F., 1989: Model Estimation When Observations Are Not Independent: Application of Liang and Zeger's Methodology to Linear and Logistic Regression Analysis. Sociological Methods and Research 17: 353-376.

Caudill, S.B., 1988: An Advantage of the Linear Probability Model Over Probit or Logit. Oxford Bulletin of Economics and Statistics 50: 425-428.

Chapman, R.G./Staelin, R., 1982: Exploiting Rank Ordered Choice Set Data Within the Stochastic Utility Model. Journal of Marketing Research 19: 288-301.

Coleman, J./Katz, E., 1957: The Diffusion of an Innovation among Physicians. Sociometry 20: 253-270.

Costanzo, C.M. et al., 1982: An Alternative Method for Assessing Goodness-of-fit for Logit Models. Environment and Planning A 14: 963-971.

Cramer, J.S., 1991: The logit model for economists. London: Arnold.

Currim, I.S., 1982: Predictive Testing of Consumer Choice Models Not Subject to Independence of Irrelevant Alternatives. Journal of Marketing Research 19: 208-222.

Daly, A., 1987: Estimating "Tree" Logit Models. Transportation Research B 21: 251-267.

Dhrymes, P., 1978: Introductory Econometrics. New York: Springer.

Domencich, F.A./McFadden, D., 1975: Urban Travel Demand. A Behavioral Analysis. Amsterdam: North-Holland.

Duhin, J.A., 1986: A Nested Logit Model of Sapce and Water Heat System Choice. Marketing Science 5: 112-124.

Dunn, R./Wrigley, N., 1985: Beta-Logistic Models of Urban Shopping Centre Choice. Geographical Analysis 17: 95-113.

Egle, F., 1975: Regressionsschätzung mit qualitativen Variablen (Darstellung methodischer Probleme und Lösungsansätze am Beispiel einer Untersuchung zur Berufswahlsituation von Jugendlichen. Mitteilungen aus der Arbeitsmarkt- und Berufsforschung 8: 82-93.

Elliott, D./Hollenhorst, J., 1981: Sequential Unordered Logit Applied to College Selection with Imperfect Information. Behavioral Science 26: 366-378.

Engelman, L., 1981: Stepwise Logistic Regression. S. 330-344 in: Dixon, W.J. et al. (eds.), BMDP Statistical Software. Los Angeles: University of California Press.

Esser, H., 1985: Soziale Differenzierung als ungeplante Folge absichtsvollen Handelns: Der Fall der ethnischen Segmentation. Zeitschrift für Soziologie 14: 435-449.

Esser, H., 1987: Warum die Routine nicht weiterhilft - Überlegungen zur Kritik an der "Variablen-Soziologie". S. 230-245 in: Müller, N. (ed.), Problemlösungsoperator Sozialwissenschaft, Bd.1. Stuttgart: Enke.

Eymann, A./Kukuk, M., 1990: Computerprogramme für Diskrete Choice-Modelle in GAUS und SAS/IML. S. 204-211 in: Faulbaum, F. et al. (eds.), Softstat'89. Fortschritte der StatistikSoftware 2. Stuttgart/New York: Gustav Fischer.

Falaris, E.M., 1987: A Nested Logit Migration Model with Selectivity. International Economic Review 28: 429-444.

Fischer, M.M./Aufhauser, E., 1988: Housing Choice in a Regulated Market: A Nested Multinominal Logit Analysis. Geographical Analysis 20: 47-69.

Flath, D./Leonard, E.W., 1979: A Comparison of Two Logit Models in the Analysis of Qualitative Marketing Data. Journal of Marketing Research 16: 533-538.

Fox, J., 1984: Linear Statistical Models and Related Methods. With Applications to Social Research. New York: Wiley.

Fox, J., 1987: Effect Displays for General Linear Models. Sociological Methodology 17: 347-361.

Freeman, D.H., 1987: Applied Categorical Data Analysis. New York: Dekker.

Gabriel, S.A./Rosenthal, S.S., 1989: Household Location and Race: Estimates of a Multinominal Logit Model. The Review of Economics and Statistics 71: 240-249.

Gensch, D.H./Recker, W.W., 1979: The Multinominal, Multiattribute Logit Choice Model. Journal of Marketing Research 16: 124-132.

Golden, L.L./Brockett, P.L., 1987: The effect of alternative scoring methods on the analysis of rank order categorical data. Journal of Mathematical Sociology 12: 383-419.

Gottman, J.M./Roy, A.K., 1990: Sequential Analysis. Cambridge: Cambridge University Press.

Green, P.E. et al., 1977: On the Analysis of Qualitative Data in Marketing Research. Journal of Marketing Research 14: 52-59.

Greene, W.H., 1992: LIMDEP, Version 6.0. User's Manual and Reference Guide. New York: Econometric Software.

Guadagni, P.M./Little, J.D.C., 1983: A Logit Model of Brand Choice Calibrated on Scanner Data. Marketing Science 2: 203-238.

Guilkey, D.K./Rindfuss, R.R., 1987: Logistic Regression Multivariate Life Tables: A Communicable Approach. Sociological Methods & Research 16: 276-300.

Hanushek, E./Jackson, J., 1977: Statistical Methods for Social Scientists. New York: Academic Press.

Hartmann, P.H., 1991: Logistische Regression und Probit-Modelle mit SPSS: Anmerkungen zu zwei sehr unterschiedlichen Prozeduren. ZUMA-Nachrichten 28: 18-28.

Hauck, W.W./Donner, A., 1977: Wald's test as applied to hypotheses in logit analysis. Journal of the American Statistical Association 72: 851-853.

Hausmann, J./McFadden, D., 1984: Specification Tests for the Multinomial Logit Model. Econometrica 52: 1219-1240.

Heckman, J.J., 1981: Statistical Models for Discrete Panel Data. S. 114-178 in: Manski, C.F./McFadden, D. (eds.), Structural Analysis of Discrete Data with Econometric Applications. Cambridge: MIT-Press.

Hensher, D.A., 1986: Sequential and Full Information Maximum Likelihood Estimation of a Nested Logit Model. The Review of Economics and Statistics. 68: 657-667.

Hensher, D.A./Johnson, L.W., 1981: Applied Discrete-Choice Modelling. New York: Halsted Press.

Himanen, V./Kulmatra, R., 1988: An Application of Logit Models in Analysing the Behaviour of Pedestrians and Car Drivers on Pedestrian Crossings. Accident. Analysing and Prevention 20: 187-198.

Hoffman, S.D./Duncan, G.J., 1988: Multinominal and Conditional Logit Discrete-Choice Models in Demography. Demography 25: 415-427.

Hoffman, S.D./Duncan, G.J., 1988a: A Comparison of Choice-Based Multinominal and Nested Logit Models: The Family Structure and Welfare Use Decisions of Devorced or Seperate Women. Journal of Human Resources 23: 550-562.

Horowitz, J.L., 1987: Specification Tests for Nested Logit Models. Environment & Planing A 19: 395-402.

Hosmer, D.W./Lemeshow, S., 1989: Applied Logistic Regression. New York: Wiley.

Hosmer, D.W. et al., 1991: The Importance of Assessing the Fit of Logistic Regression Models - A Case Study. American Journal of Public Health 81: 1630-1650.

Jagodzinski, W./Kühnel, S.M., 1987: Estimation of Reliability and Stability in Single-Indicator Multiple-Wave Models. Sociological Methods and Research 15: 219-258.

Jarausch, K.H./Arminger, G., 1989: The German Teaching Profession and Nazi Party Membership. A Demographic Logit Model. Journal of Interdisciplinary History 20: 197-226.

Judge, G. et al., 1980: The Theory and Practice of Econometrics. New York: Wiley.

Kahn, L.M./Low, S.M., 1984: An Empirical Model of Employed Search, Unemployed Search, and Nonsearch. Journal of Human Resources 19: 104-117.

Kemper, F.-J., 1985: Categorical Regression Models for Contextual Analyses: A Comparison of Logit and Linear Probability Models, S. 81-94 in: Nijkamp, P. et al. (eds.), Measuring the Unmeasurable. Dordrecht: M. Nijhoff.

Knoke, D., 1975: A comparison of log-linear and regression models for systems of dichotomous variables. Sociological Methods and Research 3: 416-434.

Kriz, J., 1973: Statistik in den Sozialwissenschaften. Reinbek: Rowohlt.

Kühnel, S., 1992: Sparsame Modellierung mit logistischen Zufallsnutzenmodellen. ZA-Information. 31: 70-92.

Kühnel, S. et.al., 1989: Teilnehmen oder Boykottieren: Ein Anwendungsbeispiel der binären logistischen Regression mit SPSSx. ZA-Information 25: 44-75.

Landua, D., 1990a: Verläufe von Arbeitslosigkeit und ihre Folgen für die Wohlfahrt von Haushalten und Individuen. Zeitschrift für Soziologie 19: 203-211.

Landua, D., 1990b: Erweiterungsmöglichkeiten der Standardverfahren der empirischen Sozialforschung. Panelauswertungen von Parteipräferenzen. Berlin: WZB.

Landwehr, J.M.D. et al., 1981: Some Graphical Procedures for Studying a Logistic Regression Fit. S. 15-20 in: American Statistical Association (ed.), 1980 Proceedings of the Business and Economic Statistics Section. Washington: American Statistical Association.

Liaw, K.L., 1990: Joint Effects of Personal Factors and Ecological Variables on the Interprovincial Migration Pattern of Young Adults in Canada. Geographical Analysis 22: 189-208.

Liaw, K.L./Ledent, J., 1987: Nested Logit Models and Maximum Quasi-Likelihood Method - A Flexible Methodology for Analyzing Interregional Migration Patterns. Regional Science & Urban Economies 17: 67-87.

Long, J.S., 1987: A Graphical Method for the Interpretation of Multinominal Logit Analysis. Sociological Methods and Research 15: 420-446.

Luce, R., 1959: Individual Choice Behavior. A Theoretical Analysis. New York: Wiley.

Luce, R., 1977: The Choice Axiom after Twenty Years. Journal of Mathematical Psychology 15:215-33.

Ludwig-Mayerhofer, W., 1990: Multivariate Logit-Modelle für ordinalskalierte abhängige Variablen. ZA-Information 27: 62-88.

Ludwig-Mayerhofer, W., 1992: Statistik-Software zur Schätzung von Regressions-Modellen für ordinale abhängige Variablen. ZA-Information 31: 93-99.

Lui, K. et al., 1988: An Application of a Conditional Logistic Regression to Study the Effects of Safety Belts ... on Drivers' Fatalities. Journal of Safety Research 19: 197-203.

Maddala, G.S., 1983: Limited-Dependent and Qualitative Variables in Econometrics. Cambridge: Cambridge University Press.

Mahajan, V./Peterson, R.A., 1985: Models for innovation diffusion. London: Sage.

Malhotra, N.K., 1983: A Comparison of the Predictive Validity of Procedures for Analayzing Binary Data. Journal of Business & Economic Statistics 1: 326-336.

Malhotra, N.K., 1984: The Use of Linear Logit Models in Marketing Research. Journal of Marketing Research 21: 20-31.

Manski, C.F., 1981: Structural models for discrete data: the analysis of discrete choice. Sociological Methodology 12: 58-109.

Manski, C.F./Lerman, S.R., 1977: The Estimation of Choice Probabilities from Choice Based Samples. Econometrica 45: 1977-1988.

McCullagh, P., 1980: Regression Models for Ordinal Data (with discussion). Journal of the Royal Statistical Society B 42: 109-142.

McFadden, D., 1974: Conditional Logit Analysis of Qualitative Choice Behavior. S. 105-142 in: Zarembka, P. (ed.), Frontiers in Econometrics. New York: Academic Press.

McFadden, D., 1976: The Revealed Preferences of a Government Bureaucracy: Empirical Evidence. The Bell Journal of Economics 55-72.

McFadden, D., 1978: Modelling the Choice of Residental Location. S. 75-96 in: Karlquist, A. et al. (eds.), Spatial Interaction Theory and Planning Models. Amsterdam: North-Holland.

McFadden, D. et al., 1977: An Application of Diagnostic Tests From the Independence of Irrelevant Alternatives Property of the Multinomial Logit Model. Transportation Research Record 637: 39-46.

McKelvey, R.D./Zavoina, W., 1975: A Statistical Model for the Analysis of Ordinal Level Dependent Variables. Journal of Mathematical Sociology 4: 103-120.

Meadows, D., 1972: Die Grenzen des Wachstums. Bericht des Club of Rome zur Lage der Menschheit. Stuttgart: DVA.

Nijkamp, P./Reggiani, A., 1990: Logit Models and Chaotic Behavior: A New Perspective. Environment and Planing A 22: 1455-1467.

Nownes, A.J., 1992: Primaries, General Elections, and Voter Turnout - A Multinominal Logit Model of the Decision to Vote. American Politics Quarterly 20: 205-226.

Park, K.H./Kerr, P.M., 1990: Determinants of Academic Performance: A Mulinomial Logit Approach. Research in Economic Education 21: 101-111.

Petersen, T., 1985: A comment on presenting results from logit and probit models. American Sociological Review 50: 130-131.

Pregibon, D., 1981: Logistic Regression Diagnostics. The Annals of Statistics 9: 705-724.

Pregibon, D., 1982: Resistant Fits for Some Commonly Used Logistic Models with Medical Applications. Biometrics 38: 485-498.

Press, S.J./Wilson, S., 1978: Choosing Between Logistic Regression and Disciminant Analysis. Journal of the American Statistical Association 73: 699-705.

Punji, G.N./Staelin, R., 1978: The Choice Process for Graduate Business Schools. Journal of Marketing Research 25: 588-598.

Schmidt, P./Strauss, R.P., 1975: The prediction of occupation using multiple logit models. International Economic Review 16: 471-486.

Schuman, H./Scott, J., 1989: Generations and Collective Memories. ASR 54: 359-381.

Sheffi, Y., 1979: Estimating Choice Probabilities among Nested Alternatives. Transportation Research B 13: 189-205.

Silver, S.D., 1988: Interdependencies in Social and Economic Decision Making: A Conditional Logit Model of the Joint Homeownership-Mobility Decision. Journal of Consumer Research 15: 234-242.

Solla Price, D.J.D., 1974: Little Science, Big Science. Von der Studierstube zur Großforschung. Frankfurt: Suhrkamp.

Stage, F.R., 1988: University Attrition: LISREL with Logistic Regression for the Persistence Criterion. Research in Higher Education 29: 343-357.

Steinberg, D., 1987: Interpretation and Diagnostics of the Multinominal and Logistic Regression. in: SAS Institute Inc. (ed.), Proceedings of the 12th Annual SAS User's Group International Conference. Cary, N.C.: SAS.

Steinberg, D./Colla, P., 1991: Logit: A supplementary module for SYSTAT. Evanston: SYSTAT.

Stern, S., 1989: Rules of Thumb for Comparing Multinominal Logit and Multinominal Probit Coefficients. Economic Letter 31: 235-238.

Swafford, M., 1980: Three parametric techniques for contingency table analysis: A nontechnical commentary. American Sociological Review 45: 664-690.

Tardiff, T.J., 1976: A note on goodness-of-fit statistics for probit and logit models. Transportation 5: 377-388.

Theil, H., 1969: A Multinomial Extension of the Linear Logit Model. International Economic Review 10: 251-259.

Theil, H., 1971: Principles of Econometrics. New York: Wiley.

Thomsen, S.R., 1987: Danish Elections 1920 - 79. A Logit Approach to Ecological Analysis and Inferences. Arhus: Forlaget Politica.

Train, K., 1986: Qualitative Choice Analysis. Cambridge: MIT Press.

Tse, Y.K., 1987: A Diagnostic Test for the Multinominal Logit Model. Journal of Business & Economic Statistics 5: 283-286.

Tufte, E.R., 1970: Improving data analysis in political science. S. 437-449 in: Tufte, E. (ed.), The quantitative analysis of social problems. Reading: Addison-Wesley.

Tversky, A., 1972: Elimination by Aspects: A Theory of Choice. Psychological Review 79:281-99.

Urban, D., 1982: Regressionstheorie und Regressionstechnik. Stuttgart: Teubner.

Urban, D., 1989: Binäre Logit-Analyse: ein statistisches Verfahren zur Bestimmung der Abhängigkeitsstruktur qualitativer Daten. Duisburger Beiträge zur soziologischen Forschung 2: 1-43.

Urban, D., 1990: Multinomiale Logit-Modelle zur Bestimmung der Abhängigkeitsstruktur qualitativer Variablen mit mehr als zwei Ausprägungen. ZA-Information 26: 36-61.

Urban, D., 1990b: Die verhinderten "free riders" von Rheinhausen, oder: Wann führt materielle Betroffenheit zur Teilnahme an kollektiven Protestaktionen? Kölner Zeitschrift für Soziologie und Sozialpsychologie 42: 81-108.

Urban, D., 1991: Kollektives Handeln und subjektive Kontrollerwartung. Kann die I/E-Skala die Teilnahme an unkonventionellen Protestaktionen erklären? S. 131-152 in: C. Rülcker (ed.), Region Ruhr. Interdisziplinäre Ansätze. Bochum: Schallwig.

Urban, D. et al., 1992: Systematische Statistik für die computergestützte Datenanalyse. Ein Handbuch zum Programm-Paket SYSTAT. Frankfurt: G. Fischer.

Walsh, A., 1987: Teaching Understanding and Interpretation of Logit Regression. Teaching Sociology 15: 178-183.

Weiler, W.C., 1987: An Application of the Nested Multinominal Logit Model to Enrollment Choice Behavior. Research in Higher Education 27: 273-282.

Wiesenthal, H., 1987: Strategie und Illusion. Rationalitätsgrenzen kollektiver Akteure am Beispiel der Arbeitszeitpolitik 1980 - 1985. Frankfurt/M.: Campus.

Wilhite, A./Theilmann, J., 1987: Labor PAC Contributions and Labor Legislation. A Simultaneous Logit Approach. Public Choice 53: 267-276.

Winship, C./Mare, R.D., 1984: Regression Models with Ordinal Variables. American Sociological Review 49: 512-525.

Wippler, R./Lindenberg, S., 1987: Collective Phenomena and Rational Choice. S. 135-152 in: Alexander, J.C. et. al. (eds.), The Micro-Macro Link. Berkeley: University of California Press.

Witte, A.D./Schmidt, P., 1979: An Analysis of the Type of Criminal Activity Using the Logit Model. Journal of Research in Crime and Delinquency 164-179.

Wrigley, N., 1979: Developments in the Statistical Analysis of Categorical Data. Progress in Human Geography: 3: 315-355.

Wrigley, N., 1985: Categorical Data Analysis for Geographers and Environmental Scientists. New York: Longman.

Xie, Y./Manski, C.F., 1989: The Logit Model and Response-Based Samples. Sociological Method and Research 17: 283-302.

Yamaguchi, K., 1990: Logit and multinomial logit models for discrete-time event-history analysis: a causal analysis of independent discrete-state process. Quality & Quantity 24: 323-341.

Yellott, J.I., 1977: The Relationship Between Luce's Choice Axiom, Thurstone's Theory of Comparative Judgement and the Double Exponential Distribution. Journal of Mathematical Psychology 15: 109-144.

II Sach-Index

Anpassungstests 64-71

Autokorrelation 13

Binomial-Verteilung 54f

BMDP 9, 173

Chaosforschung 11

choice-based Analyse 2, 54

Choice-Modelle
    vgl. Rational Choice Modelle

Daten
    diskrete 1, 8
    gruppierte 2
    kategoriale 8
    metrische 21
    ordinale 8, 13, 88f
    qualitative 1
    vgl. Variablen

Datenmatrix
    von LIMDEP 135, 153f
    von SYSTAT 135

Determinationskoeffizient 18, 20, 62f

Devianz, erklärte
    vgl. Pseudo-R^2

Devianz-Test 64f

Discrete Choice Modelle
    vgl. Rational Choice Modelle

Diskriminanzanalyse 16

Dummy-Regression 16-23
    vgl. Regression

Dummy-Variablen 13f, 54, 123

Effekt-Koeffizienten 40-44
    Signifikanz 59f
    standardisierte 44-46

Effekte
    alternativenabhängige 9, 13f
    direkte 8
    indirekte 8
    Interaktions- 15, 46, 48, 72-74, 150f

    intervenierende 13
    Modifikationen 72
    partielle 8

Einfluß-Koeffizienten
    vgl. Logit-Koeffizienten

Elastizitäten 51-52, 83f, 126f

Entscheidungsmodelle
    vgl. Rational Choice Modelle

Ereignisdaten-Analyse 2

Erfolgsindex 66, 85

Event-Analyse 2

Exponential-Verteilung (doppelte)
    vgl. Weibull-Verteilung

Extremwert-Verteilung (Typ 1)
    generalisierte 139
    vgl. Weibull-Verteilung

Fehlergrößen 26f, 112-116, 131, 139
    vgl. Residuen

G-Statistik
    vgl. Likelihood-Ratio-Test

Gewinnchancen 25f, 40-44, 131-133

Goodness-of-Fit-Statistik 65f
    vgl. Anpassungstests

Gumbel-Verteilung
    vgl. Weibull-Verteilung

Hausman-Test 133-138

Heteroskedastizität 19f, 22

IIA-Annahme 86f, 131-139, 152

Inklusivwerte 141ff

Interaktionseffekte 15, 46, 48, 72-74, 150f

Kausalität 8, 11, 13

Kleinst-Quadrate Schätzung 5-7, 16-23, 52f
    gewichtet 53
    vgl. Schätzung

vgl. Schätzverfahren

Kohorten-Analyse 2

Konstante
vgl. Logit-Koeffizienten

Korrelation
seriell 13

Likelihood-Funktion 55f
vgl. Maximum Likelihood Schätzung

Likelihood-Ratio-Index
vgl. Pseudo-R^2

Likelihood-Ratio-Test 60-62, 84f

LIMDEP 9, 159, 173
vgl. Datenmatrix

Linearität
allgemeine lineare Modelle 9, 13, 17
Lineare Wahrscheinlichkeitsmodelle 21-23
Linearitätsannahme 20, 23
Nicht-Linearität
vgl. logistische Verteilung

Link-Funktion 33

LISREL-Modelle 7, 11, 14

log.-lineare Analyse 7, 15f

logistische Verteilung 29, 33, 103-105, 117

Logit-Koeffizienten
im binären Modell 28, 32, 35-37
im konditionalen Modell 122ff
im multinomialen Modell 76-81, 86f
im ordinalen Modell 92
im Rational Choice Modell 112
Konstanten 36, 49, 126, 128, 149

Logit-Modelle
binäre 24-52
dynamische 11
gemischte 147-151
geordnete 151-154
konditionale 120-154
kumulative 91-101
multinomiale 14, 75-101, 122f, 147
multivariate 27ff
nested 14, 139-146
ordinale 88-101
stochastische 11

matched case-control Analyse 2

Maximum-Likelihood-Schätzung 13, 53-57
Full Information ML-Schätzung 145
vgl. Schätzung
vgl. Schätzverfahren

McFadden's Rho-Squared
vgl. Pseudo-R^2

Meßfehler 69-71, 138

Meßniveau
vgl. Daten

model fit 64-71
vgl. Anpassungstests

Multikollinearität 13, 54

Newton-Raphson-Verfahren 56f
vgl. Maximum-Likelihood-Schätzung

Normalisierung 76f

Normalverteilung 89, 90, 103f
Normalverteilungsannahme 16, 20, 53
vgl. Verteilungsfunktionen

Nutzen 108, 110f
Funktion 11, 111
systematischer 113-115, 118
zufälliger 113-115

odds
vgl. Gewinnchancen

P-Quadrat
vgl. Pseudo-R^2

Panelanalyse 2

PED
vgl. Pseudo-R^2

Präferenzfunktion 112-114, 118

Probit-Analyse 105

Prognoseerfolg 66-71, 85, 127

Pseudo-R^2 35, 62f, 84f, 126, 149

Qualitative Response Modelle
vgl. Rational Choice Modelle

Qualitative Choice Modelle
vgl. Rational Choice Modelle

Random Utility Modelle

vgl. Logit-Modelle, konditionale

Rational Choice Modelle 10, 108-119

Rationalität 111
vgl. Rational Choice Modelle

Referenzkategorie 14, 76-87, 111, 115

Regression 5-7, 18
binär 16-23
Dummy 16-23

Regressionskoeffizienten 23

Residuen 20, 22, 53
graphische Residuenanalyse 68-71
vgl. Fehlergröße

response-based Analyse 2

SAS 9, 173

Schätzfehler 65, 68-70

Schätzung
effiziente 17, 19f, 52f, 145
konsistente 17, 52f
partielle 8, 37
schrittweise 2
simultane 15, 36f
unverzerrte 17

Schätzverfahren
vgl. Kleinst-Quadrate-Schätzung
vgl. Maximum-Likelihood-Schätzung

Signifikanz-Tests 20, 53, 57-65, 145

Skalenniveau
vgl. Daten

Spezifikationsfehler 36, 133, 138, 147

SPSS/PC 9, 159, 173

Standardabweichung 45

Standardfehler 20, 39, 80, 145

Stem-and-Leaf-Diagramm 70

Stichproben-Konstruktion 2
choice-based Analyse 2, 54
Fallzahl 13, 52, 54
matched case-control Analyse 2
Repräsentativität 71
response-based Analyse 2

Streudiagramm 69

SYSTAT 9, 159, 173
vgl. Datenmatrix

t-Statistik 38f, 58f

Tabellenanalyse 15

Variablen
alternativenspezifische 122ff
binomiale 24-26
Dummy 13f, 54, 123
generische 122ff
latente 14, 89f
vgl. Daten
vgl. Datenmatrix

Veränderungsrate
mittlere prozentuale 46-51, 81-83

Verteilungsfunktionen 102-105
vgl. logistische Verteilung
vgl. Normalverteilung

Verweildauer-Analyse 2

Wachstum
exponential 106
logistisch 107f

Wachstumsmodelle 106-108

Wahlkategorie 76-87, 111

Wahrscheinlichkeitsfunktionen
vgl. Verteilungsfunktionen

Wahrscheinlichkeitsmodell
lineares 16, 21-23

Wald-Test 59, 84

Weibull-Verteilung 116f

Zeitreihenanalyse 2

Zufallsnutzenmodelle
vgl. Logit-Modelle, konditionale

Zufallsvariablen
vgl. Fehlergrößen
vgl. Residuen

BUCHTIPS

Handbuch computerunterstützter Datenanalyse

Band 1 • Wittenberg • **Grundlagen computerunterstützter Datenanalyse**
1991. XIV, 223 S., 25 Abb., 12 Tab., 11 Übersichten, kt. DM 36, 80 (inkl. Begleitdiskette 3,5 Zoll) UTB 1603

Band 2 • Wittenberg/Cramer • **Datenanalyse mit SPSS**
1992. XII, 200 S., kt. DM 24,80 UTB 1602

Band 3 • Küffner/Gogolok • **Datenanalyse mit P-STAT**
1993. Etwa 170 S., zahlr. Abb. u. Tab., kt. etwa DM 19,80 UTB 1628

Band 4 • Gogolok/Küffner • **Datenanalyse mit SAS**
1993. Etwa 170 S., zahlr. Abb. u. Tab., kt. etwa DM 19,80 UTB 1601

Band 5 • Wittenberg • **Datenanalyse mit BMDP**
1993. XII, 187 S., kt. DM 26,80 UTB 1694

Band 6 • Engfer • **Datenanalyse mit CSS: STATISTICA**
1993. X, 198 S., 12 Abb., kt. etwa DM 24,80 UTB 1692

Urban u. a.
Systematische Statistik für die computerunterstützte Datenanalyse
Ein Handbuch zum Programm-Paket SYSTAT
1992. XII, 453 S., 1 Beispiel-Disk., kt. DM 78,-

Steyer
Theorie kausaler Regressionsmodelle
1992. XVIII, 248 S., 14 Abb., 6 Tab., kt. DM 69,-

Preisänderungen vorbehalten

Datenverarbeitung und statistische Auswertung mit SAS

Gogolok/Schuemer/Ströhlein
Band 1 • **Einführung in das Programmsystem, Datenmanagement und Auswertung**
SAS-Version 6
1992. XII, 787 S., kt. DM 86,-

Schuemer/Ströhlein/Gogolok
Band 2 • **Komplexe statistische Analyseverfahren**
1990. VI, 437 S., kt. DM 64,-

Göttsche
Einführung in das SAS-System
für den PC
1990. XII, 298 S., kt. DM 54,-

Göttsche
SAS-kompakt
Für die Version 6
1992. IV, 192 S., Ringheftung DM 49,-

Züll/Mohler/Geis
Computerunterstützte Inhaltsanalyse mit TEXTPACK PC
Release 4.0 für IBM XT/AT und Kompatible unter MS/DOS ab Version 3.0
1991. 157 S., 9 Abb., 9 Tab., kt. DM 44,–

Ritter
PC-Graphik-Programme in der Statistik
1991. 231 S., 90 Abb., 10 Tab., kt. DM 39,–

BUCHTIPS

Haag/Haux/Kieser
Statistische Auswertungssysteme
Eine Einführung in ihre Anwendung, Konstruktion und Bewertung
1992. XIV, 166 S., 46 Abb., kt. DM 39,-

Enke/Gölles/Haux/Wernecke
Methoden und Werkzeuge für die exploratorische Datenanalyse in den Biowissenschaften
1992. XVI, 330 S., 72 Abb., 20 Tab., kt. DM 68,-

Jambu
Explorative Datenanalyse
1992. XII, 406 S., 272 Abb., kt. DM 86,-

Faulbaum
SOFTSTAT '91
Advances in Statistical Software 3
1992. XVI, 536 pp., 161 figs., 41 tabs., soft cover DM 94,-

Faulbaum/Haux/Jöckel
SOFTSTAT '89
Fortschritte der Statistik-Software 2
1990. XII, 644 S., 169 Abb., 62 Tab., kt. DM 98,-

Preisänderungen vorbehalten

Rasch/Guiard/Nürnberg
Statistische Versuchsplanung
Einführung in die Methoden und Anwendung des Dialogsystems CADEMO
1992. X, 386 S., 159 Abb., 26 Tab., inkl. 1 Demo-Diskette, kt. DM 89,-

Schubö/Uehlinger/Perleth/Schröger/Sierwald
SPSS
Handbuch der Programmversion 4.0 und SPSS-X 3.0. Autorisierte deutsche Bearbeitung des SPSS Reference Guide
1991. X, 661 S., kt. DM 69,-

Schubö et al.
SPSS kompakt für die Versionen 3 und 4
1991. VI, 126 S., Ringheftung DM 26,80

Schubö u.a.
SPSS für Windows
1993. Etwa 600 S., kt. etwa DM 78,-

Schubö/Uehlinger
SPSS^x
Handbuch der Programmversion 2.2
1986. XVI, 659 S., kt. DM 64,-

Frenzel/Hermann
Statistik mit SPSS^x
Eine Einführung nach M. J. Norusis
1989. X, 259 S., zahlr. Abb., u. Tab., kt. DM 59,-

Bei Fragen zur Produktsicherheit wenden Sie sich bitte an:
If you have any questions regarding product safety,
please contact:

Walter de Gruyter GmbH
Genthiner Straße 13
10785 Berlin
productsafety@degruyterbrill.com